教育部高职高专计算机类专业教学指导委员会规划教材

网络服务器配置与管理

刘晓川　主编

苏　新　卜天然　王德正　方　杰　参编

中国铁道出版社
CHINA RAILWAY PUBLISHING HOUSE

内 容 简 介

本书基于 Windows Server 2003，全面深入地阐述了主流网络服务器的配置与管理，内容涉及 DHCP 服务、DNS 服务、Web 服务、FTP 服务、电子邮件服务、流媒体服务、网络代理与 NAT、CA 证书服务、SSL/TLS 与 HTTPS 等。

本书是"教学做一体化"教学改革的产物，参编作者均为高职院校网络专业一线教师，以项目引导、任务驱动方式组织理论知识与实践技能训练，结构清晰、内容详尽、实用性强。

本书适合作为高职院校计算机网络类专业学生的教材，也可作为网络管理员及网络爱好者的培训教材或技术参考书籍。

图书在版编目（CIP）数据

网络服务器配置与管理 / 刘晓川主编. —北京：
中国铁道出版社，2011.3 （2016.1 重印）
教育部高职高专计算机类专业教学指导委员会规划教
材
  ISBN 978-7-113-12409-0

Ⅰ. ①网… Ⅱ. ①刘… Ⅲ. ①网络服务器－配置－高
等学校：技术学校－教材②网络服务器－管理－高等学校
：技术学校－教材 Ⅳ. ①TP368.5

中国版本图书馆 CIP 数据核字（2011）第 008649 号

书　　名：网络服务器配置与管理
作　　者：刘晓川　主编

策划编辑：翟玉峰
责任编辑：翟玉峰　　　　　　　编辑助理：巨　凤
封面设计：付　巍　　　　　　　封面制作：白　雪
责任印制：李　佳

出版发行：中国铁道出版社（北京市西城区右安门西街 8 号　　邮政编码：100054）
印　　刷：三河市兴达印务有限公司
版　　次：2011 年 3 月第 1 版　　　**2016 年 1 月第 3 次印刷**
开　　本：787mm×1092mm　1/16　印张：17.5　字数：418 千
印　　数：5 001～6 500 册
书　　号：ISBN 978-7-113-12409-0
定　　价：28.00 元

教育部高职高专计算机类专业教学指导委员会规划教材

《国家中长期教育改革和发展规划纲要（2010—2020 年）》文件指出，职业教育要面向人人、面向社会，着力培养学生的职业道德、职业技能和就业创业能力。到 2020 年，形成适应经济发展方式转变和产业结构调整要求、体现终身教育理念、中等和高等职业教育协调发展的现代职业教育体系，满足人民群众接受职业教育的需求，满足经济社会对高素质劳动者和技能型人才的需要。

高等职业教育肩负着培养生产、建设、服务和管理第一线高素质技能型专门人才的重要使命，在对经济发展的贡献方面具有独特作用。十多年来，我国高等职业教育规模迅速扩大，为实现高等教育大众化发挥了积极作用。同时，高等职业教育也主动适应社会需求，坚持以服务为宗旨，以就业为导向，走产学研结合发展的道路，切实把改革与发展的重点放到加强内涵建设和提高教育质量上来，更好地为我国全面建设小康社会和构建社会主义和谐社会，建设人力资源强国做出贡献。自 1998 年以来，我国高职院校培养的毕业生已超过 1300 万人，为经济领域内的各行各业生产和工作第一线培养了大批高素质技能型专门人才。目前，全国高等职业院校共有 1200 余所，年招生规模达到 310 万人，在校生达到 900 万人；高等职业院校招生规模占到了普通高等院校招生规模的一半，已成为我国高等教育的"半壁江山"。

《关于全面提高高等职业教育教学质量的若干意见》教高[2006]16 号文件指出，课程建设与改革是提高教学质量的核心，也是教学改革的重点和难点。高等职业院校要积极与行业企业合作开发课程，根据技术领域和职业岗位（群）的任职要求，参照相关的职业资格标准，改革课程体系和教学内容。建立突出职业能力培养的课程标准，规范课程教学的基本要求，提高课程教学质量。文件中还指出，与行业企业共同开发紧密结合生产实际的实训教材，并确保优质教材进课堂。重视优质教学资源和网络信息资源的利用，把现代信息技术作为提高教学质量的重要手段，不断推进教学资源的共建共享，提高优质教学资源的使用效率，扩大受益面。

为落实教高[2006]16 号文件精神，教育部高等学校高职高专计算机类专业教学指导委员会（简称"计算机教指委"）于 2009 年 11 月 19 日在陕西西安召开"高职高专计算机网络专业教学改革研讨会"，就高职高专计算机网络专业的专业建设、教学模式、课程设置、教材建设等内容进行了研讨，确定了计算机网络技术专业建设的三个方向：即计算机网络工程与管理、计算机网络安全和网站规划与开发。2010 年计算机教指委承办的全国职业院校技能大赛高职组的"计算机网络组建与安全维护"竞赛，对未来高等职业教育计算机网络专业的改革和发展也起到了重要的促进作用。

中国铁道出版社为配合落实《国家中长期教育改革和发展规划纲要（2010—2020 年）》，贯彻全国高等职业教育改革与发展工作会议精神，与计算机教指委合作，组织高职院校一线教师及行业企业共同开发了这套计算机网络技术专业教材。本套教材以课程建设为核心，以教育部计算机网络大赛为契机，本着以服务为宗旨，以就业为导向，积极围绕职业岗位人才需求的总目标和职业能力需求，根据不同课程在课程体系中的地位及作用，根据不同工作过程，将课程内容、教学方法和手段与课程教学环境相融合，形成了以工作过程对知识的基本要求为主体的围绕问题中心的教材和以基础能力训练为核心的围绕基础训练任务的教材、以岗位综合能力训练为核心的以任务为中心的教材等多种教材编写形式。

　　网络信息的发展，给社会的发展提供了动力，高职高专教育要随时跟上社会的发展，抓住机遇，培养适合我国经济发展需求、能力符合企业要求的高素质技能型人才，为我国高职高专教育的发展添砖加瓦。希望通过本套教材的出版，为推广高职高专教学改革，实现优秀教学资源共享，提高高职高专教学质量，向社会输送高素质技能型人才做出更大贡献。

温　涛

2011 年 1 月

Windows Server 2003 是微软成熟的服务器操作系统，具有部署各种网络服务器的强大功能。本书以 Windows Server 2003 为平台，对网络基本架构的实现与管理作了较为详细的阐述，内容主要包括 TCP/IP 协议组及部署网络连接、使用 DHCP 分配 IP 地址、解析 DNS 主机名称、配置与管理 Web 网站、配置与管理 FTP 服务、架设电子邮件服务器、配置与管理流媒体服务、配置代理服务和 NAT 技术、使用证书服务保护网络通信、使用 SSL/TLS 安全连接网站 10 个项目。

本书力求通过真实的企业网络项目构建与组织内容，以具体任务完成实践操作，每个任务基于工作过程组织知识点与技能点，最终实现基于 Windows Server 2003 操作系统的网络基本架构与管理的能力。

本书内容详尽、结构清晰、通俗易懂。参加编写的作者均是多年从事网络教学与实践工作的、具有丰富网络管理经验的老师。本书最突出的特点是：融理论于工作任务过程之中，以真实企业网络项目形成教学案例，层次递进地完成理论学习与实践能力的培养。

本书由安徽职业技术学院刘晓川副教授任主编并编写了项目 1 和项目 3，马鞍山职业技术学院苏新老师编写项目 7 和项目 8，安徽商贸职业技术学院卜天然老师编写项目 4 和项目 10，安徽职业技术学院王德正老师编写项目 6、项目 9，安徽职业技术学院方杰老师编写项目 2 和项目 5。全书由刘晓川统稿。

本书对应的课程是计算机网络专业的核心课程，是形成网络系统管理能力的必修课程。为了突出职业能力的培养，基于工作任务的项目课程最适合开展"教学做一体化"教学。本书参考学时为 72 学时，各项目的参考学时参见下表。

项目序号	项目名称	参考学时
项目 1	TCP/IP 组及部署网络连接	4
项目 2	使用 DHCP 分配 IP 地址	10
项目 3	解析 DNS 主机名称	10
项目 4	配置与管理 Web 网站	8
项目 5	配置与管理 FTP 服务	8
项目 6	架设电子邮件服务器	8
项目 7	配置与管理流媒体服务	6
项目 8	配置代理服务和 NAT 技术	6
项目 9	使用证书服务保护网络通信	8
项目 10	使用 SSL/TLS 安全连接网站	4
合计		72

在本书编写的过程中，作者参考了大量相关文献和网站资料，在此向这些文献的作者和网站管理者深表感谢。由于作者水平有限，书中难免存在错误和不足之处，恳请广大专家读者批评指正，您的鞭策将使我们更努力地做好编写工作，从而促进本教材更加完善。

编　者

2010 年 12 月 26 日

目 录

项目❶

TCP/IP 协议组及部署网络连接

 学习情境

　　网坚信息技术有限责任公司是一家中外合资企业，主要从事网络软件开发和系统集成业务。公司总部在北京，有若干子公司分布于其他主要城市，每个子公司都独立构成子网。

　　公司的区域网络分配了 172.16.28.0/24 的地址空间，该区域网络中有行政部门、财务部门、产品研发部门、软件开发部门、销售部门、技术部门、信息中心等部门。公司申请了 Internet 域名，wjnet.com 是公司注册的域名。

　　公司网络中客户端均使用 Windows XP 操作系统，网络应用服务器使用 Windows Server 2003 操作系统进行配置与管理，网络通信基于 TCP/IP 通信协议实现。

　　TCP/IP 是目前最完整并被广泛支持的通信协议，使用该协议可以在不同网络结构、不同操作系统的计算机之间进行相互通信。理解 TCP/IP 协议组，并能够正确、合理地配置网络中各主机的 TCP/IP 协议参数，有助于确定网络上的主机是否能够和网络上的其他主机进行通信，这是执行常见网络管理任务所必须具备的基本知识。本项目主要包括以下任务：

- 了解网络体系结构。
- 部署网络连接。

任务 1　了解网络体系结构

任务描述

　　Windows Server 2003 的网络功能提供了各种不同的网络解决方案，使网络管理员可以方便地创建各种不同的网络环境。在实现这些网络解决方案之前，熟悉网络体系结构及相关协议体系是必要的。通过本次任务的学习主要掌握：

- 理解 OSI 参考模型及各层次的功能。
- 理解 TCP/IP 网络模型和协议体系。

任务分析

　　为了能够使分布在不同地理且功能相对独立的计算机之间组成网络以实现资源共享及通

信，计算机网络系统需要设计和解决许多复杂的问题，包括信号传输、差错控制、寻址、数据交换和提供用户接口等一系列问题。计算机网络体系结构是为了简化这些问题的研究、设计与实现而抽象出来的一种结构模型。这种结构模型，一般采用层次模型。在层次模型中，往往将系统所要实现的复杂功能分解为若干个相对简单的细小功能，每一项分功能以相对独立的方式去实现。

在计算机网络系统中，为了保证通信双方能正确地、自动地进行数据通信，针对通信过程的各种情况，制定了一整套约定，两个通信对象在进行通信时，须遵从相互接受的这组约定和规则，这些约定和规则即为网络协议。

本次任务主要包括以下知识与技能点：

- OSI 参考模型及各层次功能。
- TCP/IP 模型各层主要协议及功能。
- TCP/IP 协议组的体系结构。

相关知识与技能

1．OSI 参考模型

（1）OSI 参考模型的体系结构

为了促进异种机互联网络的研究和发展，20 世纪 70 年代后期，ISO（International Organization for Standardization，国际标准化组织）制定了 OSI（Open System Interconnection，开放系统互连）参考模型。OSI 参考模型是一种描述网络通信的体系结构模型，用来对通过网络进行通信的计算机的服务等级和交互类型进行标准化。

OSI 参考模型将整个通信系统划分为 7 个协议层，由下到上分别为物理层（Physical Layer）、数据链路层（Data Link Layer）、网络层（Network Layer）、传输层（Transport Layer）、会话层（Session Layer）、表示层（Presentation Layer）和应用层（Application Layer），如图 1-1 所示。

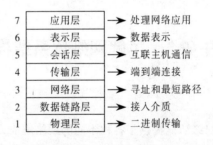

图 1-1　OSI 参考模型

OSI 参考模型的底层（1～3 层）负责在网络中进行数据传送，常常又把它们称做"介质层"，OSI 参考模型的上层（4～7 层）在下 3 层进行数据传输的基础上，保证数据传输的可靠性，它们又常常被称做"主机层"。当接收数据时，数据自下而上传输；当发送数据时，数据自上而下传输。

（2）OSI 参考模型各层次的功能

OSI 参考模型每一层都代表了不同的网络功能，各层功能如表 1-1 所示。

表 1-1　OSI 参考模型各层功能

层	功　　　　能
应用层	应用层提供应用进程进入 OSI 环境的手段，负责管理和执行应用程序
表示层	表示层在两个通信实体之间的信息传送过程中负责数据的表示语法，其目的是解决数据格式和数据表示的差别
会话层	会话层提供应用进程间会话控制的机制。它负责在两个应用层实体之间建立一次连接，即会话，并组织和同步该会话，为管理该会话的数据交换提供必要的手段，如会话双方的资格审查和验证、会话方向的交替管理、故障点定位及恢复等
传输层	传输层负责提供在不同系统的进程间进行数据交换的可靠服务，在网络内两实体间建立端到端通信信道，用以传输信息。传输层是面向应用的高层和与网络有关的下层协议之间的接口，它为会话层提供与网络类型无关的可靠传送机制，对会话层屏蔽了下层网络的细节操作
网络层	网络层负责传输具有地址标识和网络协议信息的格式化信息组，即数据包或分组，并负责数据包传输的路径选择和拥塞控制。它为传输层提供数据包传输服务，使得传输实体无须知道任何数据传输和用于连接系统的技术细节
数据链路层	数据链路层在物理层提供的比特流服务基础上，建立两个结点之间的数据链路，传输按一定格式组织起来的位组合，即数据帧；同时为网络层提供信息传送机制，将数据包封装成适合于正确传输的帧形式
物理层	物理层通过定义机械特性、电气特性、功能特性和过程特性，在两个结点之间建立、维持和拆除物理连接，为数据链路层提供传输比特流的途径

2．TCP/IP 协议组

（1）TCP/IP 协议组的体系结构

OSI 模型只是一个理论上的模型，在实际应用中一直未能实现，但是 OSI 模型为人们考察其他协议各部分之间的工作方式提供了框架和评估基础。以 OSI 模型为框架的 TCP/IP 协议组得到了广泛的实际应用。

TCP/IP 协议组是由美国国防部高级研究计划局 DARPA 开发，在 ARPANET 上采用的一个协议组，后来随着 ARPANET 发展成为 Internet，TCP/IP 也就成了事实上的工业标准。TCP/IP 实际上是由以传输控制协议 TCP 和网际协议 IP 为代表的许多协议组成的协议集，简称 TCP/IP。

TCP/IP 协议组的协议栈紧密地映射到 OSI 模型的底层，在 OSI 模型中的主要应用是在传输层和应用层上。TCP/IP 协议支持所有的、标准物理和数据链路协议。TCP/IP 网络模型将整个通信系统划分为 4 层，由下到上依次为网络接口层（Network Interface Layer）、网际层（Internet Layer）、传输层（Transport Layer）和应用层（Application Layer）。TCP/IP 模型对应 OSI 模型的层次关系如图 1-2 所示。

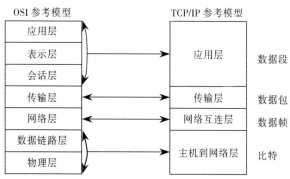

图 1-2　TCP/IP 模型对应 OSI 模型的层次结构

TCP/IP 的 4 层结构可以实现 OSI 模型的 7 层所定义的功能，其各层功能如表 1-2 所示。

表 1-2　TCP/IP 体系结构各层次功能

层	功　　能
应用层	应用层提供了网络上计算机之间的各种应用服务，如 HTTP（超文本传送协议）、FTP（文件传送协议）、SMTP（简单邮件传送协议）和 Telnet（远程登录协议）等
传输层	传输层主要为两台主机上的应用程序提供端到端的数据通信，通过两个不同的协议分别提供高可靠性的和不可靠的通信服务
网际层	网际层负责处理数据包或分组在网络中的活动。该层是网络互连的基础，提供了无连接的数据包或分组交换服务，是对大多数数据包或分组交换网所提供服务的抽象。网际层的任务是允许主机将数据包或分组发送到网络中，并让每个数据包或分组独立地到达目的地
网络接口层	网络接口层是 TCP/IP 模型的最低层，该层定义了各种网络标准，如以太网、FDDI、ATM 和令牌环，并负责从上层接收 IP 协议数据包，并把 IP 协议数据进一步处理成数据帧发送出去，或从网络上接收物理帧，解开数据帧，抽出 IP 协议数据包，并把数据包交给网际协议层

（2）TCP/IP 协议体系

TCP/IP 体系结构在各个层次中分别定义了可以实现网络通信过程中不同功能的网络协议，这些协议互相结合，共同完成网络通信。

① 应用层：应用层提供使应用程序能够访问网络资源的服务和实用程序。该层提供的实现与其他网络主机相连或者通信的协议如表 1-3 所示。

表 1-3　TCP/IP 体系结构应用层协议

协　　议	描　　述
HTTP 协议	超文本传送协议。实现在 Web 浏览器和 Web 服务器之间的客户端/服务器交互过程
FTP 协议	文件传送协议。实现文件传输和远程计算机上的基本文件管理服务
SMTP 协议	简单邮件传送协议。实现在服务器间或从客户端到服务器端传输电子邮件服务
DNS 协议	域名解析系统。将 Internet 主机名解析成可供网络实现通信的 IP 地址
RIP 协议	路由信息协议。使路由器可以实现接收来自网络上其他路由器的信息
SNMP 协议	简单网络管理协议。使用户能够收集关于网络设备的信息，如路由器、网桥等

② 传输层：传输层的服务允许用户按照传输层的数据格式分段以及封装应用层传送过来的数据。该层为数据通信提供了端到端的传输服务，在发送主机与接收主机之间建立一个端到端的逻辑连接。该层提供的协议如表 1-4 所示。

表 1-4　TCP/IP 体系结构传输层协议

协　　议	描　　述
TCP 协议	传输控制协议。TCP 是一个可靠的、面向连接的协议，该协议允许在 Internet 上的两台主机之间信息的无差错传输。TCP 协议还进行必要的流量控制，以避免发送过快而发生的网络拥塞
UDP 协议	用户数据报协议。UDP 是一个不可靠的、无连接的协议，该协议不管发送的数据是否到达目的主机，数据是否出错，收到数据包的主机也不会返回发送方是否正确地收到了数据消息，UDP 的可靠性是由应用层协议来保障。应用程序使用 UDP 可以更快地通信，所需的开销也比使用 TCP 要少，使用 UDP 时，应用程序一般每次只传送少量的数据

③ 网际层：网际层协议将传输层的数据封装成被称为"数据包"的单元，给它们分配地址，并且把它们路由到目的地。该层提供的协议如表 1-5 所示。

表 1-5　TCP/IP 体系结构网际层协议

协　　议	描　　　　　述
IP 协议	网际协议。IP 是将数据包从一个主机传送到另一个主机的传递机制,主要包括三大功能:选择路由、无连接并且不可靠的传递服务和数据分段与分组
ARP 协议	地址解析协议。获取同一物理网络上的主机的硬件地址
RARP 协议	反向地址转换协议。RARP 的功能与 ARP 正好相反,它将已知的物理地址解析为 IP 地址
ICMP 协议	Internet 控制消息协议。负责发送消息并且报告与数据包传输相关的错误。常用的 ping 命令就是使用了 ICMP

④ 网络接口层:网络接口层规定了发送和接收数据包的要求,负责在物理网络保存数据并接收来自物理网络的数据。该层可以使用 OSI 参考模型物理层和数据链路层定义的任何协议。

 课堂练习

1. 练习场景

TCP/IP 体系结构在其各个层次中分别定义了可以实现网络通信过程中不同功能的网络协议,这些协议互相结合,共同完成网络通信。所以,熟悉各层中包含哪些协议是网络管理中非常重要的基础。

2. 练习目标

将 TCP/IP 协议与 OSI 模型关联起来。

3. 练习的具体要求与步骤

将每个协议正确填写在相应的层中。

TCP/IP 体系结构中的层

应用层

传输层

网际层

网络接口层

TCP/IP 协议

令牌环	ATM	HTTP	以太网	IP
TCP	UDP	RIP	SNMP	IGMP
ICMP	SMTP	FTP	DNS	ARP

拓展与提高——了解 IPv6

1．IPv4 存在的不足

现行的 IPv4 自 1981 年 RFC 791 标准发布以来并没有多大的改变。事实证明，IPv4 具有相当强盛的生命力，易于实现且互操作性良好，经受住了从早期小规模互联网络扩展到如今全球范围 Internet 应用的考验。所有这一切都应归功于 IPv4 最初的优良设计。但是，还是有一些发展是设计之初未曾预料到的：

- IPv4 地址空间面临枯竭。
- 骨干网路由器路由表庞大，维护能力差。
- 配置复杂。
- IP 层安全性能差。
- 服务质量差。

为了解决上述问题，Internet 工程任务组（IETF）开发了 IPv6。这一新版本，也曾被称为下一代 IP，综合了多个对 IPv4 进行升级的提案。在设计上，IPv6 力图避免增加太多的新特性，从而尽可能地减少对现有的高层和低层协议的影响。

2．IPv6 的新特性

IPv6 具有以下新特性：

（1）新的报头格式

新 IPv6 报头的设计原则是力图将报头开销降到最低，具体做法是将一些非关键性字段和可选字段移出报头，置于 IPv6 报头之后的扩展报头中，因此尽管 IPv6 地址长度是 IPv4 的 4 倍，但报头仅为 IPv4 的 2 倍，改进后的 IPv6 报头在中转路由器中处理效率更高。由于两者的报头没有互操作性，且 IPv6 也并非是可向后兼容 IPv4 的功能扩展集，因此为了识别和处理这两种报头格式，必须在主机和路由器中分别实现 IPv4 和 IPv6。

（2）大型地址空间

IPv6 地址长度为 128 位（16 字节），即有 $2^{128}-1$ 个地址，这一地址空间是 IPv4 地址空间的 1×10^{28} 倍。IPv6 采用分级地址模式，支持从 Internet 核心主干网到企业内部子网等多级子网地址分配方式。在 IPv6 的庞大地址空间中，目前全球连网设备已分配掉的地址仅占其中极小一部分，有足够的余量可供未来的发展之用。同时由于有充足可用的地址空间，NAT 之类的地址转换技术将不再需要。

（3）高效的层次寻址及路由结构

用于 Internet 的 IPv6 全局地址旨在创建有效的、分级的和摘要的路由基础结构，该结构为常见的多层次 Internet 服务提供商编址。在 IPv6 协议的 Internet 上，骨干网路由器的路由表非常小，使得整个路由器的路由效率大大提高。

（4）全状态和无状态地址配置

为了简化主机配置，IPv6 支持全状态和无状态（stateful and stateless）两种地址配置方式。在 IPv4 中，动态宿主机配置协议 DHCP 实现了主机 IP 地址及其相关配置的自动设置，IPv6 承继 IPv4 的这种自动配置服务，并将其称为全状态自动配置（stateful autoconfiguration）。除了全状态自动配置，IPv6 还采用了一种被称为无状态自动配置（stateless autoconfiguration）的自动配置服务。在无状态自动配置过程中，在线主机自动获得本地路由器的地址前缀和链路局部地址以及相关配置。

（5）内置安全性

对 IPSec 安全协议的支持是 IPv6 协议套件所要求的。这种要求为网络安全的需求提供了基于标准的解决方案，并提高了不同 IPv6 实现之间的互操作性，使得 IPv6 协议下的 VPN 通信更加安全，效率更高。

（6）更好的 QoS 支持

IPv6 报头的新字段定义了数据流如何识别和处理。IPv6 报头中的流标识（Flow Label）字段用于识别数据流身份，利用该字段，IPv6 允许终端用户对通信质量提出要求。路由器可以根据该字段标识出同属于某一特定数据流的所有包，并按需对这些包提供特定的处理。由于数据流身份信息包含在 IPv6 报头中，因此即使是经过 IPSec 加密的数据包也可以获得 QoS 支持。

（7）可扩展性

通过在 IPv6 报头后添加扩展报头，可以扩展 IPv6 来实现新功能。与 IPv4 报头不同，IPv6 扩展报头的大小只受 IPv6 数据包大小的限制。

3. IPv4 与 IPv6 的主要区别

IPv4 与 IPv6 的主要区别如表 1-6 所示。

表 1-6　IPv4 与 IPv6 的主要区别

IPv4	IPv6
地址长度 32 位	地址长度 128 位
IPSec 为可选扩展协议	IPSec 成为 IPv6 的组成部分，对 IPSec 的支持是必须的
包头中没有支持 QoS 的数据流识别项	包头中的流标识字段提供数据流识别功能，支持不同 QoS 要求
由路由器和发送主机两者完成分段	路由器不再做分段工作，分段仅由发送主机进行

任务 2　部署网络连接

任务描述

在运行 TCP/IP 协议组的网络中，IP 地址为计算机提供唯一的标识符，这使得运行任意操作系统的计算机在任意平台上能够互相通信。由于 IPv4 在设计时考虑的不完善，造成目前存在 IP 地址浪费与 IP 地址严重缺乏等问题，因此需要合理地构造 IP 地址，并将这些 IP 地址合理地分配给网络中的主机。通过本次任务的学习主要掌握：

- 理解分类 IP 地址、子网掩码、网关的概念与表示方法。
- 掌握划分子网方法。
- 理解 VLSM 与 CIDR。

任务分析

合理地构造与分配 IP 地址需要涉及 IP 地址、子网掩码和网关地址，同时针对 IPv4 存在的局限性，可以使用 VLSM 与 CIDR 等技术。本次任务主要包括以下知识与技能点：

- 分类 IP 地址及表示。
- 使用子网掩码进行子网划分。
- 子网掩码。
- 使用 VLSM 划分子网。
- 默认网关地址。
- 使用 CIDR 实现超网。

相关知识与技能

1. 分配 IP 地址

IP 协议主要应用于 Internet 通信，目前使用的是 IPv4。在应用 TCP/IP 协议的网络环境中，唯一确定一台主机位置，必须为 TCP/IP 指定 3 个参数：IP 地址、子网掩码和网关地址。

（1）IP 地址的表示

IP 地址是一台计算机区别于网络中其他计算机（使用 TCP/IP 进行通信的各种网络设备）的唯一标识，用来确定该计算机在网络中的位置。IP 地址由 32 位（bit）二进制组成，为了便于阅读，将其分为 4 组，每组 8 位并对应转换为十进制数，各组之间用小数点分隔。例如：192.168.0.1。

IP 地址分为两部分：网络 ID 和主机 ID。其中网络 ID 标识计算机所处的网段，主机 ID 标识同一个网段内的计算机及网络设备。

> **注意**
>
> IP 地址实际上是分配给网络接口的，而不是分配给计算机的。如果计算机拥有一个以上的网络接口（例如两块网络接口卡，或一个网络接口卡和一个调制解调器），那么它的每个接口都必须拥有一个单独的 IP 地址。

（2）IP 地址的分类

IPv4 协议规定，IP 地址共有 A、B、C、D、E 这 5 种类型。IP 地址分类定义了可能存在的网络数以及每个网络中的主机数。

① A 类地址：A 类 IP 地址用第一个 8 位字节表示网络号，其中第一位固定为 0，可表示的网络号范围为 1～126；A 类 IP 地址用后 3 个 8 位字节表示主机号，共 24 位，每个网络可连接 16 777 214 台计算机。A 类地址格式如图 1-3 所示。

网络号	主机号	主机号	主机号
1～126	1～254	1～254	1～254

图 1-3　A 类 IP 地址格式

② B 类地址：B 类地址用前两个 8 位字节为网络号，第一个字节前两位固定为"10"；B 类地址用后两个 8 位字节说明主机号。

B 类地址是 Internet 的 IP 地址应用的重点，共可表示约 16 000 个 B 类网络，每个 B 类网络最多可连接 65 534 台计算机。B 类地址主要用于中型网络。

B 类地址格式如图 1-4 所示。

网络号	网络号	主机号	主机号
128～191	1～254	1～254	1～254

图 1-4　B 类 IP 地址格式

③ C 类地址：C 类地址用前 3 字节表示网络号，第一字节前三位固定为"110"；最后一个字节表示主机号。

C 类地址用于有较多网络但每个网络主机不太多的机构。每个 C 类网络最多可连接 254 台主机。

C 类地址格式如图 1-5 所示。

网络号	网络号	网络号	主机号
129～223	1～254	1～254	1～254

图 1-5　C 类 IP 地址格式

④ D、E 类地址：D 类地址（224.0.0.1～239.255.255.255）称为多播地址，多播地址考虑一个 IP 地址与超过一台的主机相联系。E 类地址用于扩展备用地址。

⑤ 私有 IP 地址：在 IP 地址中有些被归类为私有 IP 地址，在企业网络内部可以自行使用，而不需要申请。私有 IP 地址范围如表 1-7 所示。

表 1-7　私有 IP 地址

网　络　号	类　　别	地　址　范　围
10.0.0.0	A 类	10.0.0.1～10.255.255.254
172.16.0.0	B 类	172.16.0.1～172.31.255.254
192.168.0.0	C 类	192.168.0.1～192.168.255.254

私有 IP 地址只能在企业的局域网内部使用，虽然它可以使局域网内计算机实现通信，但是无法与局域网外部的计算机直接进行通信。因此使用私有 IP 地址计算机如果要与局域网外部的计算机进行通信，就必须使用 NAT（地址转换）等技术。其他不属于私有 IP 的 IP 地址被称为公共 IP 地址，例如：207.46.230.221。

（3）子网掩码

虽然人们用点分十进制格式书写 IP 地址（例如 198.146.118.20），但是网络中看到的地址仍然是二进制数 11000110100100010011101100001010 0。地址的哪部分是网络 ID，哪部分是主机 ID 呢？可以使用子网掩码分隔 IP 地址中的网络 ID 和主机 ID。子网掩码与 IP 地址一样由 4 个字节二进制数组成，其中 1 表示网络，0 表示主机。

默认情况下，A、B、C 三类网络的子网掩码如表 1-8 所示。

表 1-8　默认子网掩码

类　　别	子网掩码类模式	默认子网掩码
A 类	11111111.00000000.00000000.00000000	255.0.0.0

类　别	子网掩码类模式	默认子网掩码
B 类	11111111.11111111.00000000.00000000	255.255.0.0
C 类	11111111.11111111.11111111.00000000	255.255.255.0

（4）网关地址

网关位于网络层，当连接不同类型而协议差别又较大的网络时，要选用网关设备。网关将协议进行转换，将数据重新分组，以便在两个不同类型的网络系统之间进行通信。另外，将专用网络连接到公共网络的路由器也称为网关。网关在网络拓扑图中位置如图 1-6 所示。

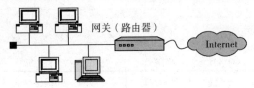

图 1-6　网关在网络拓扑图中的位置

对于特定的主机，与其位于同一网段的路由器的 IP 地址称为该主机的默认网关地址。主机发送到其他网段的所有信息都是通过默认网关路由的。

2．划分子网

用户可以通过使用物理设备（如路由器和网桥）添加网段来扩展网络。此外，可以通过使用物理设备将网络分割成较小的网段来提高网络效率。由路由器分隔的网段称为子网。

创建子网时，必须分割子网上主机的网络 ID。把用于在 Internet 上通信的网络 ID 分割成较小（根据指定的 IP 地址的数量）的子网网络 ID 的过程，称为对网络进行子网分割。接下来，必须使用子网掩码来指定 IP 地址的哪个部分将用做子网的新网络 ID。

子网掩码的计算方法如下：

① 将要划分的子网数目转换为 2 的 m 次方。例如要划分 8 个子网，则 $8=2^3$。如果不是恰好是 2 的多少次方，则采用取大原则，例如要划分 6 个子网，则同样考虑 2^3。

② 将上一步确定的幂 m 按高序（自左至右）占用主机地址 m 位后，转换为十进制数。例如，m 为 3 表示主机的高 3 位被划分为子网网络 ID，由于网络 ID 应全为 1，所以主机号对应的字段为 "11100000"，转换为十进制数后为 224，这就是最终确定的子网掩码。如果是 C 类网，则子网掩码为 255.255.255.224；如果是 B 类网，则子网掩码为 255.255.224.0；如果是 A 类网，则子网掩码为 255.224.0.0。

【课堂练习】

1．练习场景

华伟公司 2010 年业务扩展，吞并了 5 个分布于不同区域的小公司。原公司均有局域网络，每个网络各有约 15 台主机，而华伟公司只向 NIC 申请了一个 C 类网络号 201.12.37.0，那么，如何规划其 IP 地址呢？

2．练习目标

● 掌握计算子网掩码的方法。

● 掌握子网 IP 地址的确定方法。

3. 练习的具体要求与步骤

① 确定大于且最接近 5 的 2 次幂。

最接近 5 的 2 次幂的是_____。

② 将上一步确定的幂按高序（自左至右）占用主机地址后，转换为十进制数。

_____

③ 将确定的子网掩码与子网 IP 地址范围填入表 1-9 中。

表 1-9　华伟公司子网 IP 地址的划分

子网	子网网络 ID	十进制表示	子网 IP 地址范围
0			
1			
2			
3			
4			
5			
6			
7			

3. 弥补 IPv4 的局限性

分类 IP 编址存在的主要局限性包括：B 类地址空间中可用地址已快用完、Internet 路由器的路由表几乎饱和、所有可用 IP 地址最终会全部用完。解决 IPv4 局限性的方法主要有：

● 使用私有网络（划分子网）。

● 使用非标准子网掩码（可变长度子网掩码 VLSM）。

● 使用超网（无类域间路由 CIDR）。

（1）使用 VLSM 分配 IP 地址

虽然子网掩码是对网络地址的有益补充，但还存在着一些缺陷，例如将一个 C 类地址划分成 6 个子网，每个子网可包含 30 台主机，大的子网利用了全部的 IP 地址而小的子网却浪费了很多 IP 地址，为避免地址的浪费，可以使用可变长掩码技术 VLSM(Variable Length Subnet Mask，可变长度子网掩码)。VLSM 用直观的方法在 IP 地址后面加上网络号及子网掩码比特数，例如：192.168.10.0/27，前 27 位表示网络 ID 和子网 ID，即子网掩码为 27 位长，主机地址为 5 位长。

VLSM 提供了在一个主类（A、B、C 类）网络内包含多个子网掩码的能力，以及对一个子网再进行子网划分的能力。其优点是

● 根据主机数目创建不同规模的子网。

● 减少大量不必要的 IP 地址浪费——如果不采用 VLSM，公司将被限制为在一个 A、B、C 类网络号内只能使用一个子网掩码。

● 路由归纳的能力更强。

 注意

　　子网化是对于"有限地址快速耗尽"这一棘手问题的理想解决办法。

[VLSM 举例] 某公司有 5 个子公司，其中 3 个子公司有 60 台主机，2 个子公司有 30 台主

11

项目 1　TCP/IP 协议组及部署网络连接

机，公司 IP 地址是 200.102.34.0。分别写出 5 个公司的网络地址范围和子网掩码。

[解]首先分成 4 个子网，前 3 个子网：

    200.102.34.1–62/26
    200.102.34.65–126/26
    200.102.34.129–190/26

将第 4 个子网再划分为 2 个子网：

    200.102.34.193–222/27
    200.102.34.225–254/27

（2）使用 CIDR 实现超网技术

CIDR 是开发用于帮助减缓 IP 地址和路由表增大问题的一项技术。CIDR（Classless Inter-Domain Routing，无类域间路由）的基本思想是取消 IP 地址的分类结构，将多个地址块聚合在一起生成一个更大的网络，以包含更多的主机。CIDR 支持路由聚合，能够将路由表中的许多路由条目合并为更少的数目，因此可以限制路由器中路由表的增大。同时，CIDR 有助于 IPv4 地址的充分利用。ISP 常用这样的方法给客户分配地址。

根据 CIDR 策略，用户可以采用申请几个 C 类地址取代申请一个单独的 B 类地址的方式来解决 B 类地址匮乏的问题。所分配的 C 类地址不是随机的，而应是连续的，它们的最高位相同，即具有相同的前缀。因此路由表只须用一个记录来表示一组网络地址，这种方法称为"路由表聚集"，也称为超网化。

 注意

RIP v1 不支持无级别的站点间路由（CIDR）或可变长度的子网掩码（VLSM）的具体实现。如果网际网络的一部分支持 CIDR 和 VLSM，而另外部分不支持，那么有可能会出现路由问题。

[CIDR 举例] 有一组 C 类地址为 220.78.168.0～220.78.175.0，使用 CIDR 将这组地址聚合为一个网络，试判断聚合后的网络地址和子网掩码。

[解]聚合前的该组 IP 地址的网络 ID 与二进制子网掩码如下所示：

	网络 ID	子网掩码（二进制）
开始网络 ID	220.78.168.0	11011100 01001110 10101000 00000000
结束网络 ID	220.78.175.0	11011100 01001110 10101111 00000000

聚合后的网络 ID 与二进制掩码如下所示：

网络 ID	子网掩码（十进制）	子网掩码（二进制）
220.78.168.0	255.255.248.0	11111111 11111111 11111000 00000000

拓展与提高——配置 IPv6 网络连接

Windows Server 2003 提供了对 IPv6 的支持，配置 IPv6 网络连接操作过程如下：

① 使用具有管理员权限的用户账户登录要配置网络连接的主机。

② 右击桌面上的"网上邻居"图标并选择"属性"选项，打开"网络连接"窗口。

③ 在"网络连接"窗口中使用鼠标右键单击"本地连接"并选择"属性"选项，打开"本地连接属性"对话框。

④ 单击"安装"按钮，打开"选择网络组件类型"对话框。

⑤ 双击"协议"项，打开"选择网络协议"对话框。

⑥ 在"选择网络协议"对话框的"网络协议"栏中选择"Microsoft TCP/IP 版本 6"项并单击"确定"按钮进行安装。

练 习 题

一、填空题

1. 在 OSI 参考模型中规定，计算机网络体系结构共分为_____、_____、_____、_____、_____、_____和_____ 7层。

2. TCP/IP 协议体系中，网际层常见的协议有_____。

3. TCP/IP 包括_____和_____两个主要子协议，其中_____协议面向连接，而_____则是面向操作的。

4. 在 TCP/IP 协议的诊断工具中，_____用来查询远程计算机的配置信息；_____用来诊断网络是否通畅；_____用来查询计算机本地的 MAC 地址；_____用来显示和修改计算机路由表；_____用来查询当前活动 TCP 的连接情况；_____用来诊断当前域名系统。

5. IP 地址是由_____和_____两部分组成的，A 类地址中网络标识共有_____位，C 类地址中主机标识共有_____位。

6. A 类地址的默认子网掩码为_____，B 类地址的默认子网掩码为_____，C 类地址默认子网掩码为_____。

二、选择题

1. 在 OSI 模型中，为用户的应用程序提供网络服务的层是（　　）。

　A. 传输层　　　　　　　　　　　B. 会话层

　C. 网络层　　　　　　　　　　　D. 应用层

2. 在 OSI 模型中，完成差错报告、网络拓扑结构和流量控制功能的层是（　　）。

　A. 物理层　　　　　　　　　　　B. 数据链路层

　C. 网络层　　　　　　　　　　　D. 传输层

3. 当一台计算机发送 E-mail 到另一台计算机时，下列正确描述了数据包打包的 5 个转换过程的是（　　）。

　A. 数据、数据段、数据包、数据帧、比特

　B. 比特、数据帧、数据包、数据段、数据

　C. 数据包、数据段、数据、比特、数据帧

　D. 数据段、数据包、数据帧、比特、数据

4. 下列属于 B 类 IP 地址的是（　　　）。
   A. 112.213.12.23　　　　　　　　　B. 210.123.23.12
   C. 23.123.213.23　　　　　　　　　D. 156.123.32.12

5. 有 16 个 IP 地址，最多可以允许入网的用户数为（　　　）。
   A. 32　　　　　　　　　　　　　　B. 16
   C. 8　　　　　　　　　　　　　　D. 1

6. 假设有一组 C 类地址为 192.168.8.0～192.168.16.0，如果用 CIDR 将这组地址聚合为一个网络，其网络地址和子网掩码为（　　　）。
   A. 192.168.8.0/21　　　　　　　　B. 192.168.8.0/20
   C. 192.168.8.0/24　　　　　　　　D. 192.168.8.15/24

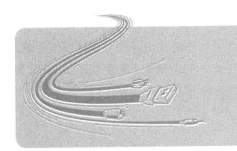

项目❷

使用 DHCP 分配 IP 地址

学习情境

网坚公司近几年的业务得到迅速发展，随着业务的拓展，公司在其主要业务城市开办了分公司。随着公司规模的不断扩大，对网络的需求也不断提高。

众所周知，TCP/IP 网络上的每台计算机都必须拥有 IP 地址，对于小型网络或计算机的地理位置比较集中的网络环境，网络管理员可以采用手工分配 IP 地址的方法，而对于像网坚公司这样的大中型企业，计算机数量众多且地理位置分散，手动分配 IP 地址的方法就不太合适了，在这种情况下，可采用 DHCP 来分配 IP 地址。本项目讲述的就是利用 DHCP 服务器代替人工配置 IP 地址的问题。

DHCP 允许网络管理员通过本地网络上的 DHCP 服务器为 DHCP 客户端动态指派 IP 地址，对于基于 TCP/IP 的网络，DHCP 降低了网络管理员的工作量。

本项目将基于 Windows Server 2003 在网坚公司的企业网络中部署 DHCP 服务器，为公司内部用户计算机自动分配 IP 地址及相关 TCP/IP 配置信息。本项目主要包括以下任务：

- 了解 DHCP 服务。
- 架设 DHCP 服务器。
- 创建和管理 IP 作用域。
- 配置 DHCP 中继代理。
- 管理 DHCP 服务器。

任务 1 了解 DHCP 服务

任务描述

Windows Server 2003 标准版、企业版等服务器操作系统提供了 DHCP 服务功能，在部署 DHCP 服务器之前，理解 DHCP 的概念，了解 DHCP 的工作原理是必要的。通过本次任务的学习主要掌握：

- 理解 DHCP 的概念。
- 理解 DHCP 的工作原理。

任务分析

Windows Server 2003 的 DHCP 服务功能，避免了因为手动分配 IP 地址而导致的网络故障，大大降低了网络管理员的工作量。理解 DHCP 服务如何自动分配 IP 地址，掌握 DHCP 的工作原理和工作特点可以帮助我们分析在不同的网络环境中采用何种 IP 地址配置方式。

本次任务主要包括以下知识与技能点：

- IP 地址的配置
- DHCP 的工作原理
- DHCP 的概念

相关知识与技能

1. 配置 IP 地址

在 TCP/IP 网络中，设置 IP 地址有两种方式：静态设置和动态设置。

（1）静态设置

静态设置方式必须给网络中每台计算机手动输入 IP 地址。在这种方式下，用户容易输入错误或无效的 IP 地址，导致通信和网络问题，而且故障难于查找，尤其对于频繁在子网间移动的计算机（便携式计算机）来说，增加了用户及网络管理员管理配置网络的难度和工作量。

（2）动态设置

采用动态设置方式，网络中的 DHCP 客户端计算机不需要用户手动输入 IP 地址，而是由 DHCP 服务器来自动分配 IP 地址，它避免了手动输入可能造成的错误，降低了网络管理员管理配置网络的工作量。

静态设置和动态设置的优缺点如表 2-1 所示。

表 2-1　静态设置和动态设置的优缺点

静态 TCP/IP 配置	动态 TCP/IP 配置
必须为网络上每台计算机手动输入 IP 地址	DHCP 服务器自动为网络上的 DHCP 客户端计算机配置 IP 地址
用户可能给同一网络中的不同计算机输入相同的 IP 地址，亦可能输入错误或无效的 IP 地址	DHCP 服务器不会租借相同的 IP 地址给两个 DHCP 客户端，并确保网络中的客户端使用正确的 IP 地址
错误的配置可能导致通信问题和网络问题	排除了一系列常见网络问题的来源，并可以为每个 DHCP 作用域设置很多选项
对于计算机在子网间频繁移动的网络来说，增加了用户在配置管理上的工作量	计算机在不同子网间移动时不需要人工重新设置 IP 地址及相关配置信息，降低了配置管理上的工作量

2. DHCP 的概念

DHCP（Dynamic Host Configuration Protocol，动态主机配置协议）是一种用于简化主机 IP 配置管理的 IP 标准，是 TCP/IP 网络上使 DHCP 客户端获得配置信息的协议。通过采用 DHCP 标准，就可以利用 DHCP 服务器为网络上的 DHCP 客户端管理动态 IP 地址分配和其他相关配置信息。

3. DHCP 的工作原理

DHCP 是基于客户端/服务器模型设计的。当 DHCP 客户端计算机启动时，它会自动与 DHCP 服务器通信，并请求 DHCP 服务器提供 IP 地址、子网掩码等 TCP/IP 的配置信息。当 DHCP 服务器收到 DHCP 客户端请求后，会根据自身配置决定如何提供 IP 地址及相关配置信息给该客户端。

（1）客户端首次登录

如果 DHCP 客户端是首次登录，则会按以下 4 个阶段来获取 IP 地址，如图 2-1 所示。

① 请求阶段，即 DHCP 客户端寻找 DHCP 服务器申请 IP 地址阶段。DHCP 客户端以广播方式发送 DHCPDISCOVER 信息来寻找网络中的 DHCP 服务器。因为此时的 DHCP 客户端还不知道自己属于哪一个网络，因此在该数据包中，使用 0.0.0.0 为源地址，使用 255.255.255.255 作为目的地址，向网络发送特定的广播信息，网络中每一台安装了 TCP/IP 的计算机都会接收到这种广播信息，但只有 DHCP 服务器才会做出响应。

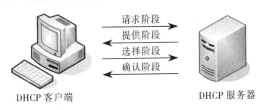

请求阶段
提供阶段
选择阶段
确认阶段

DHCP 客户端   DHCP 服务器

图 2-1 DHCP 工作流程示意图

② 提供阶段，即 DHCP 服务器提供 IP 地址的阶段。所有接收到 DHCPDISCOVER 信息的 DHCP 服务器都会做出响应，如果它具备有效的地址池和富余的 IP 地址，就会从 IP 地址池中选择一个尚未出租的 IP 地址分配给 DHCP 客户端，然后采用广播的方式传送一个 DHCPOFFER 信息给 DHCP 客户端。之所以采用广播的方式，是因为此时的 DHCP 客户端还没有 IP 地址。在尚未与 DHCP 客户端完成租用 IP 地址的程序以前，这个地址将会暂时被保留起来，以免再分配给其他的 DHCP 客户端。

③ 选择阶段，即 DHCP 客户端选择某一台 DHCP 服务器提供的 IP 地址及相关配置信息的阶段。如果网络中有多台 DHCP 服务器向 DHCP 客户端发来 DHCPOFFER 信息，则 DHCP 客户端只接受第一个收到的 DHCPOFFER 信息，然后它以广播方式回答一个 DHCPREQUEST 信息。之所以要以广播方式回答，是为了通知所有的 DHCP 服务器，它将选择某台 DHCP 服务器所提供的 IP 地址，以便那些没有被选中的 DHCP 服务器释放原本欲分配给该 DHCP 客户端的 IP 地址，供其他 DHCP 客户端使用。

④ 确认阶段，即 DHCP 服务器确认所提供的 IP 地址的阶段。当 DHCP 服务器收到 DHCP 客户端回答的 DHCPREQUEST 信息之后，它便向 DHCP 客户端发送一个包含它所提供的 IP 地址和相关配置信息的 DHCPACK 确认信息，告诉 DHCP 客户端可以使用它所提供的 IP 地址，然后 DHCP 客户端便将其 TCP/IP 协议与网卡绑定。除 DHCP 客户端选中的 DHCP 服务器外，其他的 DHCP 服务器都将释放曾提供的 IP 地址。

DHCP 客户端在收到 DHCPACK 信息后，就完成了获取 IP 地址的步骤，也就可以使用该 IP 地址跟网络中的其他计算机通信。

（2）客户端重新登录

DHCP 客户端重新登录同一网络时，就不需要再发送 DHCPDISCOVER 信息了，而是直接发送包含前一次所分配的 IP 地址的 DHCPREQUEST 信息。当 DHCP 服务器收到这一信息后，它会尝试让 DHCP 客户端继续使用原来的 IP 地址，并回答一个 DHCPACK 确认信息，如图 2-2 所示。

如果此 IP 地址已无法再分配给原来的 DHCP 客户端使用时（例如，此 IP 地址已分配给其他 DHCP 客户端使用），则 DHCP 服务器将给 DHCP 客户端回答一个 DHCPNACK 否认信息，当原来的 DHCP 客户端收到此 DHCPNACK 否认信息后，它就必须重新发送 DHCPDISCOVER 信息来请求新的 IP 地址。

图 2-2　重新登录自动向 DHCP 服务器获取地址过程示意图

（3）更新 IP 地址的租约

DHCP 服务器向 DHCP 客户端出租的 IP 地址一般都有一个租借期限，默认为 8 天，期满后 DHCP 服务器便会收回出租的 IP 地址。如果 DHCP 客户端要延长其 IP 租约，则必须更新其 IP 租约。

DHCP 客户端启动时或 IP 租约期限超过一半时，DHCP 客户端都会自动向 DHCP 服务器发送更新其 IP 租约的信息，只要 DHCP 客户端能成功更新租约，DHCP 服务器就会响应一个 DHCPACK 信息给它，因此客户端就可继续使用原来的 IP 地址，并且会重新获得一个新的租约，其新的租约期限由当时响应的 DHCP 服务器的配置决定。

课堂练习

1．练习场景

网坚公司南京分公司有计算机数百台，分布在不同的办公楼中，其拥有一个 172.16.30.0～172.16.30.255 的地址段，根据工作安排，南京分公司在同一时间内上网的计算机不会超过 200 台。

2．练习目标

理解和掌握 DHCP 的工作原理。

3．练习的具体要求与步骤

① 根据练习场景描述的网络环境，公司应该采用何种 IP 地址分配方式比较合理？并说明

采用理由。

② 当 DHCP 客户端第一次向 DHCP 服务器申请 IP 地址时，请在图 2-3 中的括号内填补上两者之间的交互信息。

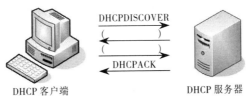

DHCP 客户端   DHCP 服务器

图 2-3　DHCP 客户端第一次向 DHCP 服务器申请 IP 地址信息交互图

任务 2　架设 DHCP 服务器

任务描述

网坚公司北京总部为了便于公司网络管理，减轻网络管理员的工作负担，决定在企业网络中部署 DHCP 服务器，代替网络管理员完成公司员工计算机 IP 地址及相关 TCP/IP 信息的配置工作。公司部署 DNCP 服务网络环境拓扑图如图 2-4 所示。

在网络中使用 DHCP 方式分配 IP 地址，则该网络中至少有一台计算机安装了 DHCP 服务，它可以自动监听网络上的 DHCP 请求。通过本次任务的学习主要掌握：

- 安装 DHCP 服务。
- 配置 DHCP 客户端。

任务分析

在网络中使用 DHCP 方式分配 IP 地址，需要在网络中部署 DHCP 服务器和配置 DHCP 客户端。安装 DHCP 服务需要满足以下要求：

- DHCP 服务器必须安装使用能够提供 DHCP 服务的 Windows 版本，如 Windows Server 2003 标准版（Standard）、企业版（Enterprise）等。
- DHCP 服务器的 IP 地址应是静态的，即 IP 地址、子网掩码、默认网关等 TCP/IP 属性均需手工设置。
- 安装 DHCP 服务需要具有系统管理员的权限。

网络中也只有配置成 DHCP 客户端的计算机才可以向 DHCP 服务器申请获取 IP 地址及相关的 TCP/IP 设置信息。

本次任务主要包括以下知识与技能点：

- DHCP 服务的安装方法。
- DHCP 客户端配置方法。

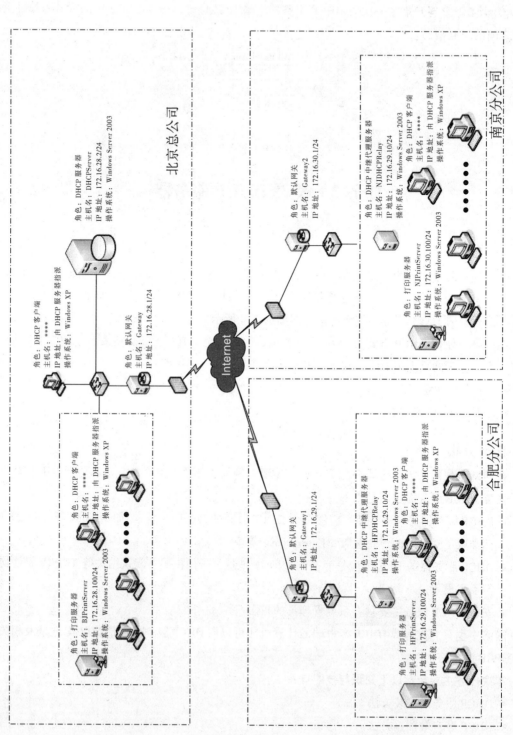

图 2-4 部署 DHCP 服务网络拓朴图

北京总公司

角色：DHCP 服务器
主机名：DHCPServer
IP 地址：172.16.28.2/24
操作系统：Windows Server 2003

角色：DHCP 客户端
主机名：****
IP 地址：由 DHCP 服务器指派
操作系统：Windows XP

角色：默认网关
主机名：Gateway
IP 地址：172.16.28.1/24

角色：打印服务器
主机名：BJPrintServer
IP 地址：172.16.28.100/24
操作系统：Windows Server 2003

角色：DHCP 客户端
主机名：****
IP 地址：由 DHCP 服务器指派
操作系统：Windows XP

合肥分公司

角色：默认网关
主机名：Gateway1
IP 地址：172.16.29.1/24

角色：DHCP 中继代理服务器
主机名：HFDHCPRelay
IP 地址：172.16.29.10/24
操作系统：Windows Server 2003

角色：DHCP 客户端
主机名：****
IP 地址：由 DHCP 服务器指派
操作系统：Windows XP

角色：打印服务器
主机名：HFPrintServer
IP 地址：172.16.29.100/24
操作系统：Windows Server 2003

角色：默认网关
主机名：Gateway2
IP 地址：172.16.30.1/24

南京分公司

角色：DHCP 中继代理服务器
主机名：NJDHCPRelay
IP 地址：172.16.29.10/24
操作系统：Windows Server 2003

角色：DHCP 客户端
主机名：****
IP 地址：由 DHCP 服务器指派
操作系统：Windows XP

角色：打印服务器
主机名：NJPrintServer
IP 地址：172.16.30.100/24
操作系统：Windows Server 2003

1．安装 DHCP 服务

在 Windows Server 2003 操作系统中安装 DHCP 服务的操作过程如下：

① 选择"开始"→"控制面板"→"添加或删除程序"命令，打开"添加或删除程序"对话框。在"添加或删除程序"对话框左侧列表框中单击"添加/删除 Windows 组件"图标，打开"Windows 组件向导"对话框，如图 2-5 所示。

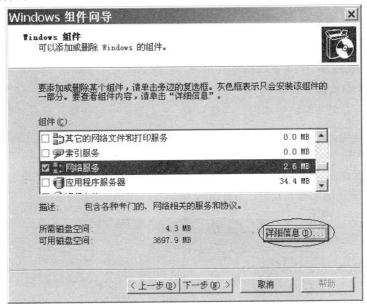

图 2-5 "Windows 组件向导"对话框

② 在"Windows 组件向导"对话框中的"组件"列表框中，选择"网络服务"选项，然后单击"详细信息"按钮，打开"网络服务"对话框，如图 2-6 所示。

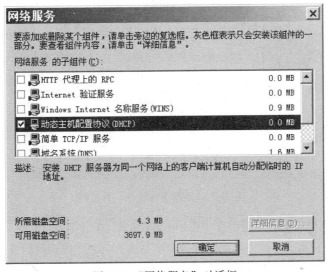

图 2-6 "网络服务"对话框

③ 在"网络服务"对话框中的"网络服务的子组件"选项列表中，选择"动态主机配置协议（DHCP）"复选框，单击"确定"按钮后返回"Windows 组件向导"对话框。

④ 单击"Windows 组件向导"对话框中的"下一步"按钮开始 DHCP 服务安装，当 DHCP 服务安装结束后会打开"完成 Windows 组件向导"对话框，单击"完成"按钮完成 DHCP 服务的安装。

DHCP 服务安装成功后，网络管理员可以通过选择"开始"→"所有程序"→"管理工具"→"DHCP"命令，打开 DHCP 管理控制台来管理和配置该 DHCP 服务器。

2．配置 DHCP 客户端

一个网络中的计算机可能安装不同的操作系统，例如 Windows XP、Windows 2000 等。这里以安装了 Windows XP 操作系统的计算机为例，将其配置成 DHCP 客户端的操作过程如下：

① 打开"控制面板"窗口。

② 在"控制面板"窗口中单击"网络和 Internet 连接"超链接，打开"网络和 Internet 连接"窗口。

③ 在"网络和 Internet 连接"窗口中，单击"网络连接"超链接，打开"网络连接"窗口。

④ 在"网络连接"窗口中右击"本地连接"图标并在弹出的快捷菜单中选择"属性"命令，打开"本地连接属性"对话框，如图 2-7 所示。

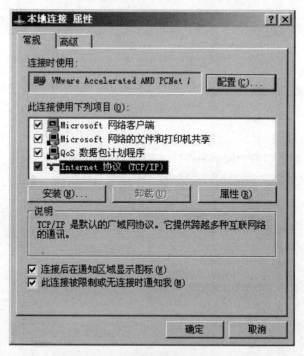

图 2-7 "本地连接属性"对话框

⑤ 双击"本地连接属性"对话框中"Internet 协议（TCP/IP）"选项，打开"Internet 协议（TCP/IP）属性"对话框，按图 2-8 所示配置即可完成 DHCP 客户端的配置。

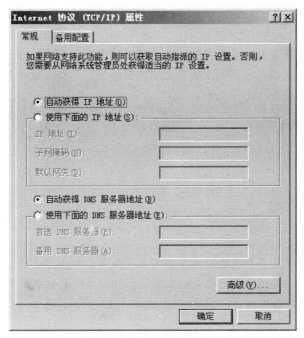

图 2-8 "Internet 协议（TCP/IP）属性"对话框

课堂练习

1. 练习场景

网坚公司南京分公司有计算机数百台，分布在不同的办公楼中。其拥有一个 172.16.30.0～172.16.30.255 的地址段，根据工作安排，南京分公司在同一时间内上网的计算机不会超过 200 台，于是决定采用架设 DHCP 服务器方法解决 IP 地址不够用的问题。

2. 练习目标

● 掌握 IP 地址的静态和动态配置，完成 DHCP 服务器本机地址的配置。

● 掌握在 Windows Server 2003 操作系统中安装 DHCP 服务的方法。

3. 练习的具体要求与步骤

① 配置 DHCP 服务器本机 IP 地址。现拟定该 DHCP 服务器本身的 IP 地址为 172.16.30.2，子网掩码为 255.255.255.0，网关为 172.16.30.1。

② 安装 DHCP 服务。

③ 配置 DHCP 客户端。

拓展与提高

1. 授权 DHCP 服务器

如果 DHCP 服务器工作在基于工作组管理模式的网络环境中，则 DHCP 服务器无须进行授权操作即可进行创建 IP 作用域，进而给网络中的客户端提供服务。但如果是在 Active Directory（活动目录）域中部署 DHCP 服务器，则还需要进行授权才能使 DHCP 服务器生效。

注意

通常只有在成员服务器上安装 DHCP 服务器时才需要执行此过程。在多数情况下，如果用户打算在作为域控制器的计算机上安装 DHCP 服务器，那么在首次将服务器添加到 DHCP 管理控制台时服务器将自动获得授权。

DHCP 服务器的授权通过以下操作过程即可实现：

① 打开 DHCP 管理控制台，可以看到未授权的 DHCP 服务器图标右下角有个红色向下箭头。

② 右击要授权的 DHCP 服务器图标，在弹出的快捷菜单中选择"授权"命令，完成授权操作。

💡 小技巧

授权成功后，DHCP 服务器图标右下角的红色向下箭头应变成了绿色向上箭头。若授权后，DHCP 服务器图标右下角仍为红色向下箭头，可按【F5】键更新显示界面，再查看箭头是否更改以确认是否授权成功。

2. 解除 DHCP 服务器的授权

有两种方法可以解除 DHCP 服务器的授权：

① 在 DHCP 管理控制台中，右击要进行操作的 DHCP 服务器图标，在弹出的快捷菜单中选择"撤销授权"命令即可。

② 在 DHCP 管理控制台中，右击 DHCP 图标，在弹出的快捷菜单中选择"管理授权的服务器"命令，打开"管理授权的服务器"对话框，如图 2-9 所示。选中需要解除授权的 DHCP 服务器，然后单击窗口右侧的"解除授权"按钮即可。

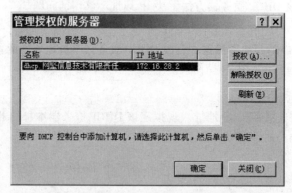

图 2-9 "管理授权的服务器"对话框

任务 3 创建和管理 IP 作用域

 任务描述

安装 DHCP 服务以后，还需要建立一个或多个 IP 作用域（IP Scope）才可以为 DHCP 客户端提供服务。通过本次任务的学习主要掌握：

- 建立 DHCP 服务器的作用域。
- 配置 DHCP 服务器的作用域。

任务分析

架设 DHCP 服务器，除了在满足要求的计算机中安装 DHCP 服务外，还要求拥有一段可供分配的 IP 地址用于创建作用域。在建立作用域前，还需预先规划好特殊用途的 IP 地址。

DHCP 服务器在为 DHCP 客户端分配 IP 地址的同时，还配置了与 IP 地址相关的 TCP/IP 信息，而这些 TCP/IP 信息是通过 DHCP 选项的配置来实现的。

本次任务主要包括以下知识与技能点：

- IP 作用域的概念。
- 租期的设置。
- IP 作用域的建立方法。
- 保留特殊用途的 IP 地址。
- 协调作用域。
- 配置 DHCP 选项。

相关知识与技能

1. 建立 IP 作用域

作用域通常定义为接受 DHCP 服务的网络上的单个子网，是网络上可能的 IP 地址的完整连续范围。当 DHCP 客户端在向 DHCP 服务器申请租用 IP 地址时，DHCP 服务器就可以从这些作用域内，选取一个适当的、尚未出租的 IP 地址分配给发出申请的 DHCP 客户端。

> **注意**
>
> 在创建作用域之前，必须先确定作用域的地址范围，即要明确起始的 IP 地址和结束的 IP 地址。

这里以在网坚公司 DHCP 服务器上创建网坚公司合肥分公司 IP 作用域为例来进行介绍，操作过程如下：

① 在 DHCP 管理控制台中，右击要创建作用域的 DHCP 服务器图标，在弹出的快捷菜单中选择"新建作用域"命令，打开"新建作用域向导"对话框，单击对话框的"下一步"按钮，打开"作用域名"对话框。

② 在"作用域名"对话框中，为所要建立的作用域输入一个名称及相关文字说明，如图 2-10 所示。

③ 输入完成后单击"下一步"按钮，打开"IP 地址范围"对话框，如图 2-11 所示，输入可以租给 DHCP 客户端的起始与结束的 IP 地址，配置该网段的子网掩码。子网掩码的设置可以直接在"子网掩码"文本框中输入，或者在"长度"数值框通过设置掩码长度来完成。在本案例中，子网掩码为 255.255.255.0。输入完成后单击"下一步"按钮打开"添加排除"对话框。

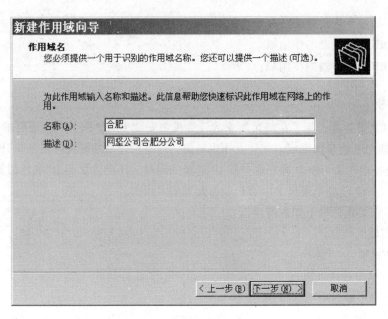

图 2-10　"作用域名"对话框

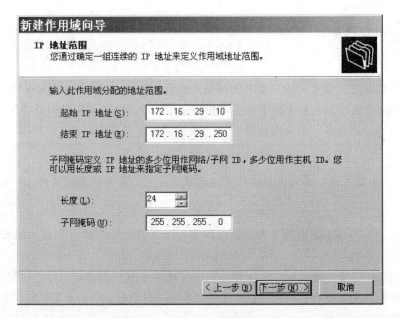

图 2-11　"IP 地址范围"对话框

　注意

　　根据作用域的起始地址和结束地址，建议使用一个对大多数网络有用的默认子网掩码。如果用户的网络需要不同的子网掩码，则可根据需要来修改这个值。

　　④　如果作用域中有一些 IP 地址被非 DHCP 客户端使用，则可以将这些 IP 地址从作用域中排除。如图 2-12 所示，在"添加排除"对话框中，在"起始 IP 地址"和"结束 IP 地址"文本框中输入要排除的地址范围，然后单击"添加"按钮即可。

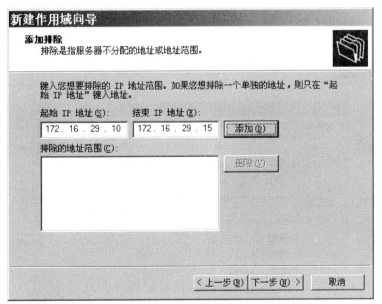

图 2-12 "添加排除"对话框

💡 **小技巧**

如果想排除的不是一个地址段,而是一个单独的地址,则只须在"起始 IP 地址"处输入这个 IP 地址即可。

⑤ 设置完须排除的 IP 地址或 IP 地址范围后,单击"下一步"按钮,打开作用域"租约期限"对话框,如图 2-13 所示。系统一般默认期限为 8 天,用户可以根据具体的网络需求来设置租约期限。

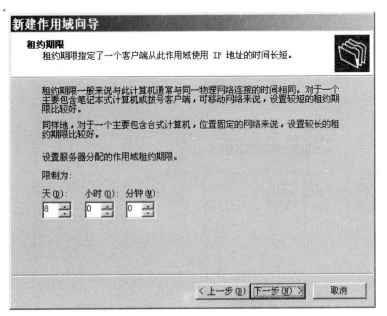

图 2-13 "租约期限"对话框

⑥ 设置完租约期限，单击"下一步"按钮打开"配置 DHCP 选项"对话框，如图 2-14 所示。系统将根据用户的选择进行下一步的操作。在这里，选择"否，我想稍后配置这些选项"单选按钮，单击"下一步"按钮打开"正在完成新建作用域向导"对话框，单击"完成"按钮完成作用域的建立。

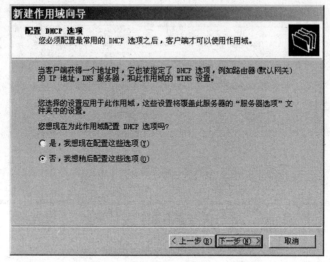

图 2-14　"配置 DHCP 选项"对话框

 注意

在一台 DHCP 服务器内，一个子网只能有一个 IP 作用域。例如，建立一个 IP 地址范围为 172.16.29.10～172.16.29.180，子网掩码为 24 位的 IP 作用域后，就不可以再建立一个范围为 172.16.29.200～172.16.29.250 的作用域，否则系统会报错。解决此问题的办法是建立一个 172.16.29.10～172.16.29.250 的作用域，然后将 172.16.29.181～172.16.29.199 排除掉即可。

建立完成以后，用户可以通过 DHCP 管理控制台查看新建好的作用域，如图 2-15 所示。

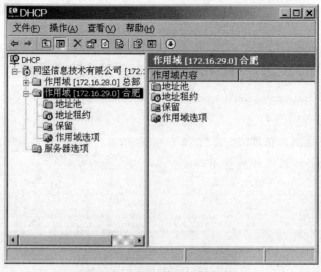

图 2-15　DHCP 管理控制台窗口

如果作用域图标的右下角有个红色向下箭头，则表示该作用域未被激活。作用域只有被激活，DHCP 服务器才能调用作用域中的 IP 地址分配给 DHCP 客户端。

要激活作用域，只需右击需要激活的作用域图标，在弹出的快捷菜单中选择"激活"命令即可。

2．设置租约期限

（1）租约的概念

"租约"是由 DHCP 服务器指定的一段时间，在此时间内 DHCP 客户端计算机可以使用指派的 IP 地址。当 DHCP 服务器向 DHCP 客户端提供租约时，租约是"活动"的。在租约过期之前，DHCP 客户端通常需要向 DHCP 服务器更新指派给它的地址租约。

（2）租约期限

创建作用域时，默认的租约期限为 8 天。在大多数情况下，这个值已足够。但是，由于租约期限决定租约何时期满，以及 DHCP 客户端何时需要向 DHCP 服务器对租约进行更新的频率，这是一个会影响网络性能的过程。

租期设置过短，则客户端短时间内就向 DHCP 服务器申请更新租约，必将增加网络的负担。反之，租期设置过长，减少了更新租约的频率，降低网络负担，但客户端必须等很久才会更新租约，也就是说这些客户端需要等很长时间才能取得 DHCP 服务器的最新设置值，因此更改租约期限有时非常有用。那么，租约到底设置成多长时间合适呢？对于网络管理员来说，租约期限应根据网络环境的实际情况而定，用户可参考使用下列规则来确定租约期限设置，以提高网络性能：

- 如果在网络中有大量可用的 IP 地址并且很少对配置进行更改，则增加租约期限以减少客户端和 DHCP 服务器之间的租约续订查询的频率，这将会减少由客户端续订租约引起的一些网络通信量。
- 如果网络上可用的 IP 地址数量有限并且经常更改客户端配置或客户端移动频繁，则应减少租约期限以促进 DHCP 服务器进行旧 IP 地址的清理工作，这增加了地址返回可用地址池以便重新分配给新客户端的频率。
- IP 地址充足且 DHCP 客户端不变动的网络环境可将租约设置成"无限制"，即永久租用。

 注意

（1）如果设置成永久租用，申请到 IP 的 DHCP 客户端无论是与物理网络断开或是切换到其他网络，服务器租出的 IP 地址不会自动收回，这时就需管理员手动将租约删除。

（2）在实际应用中，不建议将租约设置成"无限制"。

（3）更改租约期限

① 在 DHCP 管理控制台中，右击要修改租期的作用域图标，在弹出的快捷菜单中选择"属性"命令，打开"作用域属性"对话框，按图 2-16 所示。

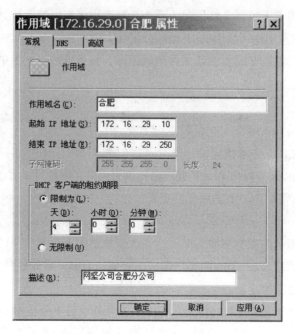

图 2-16 "作用域属性"对话框

② 在"作用域属性"对话框中，选择"常规"选项卡，然后根据需要，在"DHCP 客户端的租约期限"区域文本框中输入要设置租约期限时间后，单击"应用"或"确定"按钮即可完成租约期限设置。

3. 保留特殊用途的 IP 地址

在使用 DHCP 服务器的网络环境中，经常存在某些具有重要应用的计算机，其 IP 地址不宜变动，作为网络管理员，应该如何设置 DHCP 服务器，让其为这些计算机提供服务呢？

通过 DHCP 服务中的保留功能我们可以解决上面的问题。DHCP 服务器可以保留特定的 IP 地址给特定的 DHCP 客户端使用，即当这个客户端向 DHCP 服务器发出租用或更新租约请求时，DHCP 服务器都为其提供相同的 IP 地址。保留特殊用途的 IP 地址的操作过程如下：

① 在 DHCP 管理控制台中，选中要进行操作的作用域图标，在其展开的目录下选择"保留"选项并右击，在弹出的快捷菜单中选择"新建保留"命令，打开"新建保留"对话框，如图 2-17 所示。

② 在对应的选项中输入保留名称、保留的 IP 地址等信息，输入完成后单击"添加"按钮即完成保留地址的设定。

- 保留名称：用于辨认 DHCP 客户端的名称，可以是计算机名。
- IP 地址：输入想保留给客户端的 IP 地址。
- MAC 地址：客户端网卡的硬件地址，它是一个 12 位十六进制数字。
- 描述：输入一些辅助性的说明文字。
- 支持类型：配置 DHCP 客户端是否必须为 DHCP 客户端，还是较旧型的 BOOTP 客户端，或者两者都支持。

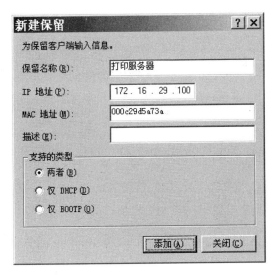

图 2-17 "新建保留"对话框

4. 协调作用域

在 DHCP 服务器内,作用域内 IP 地址的租用信息会分别存储在 DHCP 数据库文件与注册表数据库内。如果 DHCP 数据库文件与注册表数据库之间发生了信息不一致的现象,例如在注册表数据库中记录了某个 IP 地址已经租给了某台计算机,但是 DHCP 数据库内却没有这条记录,此时可以利用"协调"功能来修正 DHCP 数据库文件。协调后,它会按照注册表数据库内的记录将 IP 地址还给原来租用此 IP 地址的计算机或是暂时将此 IP 地址保留,等到租约到期时再重新出租。协调操作过程如下:

① 打开 DHCP 管理控制台,在 DHCP 管理控制台中,右击要进行操作的作用域图标,在弹出的快捷菜单中选择"协调"命令,打开"协调"作用域对话框。

② 如果"协调"对话框中有显示不一致的 IP 地址,请选择要协调的 IP 地址后单击"验证"按钮即可。

 注意

在使用 DHCP 服务器时,建议定期执行协调操作,以确保 DHCP 数据库的正确性。

5. 配置 DHCP 选项

DHCP 选项是指 DHDP 客户端从 DHCP 服务器获得的公共配置信息,包括默认网关、DNS 服务器地址、WINS 服务器地址等。

DHCP 选项包含服务器选项、作用域选项、类别选项及保留客户端选项。其中,服务器选项、作用域选项和保留客户端选项的配置方法相同,这里以配置作用域选项为例介绍上述三种选项的配置方法。

在新建作用域时未配置作用域的选项,可以通过以下方法来配置。这里以配置作用域的路由器选项为例,配置过程如下:

① 在 DHCP 管理控制台中,展开要进行配置的作用域目录树,在其目录树中右击"作用域选项"选项,在弹出的快捷菜单中选择"配置选项"命令,打开"作用域选项"配置对话框,

如图 2-18 所示。

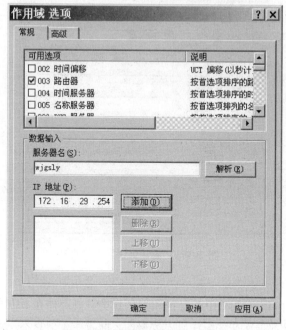

图 2-18 "作用域选项"对话框

② 在"作用域选项"对话框的"可用选项"列表区中选择"003 路由器"复选框，在"数据输入"选项区域中输入服务器名称及服务器的 IP 地址，单击"添加"按钮，然后单击"确定"按钮即完成作用域服务器选项的配置。

💡 **小技巧**

如果只知道服务器名称而不知道其 IP 地址时，可单击对话框中的"解析"按钮，系统会自动分析出服务器的 IP 地址。

 课堂练习

1. 练习场景

在任务 2 的课堂练习中，架设好一台 DHCP 服务器，但是它还不能给网络中的 DHCP 客户端提供服务，因为它缺少可供分配的 IP 地址。在本次练习中，要在任务 2 课堂练习中架设好的 DHCP 服务器中创建一个作用域。

2. 练习目标

- 掌握 IP 作用域的建立。
- 掌握租约期限的设置。
- 掌握保留特定 IP 地址的办法。
- 掌握作用域选项的配置方法。

3. 练习的具体要求与步骤

① 创建一个作用域，作用域名为"网坚公司南京分公司"，地址范围为 172.16.30.10～

172.16.30.250，排除 172.16.30.20～172.16.30.40 地址段。

② 保留地址 172.16.30.100 和 172.16.30.200 用于特殊用途。

③ 将作用域的租约期限设置为 2 天。

拓展与提高

1．多个 IP 作用域

在实际应用中，一个 DHCP 服务器内经常会建立多个 IP 作用域，以便为多个子网的 DHCP 客户端提供服务。在图 2-19 所示的网络环境中，DHCP 服务器有两个作用域。网坚公司总公司使用 172.16.28.0 网段，网坚公司合肥分公司则使用 172.16.29.0 网段。

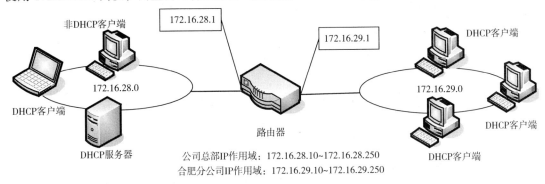

图 2-19　多个作用域协调工作网络拓扑示意图

2．创建超级作用域

超级作用域允许 DHCP 服务器支持在同一个网络连接上的多个逻辑 IP 子网。要创建一个超级作用域，其前提条件是必须已经为该服务器支持的所有子网创建好作用域。当这些单个的作用域被创建后，管理员可以通过系统提供的工具将它们打包成一个超级作用域。

使用超级作用域，可以将多个作用域分组为一个管理实体。使用此功能，DHCP 服务器可以在使用多个逻辑 IP 网络的单个物理网段（如单个以太网的局域网段）上支持 DHCP 客户端。创建超级作用域操作过程如下：

① 在 DHCP 管理控制台中，右击要进行操作的 DHCP 服务器图标，在弹出的快捷菜单中选择"新建超级作用域"命令，打开"新建超级作用域向导"对话框。

② 单击"下一步"按钮，打开"超级作用域名"对话框，如图 2-20 所示。为超级作用域输入一个名称后，单击"下一步"按钮，打开"选择作用域"对话框。

③ 在"选择作用域"对话框中选择一个作用域集合来创建一个超级作用域，如图 2-21 所示，对话框中显示了所有可用的作用域。如果要选择多个作用域，则按住【Shift】键同时单击相应作用域，选好作用域集合后单击"下一步"按钮，打开"完成新建超级作用域向导"对话框，单击"完成"按钮。

3．配置 DHCP 的类别选项

DHCP 服务器还支持在服务器、作用域和保留区内为网络中特殊类别的计算机配置选项。例如，在某个 DHCP 服务器内为某个特定类别的计算机配置选项后，则只有在这个 DHCP 服务器内，隶属于这个类别的计算机来租用 IP 地址时，该 DHCP 服务器才会将这些配置选项发送给申请计

算机。Windows Server 2003 的 DHCP 服务器支持用户类别和厂商类别两种不同类型的类别选项。

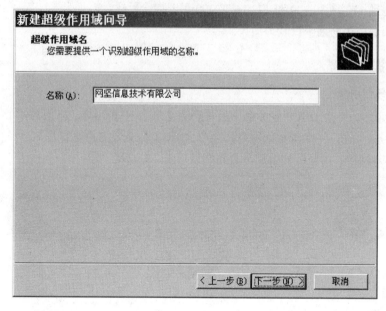

图 2-20 "超级作用域名"对话框

- 用户类别用于向标识为共享相似 DHCP 选项配置的共同需求的客户端指派选项。如果 DHCP 服务器想给某些特定的 DHCP 客户端计算机配置相同的选项配置，可以给这些客户端计算机配置一个"用户类别识别码"，当这些客户端在向 DHCP 服务器租用 IP 地址时，会将这个类别识别码一并传送给 DHCP 服务器，而 DHCP 服务器会根据这个识别码给这些客户端相同的选项设置。

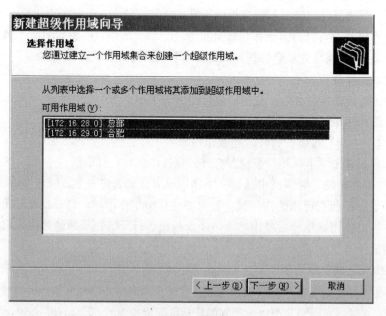

图 2-21 "选择作用域"对话框

- 厂商类别用于向标识为共享公共定义的供应商类别型的客户端指派供应商特有选项。它是操作系统厂商所提供的类别识别码。Windows Server 2003 的 DHCP 服务器端默认供应商类别有"DHCP 标准选项"、"Microsoft Windows 2000 选项"、"Microsoft Windows 98 选项"和"Microsoft 选项"几种类别。若要支持其他操作系统的类别，需向操作系统开发商询问类别识别码，然后方可在 DHCP 服务端添加。

由于配置用户类别选项操作与配置厂商类别选项相同，在此我们以配置用户类别选项为例。假设网坚公司给所有销售人员的计算机设置识别码为"sale"，销售部门所有的计算机的 IP 地址都是自动向 DHCP 服务器租用的，DHCP 服务器希望它们使用的 DNS 服务器是"172.16.28.251"。则其配置如下：

（1）为 DHCP 服务器添加用户类别识别码

① 在 DHCP 管理控制台中，选择要进行操作的 DHCP 服务器图标并右击，在弹出的快捷菜单中选择"定义用户类别"命令，打开"DHCP 用户类别"对话框，如图 2-22 所示。

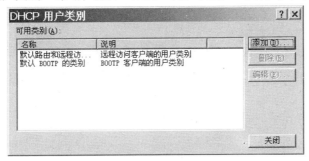

图 2-22 "DHCP 用户类别"对话框

② 单击"添加"按钮，打开"新建类别"对话框，如图 2-23 所示。

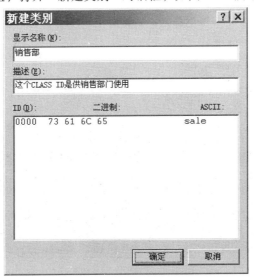

图 2-23 "新建类别"对话框

（2）在 DHCP 服务器端以识别码 sale 配置类别选项

① 在 DHCP 管理控制台中，选择"DHCP 服务器选项"图标并右击，在弹出的快捷菜单中

选择"配置选项"选项,打开"服务器选项"对话框,如图 2-24 所示。

② 在"服务器选项"对话框中,选择"高级"选项卡,在"用户类别"下拉菜单中选择"销售部",在"可用选项"选项列表中选择"006 DNS 服务器"选项,在"IP 地址"文本框内直接输入 DNS 服务器的 IP 地址,然后依次单击"添加"和"确定"按钮完成配置。

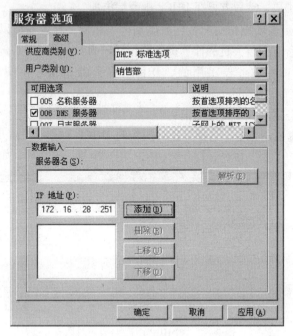

图 2-24 "服务器选项"对话框

(3)在 DHCP 客户端的配置

DHCP 客户端必须先将其用户识别码配置为"sale"。这里以"Windows XP Professional"为例,配置过程如下:

① 打开"命令提示符"窗口。

② 按图 2-25 所示设置用户识别码。图 2-25 中的"本地连接"是网卡的显示名称。网卡名称可按图 2-26 所示来查找。

图 2-25 设置 DHCP 客户端用户识别码操作

每一块网卡都可以配置一个用户类别识别码。DHCP 客户端的配置是否成功,可以在"命令提示符"窗口中使用 ipconfig.exe 命令来查看,检查结果如图 2-27 所示。

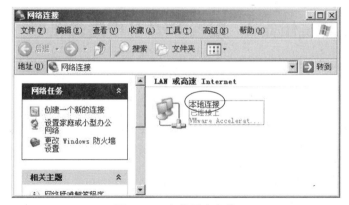

图 2-26　查找网卡名称

```
C:\WINDOWS\system32\cmd.exe                                    _ □ ×

C:\Documents and Settings\Administrator>ipconfig

Windows IP Configuration


Ethernet adapter 本地连接：

        Connection-specific DNS Suffix  . :
        IP Address. . . . . . . . . . . . : 172.16.29.16
        Subnet Mask . . . . . . . . . . . : 255.255.255.0
        Default Gateway . . . . . . . . . : 172.16.29.254
        DHCP Class ID . . . . . . . . . . : sale

C:\Documents and Settings\Administrator>
```

图 2-27　检测配置的用户识别码

应用用户类别客户端重新更新地址租约后，我们可以看到其 DNS 服务器被设为172.16.28.251，如图 2-28 所示。

```
C:\WINDOWS\system32\cmd.exe                                    _ □ ×
C:\Documents and Settings\Administrator>ipconfig /all

Windows IP Configuration

        Host Name . . . . . . . . . . . . : djj
        Primary Dns Suffix  . . . . . . . :
        Node Type . . . . . . . . . . . . : Unknown
        IP Routing Enabled. . . . . . . . : No
        WINS Proxy Enabled. . . . . . . . : No

Ethernet adapter 本地连接：

        Connection-specific DNS Suffix  . :
        Description . . . . . . . . . . . : Realtek RTL8169/8110 Family Gigabit
Ethernet NIC
        Physical Address. . . . . . . . . : 00-1F-E2-4E-A6-5B
        Dhcp Enabled. . . . . . . . . . . : Yes
        Autoconfiguration Enabled . . . . : Yes
        IP Address. . . . . . . . . . . . : 172.16.29.16
        Subnet Mask . . . . . . . . . . . : 255.255.255.0
        Default Gateway . . . . . . . . . :
        DHCP Class ID . . . . . . . . . . : sale
        DHCP Server . . . . . . . . . . . : 172.16.29.2
        DNS Servers . . . . . . . . . . . : 172.16.28.251
        Lease Obtained. . . . . . . . . . : 2010年12月1日 16:02:33
        Lease Expires . . . . . . . . . . : 2010年12月9日 16:02:33
```

图 2-28　测试类别选项配置结果

任务 4　配置 DHCP 中继代理

任务描述

如果网络中的 DHCP 服务器与 DHCP 客户端分别位于不同网段，那么要实现 DHCP 客户端可以从 DHCP 服务器上获取 IP 地址，此时需借助 DHCP 中继代理来解决这个问题。通过本次任务的学习主要掌握：

- 配置并启动路由和远程访问方法。
- 配置 DHCP 的中继代理方法。

任务分析

不同网段之间网络互连需采用路由器连接，DHCP 的信息是以广播形式传输，但路由器并不会将广播信息从一个子网传递到另一个子网，因此限制了 DHCP 服务器的服务范围。为了解决 DHCP 服务器在跨网段的使用，在没有 DHCP 服务器的网段中，用户可以采用找一台安装了 Windows Server 2003 操作系统的计算机，启动该计算机的 DHCP 中继代理功能，它可以将该网段内的 DHCP 信息转发到有 DHCP 服务的网段内。本次任务主要包括以下知识与技能点：

- 配置路由和远程访问。
- 增加路由协议。

相关知识与技能

1. 配置并启动"路由和远程访问"

要实现中继代理，首先要配置和启动中继代理服务器的"路由和远程访问"服务，配置过程如下：

① 选择"开始"→"管理工具"→"路由和远程访问"命令，打开"路由和远程访问"管理控制台。

② 在"路由和远程访问"管理控制台左侧列表框中，右击本地服务器图标，在弹出的快捷菜单中选择"配置并启用路由和远程访问"命令，打开"路由和远程访问服务器安装向导"对话框，单击"下一步"按钮，打开"路由和远程访问服务器配置"对话框。

③ 在"路由和远程访问服务器配置"对话框中，选择"自定义配置"后单击"下一步"按钮，打开"路由和远程访问服务器安装向导—自定义配置"对话框，如图 2-29 所示。

④ 选中"LAN 路由"复选框后单击"下一步"按钮，在弹出的"完成路由和远程访问服务器安装向导"对话框中，单击"完成"按钮，并在弹出的"启动路由和远程访问"对话框中单击"是"按钮。

通过以上步骤，"路由和远程访问"服务已经被成功配置并启用了，用户可以通过"路由和远程访问"管理控制台来查看，如图 2-30 所示。

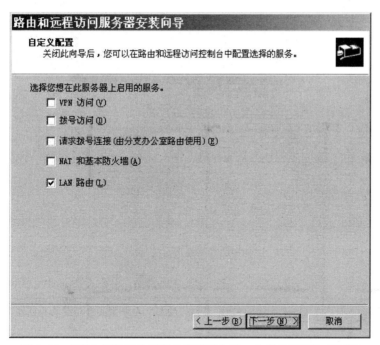

图 2-29 "路由和远程访问服务器安装向导—自定义配置"对话框

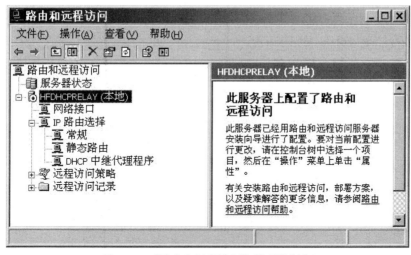

图 2-30 "路由和远程访问"管理控制台

2. 配置 DHCP 中继代理

启用路由和远程访问服务以后，用户还需在中继代理服务器上添加中继代理通信协议，指定将接收到的 DHCP 客户端申请信息转发到哪一台 DHCP 服务器以及提供转发服务所用的网络接口，这样中继代理服务器才能提供中继代理服务。

添加中继代理通信协议操作过程如下：

① 打开"路由和远程访问"管理控制台，展开左侧列表框中的"IP 路由选择"选项，在其下级目录中右击"常规"选项图标，在弹出的快捷菜单中选择"新增路由协议"命令，打开"新路由协议"对话框，如图 2-31 所示。

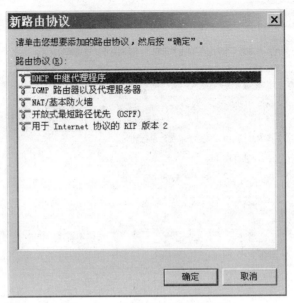

图 2-31 "新路由协议"对话框

② 在"新路由协议"对话框中，选择"DHCP 中继代理程序"选项后单击"确定"按钮，完成中继代理通信协议的添加。

下面步骤指定将接收到的 DHCP 客户端申请信息转发到哪一台 DHCP 服务器，这里以 IP 地址为 172.16.28.2 的 DHCP 服务器为例。

① 在"路由和远程访问"管理控制台中，展开左侧列表框中"IP 路由选择"选项，在其下级目录中选择"DHCP 中继代理程序"选项并右击，在弹出的快捷菜单中选择"属性"命令，打开"DHCP 中继代理程序属性"对话框，如图 2-32 所示。

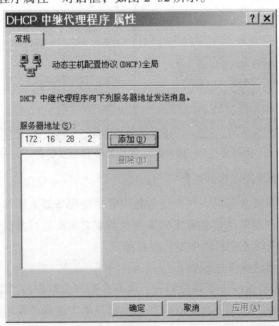

图 2-32 "DHCP 中继代理程序属性"对话框

② 在服务器地址栏文本框内输入要指定的 DHCP 服务器地址，这里输入"172.16.28.2"，单击"添加"按钮，再单击"确定"按钮完成 DHCP 服务器的指定。

下面的步骤用来指定提供转发服务的网络接口：

① 在"路由和远程访问"管理控制台中，展开左侧列表框中"IP 路由选择"选项，在其下级目录中选择"DHCP 中继代理程序"选项并右击，在弹出的快捷菜单中选择"新增接口"命令，打开"DHCP 中继代理程序的新接口"对话框，如图 2-33 所示。

图 2-33 "DHCP 中继代理程序的新接口"对话框

② 在"DHCP 中继代理程序的新接口"对话框中，选择提供 DHCP 中继代理程序服务的网络接口后单击"确定"按钮，打开"DHCP 中继站属性—本地连接属性"对话框，如图 2-34 所示。

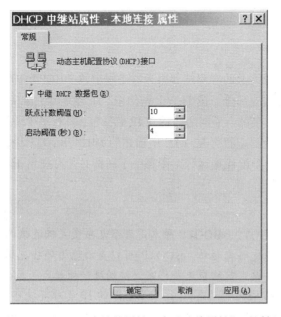

图 2-34 "DHCP 中继站属性—本地连接属性"对话框

③ 在"DHCP 中继站属性"对话框中，根据网络环境设置好"跃点计数阈值"和"启动阈值"后单击"确定"按钮。

✎ **知识链接**

"跃点计数阈值"表示 DHCP 中继代理程序收到的 DHCP 信息最多可以通过多少个支持 RFC 1542 规范的路由器转发。"启动阈值"表示在 DHCP 中继代理程序收到 DHCP 信息后，必须等此处所配置时间过后，才会将信息发给远程的 DHCP 服务器。

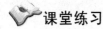 **课堂练习**

1. 练习场景

网坚公司为了便于网络维护和管理，公司在总部架设了一台 DHCP 服务器，为整个公司提供 DHCP 服务，但由于公司总部与合肥分公司通过远程网络连接，为了使 DHCP 服务器给合肥分公司提供 DHCP 服务，于是在合肥分公司架设了一台 DHCP 中继代理服务器。

2. 练习目标

- 理解在什么网络环境中使用中继代理。
- 掌握"路由和远程访问"的配置。
- 掌握 DHCP 中继代理配置。

3. 练习的具体要求与步骤

① 启用路由和远程访问。
② 添加中继代理通信协议。
③ 指定提供 DHCP 服务的 DHCP 服务器。
④ 配置提供转发服务的网络接口。

拓展与提高

1. 中继代理概念

中继代理是在不同子网上的客户端和服务器之间中转 DHCP/BOOTP 消息的小程序，DHCP 中继代理是 DHCP 功能的一部分。在 TCP/IP 网络中，路由器用于连接称做"子网"的不同网段上使用的硬件和软件，并在每个子网之间转发 IP 数据包。要在多个子网上支持和使用 DHCP 服务，连接每个子网的路由器应符合在 RFC 中描述的 DHCP/BOOTP 中继代理功能。如果路由器不能作为 DHCP/BOOTP 中继代理运行，则每个子网都必须有在该子网上作为中继代理运行的 DHCP 中继代理服务器。

✎ **知识链接**

DHCP 的前身是 BOOTP。BOOTP 原本是用于无磁盘主机连接的网络上面的，网络主机使用 BOOT ROM 而不是磁盘起动，BOOTP 可以自动地为那些主机设定 TCP/IP 环境。但 BOOTP 有一个缺点，在设定前须事先获得客户端的硬件地址，而且，与 IP 的对应是静态的。也就是说，BOOTP 非常缺乏"动态性"，若在有限的 IP 资源环境中，BOOTP 的一一对应会造成 IP 地址的浪费。

2．中继代理工作原理

这里通过图 2-35 中合肥分公司的 DHCP 客户端申请分配 IP 地址来介绍中继代理的工作流程。图中的大写英文字母表示合肥分公司 DHCP 客户端申请并获得 DHCP 服务器服务的流程。

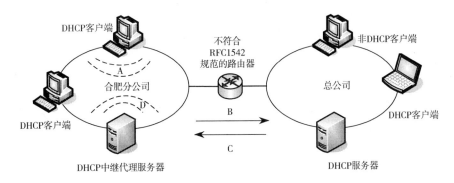

图 2-35　中继代理工作流程示意图

- A 表示 DHCP 客户端向所在子网发出广播信息（DHCPDISCOVER）寻找 DHCP 服务器。
- B 表示 DHCP 中继代理服务器收到 DHCP 客户端发出的广播信息，将其直接转发到另一网段的 DHCP 服务器。
- C 表示 DHCP 服务器直接将响应信息（DHCPOFFER）给 DHCP 中继代理。
- D 表示 DHCP 中继代理服务器将 DHCP 服务器的响应信息（DHCPOFFER）广播给 DHCP 客户端。

接下来由合肥分公司的 DHCP 客户端发出的 DHCPREQUEST 信息以及由 DHCP 服务器发出的 DHCPACK 信息，都是通过 DHCP 中继代理服务器转发。

任务 5　管理 DHCP 服务器

任务描述

为了保障 DHCP 服务的正常运行，提高网络性能，需要对 DHCP 服务器进行管理。用户可通过对 DHCP 日志的分析找出故障原因，尤其在 DHCP 服务器出现严重故障时，可通过备份的数据库信息对服务器信息进行恢复。通过本次任务的学习主要掌握：

- 查看 DHCP 审核日志。
- 还原 DHCP 数据库。
- 备份 DHCP 数据库。
- 迁移 DHCP 数据库。

任务分析

DHCP 日志及数据库保存了 DHCP 客户端的访问连接、DHCP 服务器的配置等信息。DHCP 数据库是 DHCP 服务器在对 DHCP 客户端提供服务时保存的服务信息，是动态的，其信息量随着网络中客户端数量的多少而改变。为了保证数据库在出现意外情况后仍能保持数据信息的完整性，用户需要对数据库进行备份等操作。本次任务主要包括以下知识与技能点：

- DHCP 审核日志。
- DHCP 数据库还原方法。
- DHCP 数据库备份方法。
- DHCP 数据库迁移方法。

相关知识与技能

1. 监测 DHCP 服务

（1）DHCP 服务器日志

在 Windows Server 2003 中，DHCP 服务器日志文件的工作方式是通过审核日志始终保持日志文件的启动状态，无需额外的监视或管理来处理日志文件。

① DHCP 服务器日志的功能：网络管理员可以通过查看 DHCP 服务器日志文件来发现 DHCP 服务的错误和潜在的问题，从而找出解决问题的方法。

② 开启 DHCP 服务器日志记录功能：在 Windows Server 2003 中，DHCP 的审核日志功能默认是开启的，如果 DHCP 的审核日志功能未被开启，则可通过以下步骤来开启 DHCP 的审核日志功能：

a. 打开 DHCP 管理控制台，在控制台目录树中选择要进行操作的 DHCP 服务器图标并右击，在弹出的快捷菜单中选择"属性"命令，打开 DHCP 服务器"属性"对话框。

b. 在 DHCP 服务器"属性"对话框中，选择"常规"选项卡，如图 2-36 所示，选中"启用 DHCP 审核记录"复选框，即启动了 DHCP 的审核日志功能。

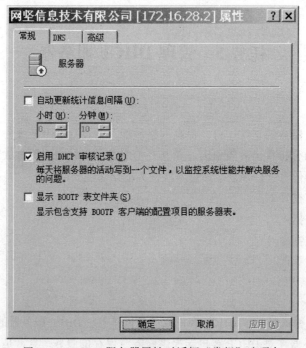

图 2-36　DHCP 服务器属性对话框"常规"选项卡

③ 更改审核日志文件路径：默认情况下，DHCP 服务器存储审核日志文件的路径为 "C:\WINDOWS\system32\dhcp"，我们可以根据需要更改其路径，更改方法如下：

- 打开 DHCP 服务器"属性"对话框。
- 在 DHCP 服务器"属性"对话框中，选择"高级"选项卡，如图 2-37 所示，在"审核日志路径"文本框中输入指定路径，或单击文本框后的"浏览"按钮，在弹出的"路径选择"对话框中选择存储路径。

④ 命名 DHCP 服务器日志文件：DHCP 服务器日志文件命名基于本周当天的 DHCP 服务，其命名格式为：DHCPSrvLog- XXX.log，其中"XXX"代表日志是在本周几创建的。例如，名为 DHCPSrvLog-Fri.log 的日志说明该日志是在本周五创建的。

（2）分析 DHCP 服务器日志

① DHCP 服务器日志文件格式：DHCP 服务器日志是用英文逗号分隔的文本文件，每个日志项单独出现在一行文本中。日志文件项中的字段及出现顺序为：ID、日期、时间、描述、IP 地址、主机名、MAC 地址，其各自的含义如表 2-2 所示。

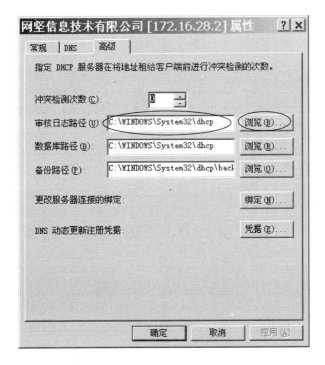

图 2-37　DHCP 服务器属性对话框"高级"选项卡

表 2-2　DHCP 日志文件项各字段的含义

字　　段	含　　　　　　义
ID	DHCP 服务器事件 ID 代码
日期	登录到 DHCP 服务器的日期
时间	登录到 DHCP 服务器的时间
描述	关于这个 DHCP 服务器事件的说明

字　　段	含　　　　　　　　义
IP 地址	DHCP 客户端的 IP 地址
主机名	DHCP 客户端的主机名
MAC 地址	由客户端的网络是适配器硬件使用的媒体访问控制地址

② DHCP 服务器日志文件 ID 的类别和含义：DHCP 服务器审核日志文件使用保留的事件 ID 代码以提供有关服务器事件类型或所记录活动的信息，表 2-3 详细地描述了这些事件的 ID 代码。

表 2-3　DHCP 日志文件中各事件 ID 的含义

事件	事件 ID 号	事　　件　　描　　述
公用事件	00	该日志已启动
	01	该日志已停用
	02	由于磁盘空间太小而暂停使用日志
	10	新的 IP 地址已租给客户端
	11	由客户端续订租约
	12	由客户端释放租约
	13	在网络上发现 IP 地址已在使用
	14	由于作用域的地址池已用尽，因此不能满足租约请求
	15	租约已被拒绝
	20	BOOTP 地址已租给客户端
DNS 动态更新	30	DNS 动态更新请求
	31	DNS 动态更新失败
	32	DNS 动态更新成功
服务器授权	50	无法连接的域。DHCP 服务器不能为其配置的 Active Directory 安装定位相应的域
	51	授权成功。DHCP 服务器已被授权在网络上启动
	52	已升级到 Windows Server 2008 操作系统。DHCP 服务器刚刚升级到 Windows Server 2008 操作系统，因此未授权的 DHCP 服务器检测功能已被禁用
	53	缓存的授权。已授权 DHCP 服务器使用以前缓存的信息启动。在网络上启动服务器时，Active Directory 是不可见的
	54	授权失败。未授权 DHCP 服务器在网络上启动。该事件发生时，服务器可能随后停止运行
	55	授权。已成功授权 DHCP 服务器在网络上启动
	56	授权失败，停止提供服务。未授权 DHCP 服务器在网络上启动，并且已被操作系统关闭。再次启动服务器之前，必须首先在 Active Directory 中授权该服务器
	57	在域中发现服务器。有另外的 DHCP 服务器存在，且被授权为同一域中提供服务
	58	服务器没有找到域。DHCP 服务器无法找到指定的域
	59	网络故障。网络相关的故障使服务器难以确定自己是否已被授权

事件	事件 ID 号	事　件　描　述
服务器授权	60	没有启用目录服务的域控制器，未找到运行 Windows Server 2008 的域控制器。为了检测服务器是否获得授权，需要为 Active Directory 启用的域控制器
	61	找到属 Active Directory 域的服务器。在网络上找到属 Active Directory 域的另一 DHCP 服务器
	62	找到另一服务器。在网络上找到另一 DHCP 服务器
	63	重新启动 Rogue 检测。DHCP 服务器试图再次确定它是否已被授权在网络上启动并提供服务
	64	没有启用 DHCP 的接口，DHCP 服务器将其服务绑定或网络连接配置为不允许提供服务。这通常意味着下列情况之一： 服务器的网络连接或者未安装或者没有有效地连接到网络； 对于其中一个已安装的和有效的网络连接，未将此服务器配置为具有至少一个静态 IP 地址； 禁用服务器的所有静态配置网络连接

③ DHCP 服务器日志文件：现用一个实例展示一些日志选项。双击一个日志文件，它们会被记事本打开，如图 2-38 所示。

图 2-38　DHCP 服务器日志文件

2. 管理 DHCP 数据库

（1）备份 DHCP 数据库

数据库文件要定期备份，以便数据库出问题时可以利用它来恢复。DHCP 服务器数据库备份操作如下：

注意

　要执行此过程，用户必须是 DHCP 服务器上的 Administrators 组或 DHCP Administrators 组的成员。

　　打开 DHCP 管理控制台，选择要备份的 DHCP 服务器图标并右击，在弹出的快捷菜单中选择"备份"命令，将弹出一个要求用户选择备份路径的对话框，选择好路径后单击"确定"按钮后就完成了对 DHCP 服务器数据库的备份工作。默认情况下，DHCP 服务器的配置信息存放在"C:\WINDOWS\system32\dhcp\backup"目录下，我们也可以参照更改 DHCP 服务器日志文件路径的方法来更改 DHCP 数据库文件的路径。

　　（2）还原 DHCP 数据库

　　DHCP 服务器在工作中会因为种种不可预见的因素而导致数据库配置错误，当数据库出现故障时，可以通过还原原先备份过的正确的配置信息来修复。还原 DHCP 数据库的操作过程如下：

　　① 打开 DHCP 管理控制台，选择要进行操作的 DHCP 服务器图标并右击，在弹出的快捷菜单中选择"还原"命令，打开"还原文件路径选择"对话框。

　　② 在"还原文件路径选择"对话框中指定我们备份 DHCP 数据库时使用的文件夹，单击"确定"按钮，这时会弹出一个"关闭和重新启动服务"的警示对话框，单击"是"按钮，DHCP 服务器就会自动恢复到原来备份时的配置。

　　3．迁移 DHCP 数据库

　　如果要将现有的一台 Windows Server 2003 的 DHCP 服务器删除，改由另一台 Windows Server 2003 计算机来提供 DHCP 服务，这就需要网络管理员重新配置 DHCP 服务器。如果重新手动配置会比较麻烦，而且还可能配置的信息与原先的配置信息不一致，进而导致网络故障。在这里，可以采用一种简单有效的方式，即移植 DHCP 服务器数据库来解决这个问题。

　　（1）在源 DHCP 服务器上需进行的操作

　　① 备份要转移 DHCP 服务器的数据库：转移前需先将源 DHCP 服务器的配置备份下来，备份的时候最好不要使用默认的文件夹，而是另外指定一个文件夹。

　　② 停止 DHCP 服务器：这将防止该服务器在备份了数据库后向客户端指派新的地址租约。停止操作如下：在 DHCP 管理控制台中，选择要操作 DHCP 服务器图标并右击，在弹出的快捷菜单中选择"所有任务"命令，然后在其下级菜单中单击"停止"按钮即可。

　　③ 禁用服务列表中的 DHCP 服务器服务：

● 选择"开始"→"管理工具"→"服务"命令，打开"服务"管理窗口，按图 2-39 所示选择"DHCP Server"选项。

● 双击"DHCP Server"服务，将打开图 2-40 所示的"DHCP Server 的属性"对话框，在"启动类型"下拉列表框中选择"禁用"选项，单击"确定"按钮。

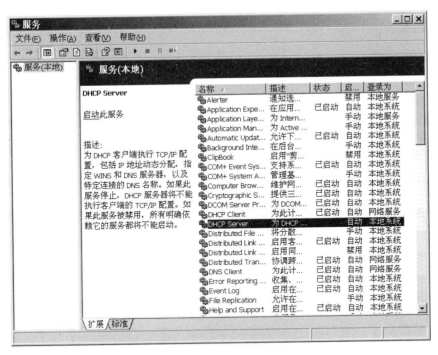

图 2-39 "服务"管理窗口

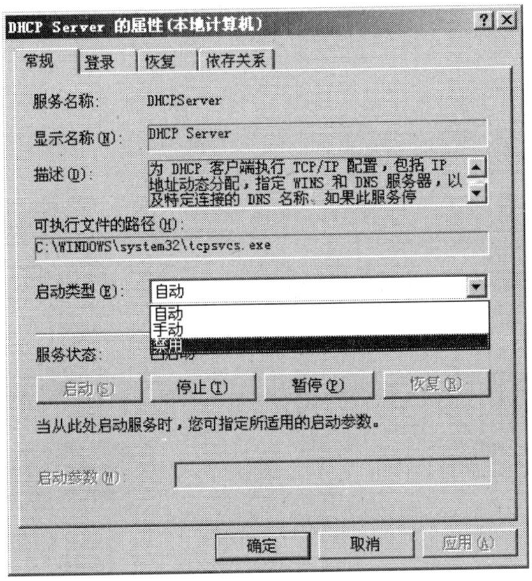

图 2-40 "DHCP Server 的属性"对话框

（2）目标服务器需进行的操作

① 如果尚未安装 DHCP 服务器，请先安装。

② 从源 DHCP 服务器上将包含备份 DHCP 数据库的文件夹复制到目标 DHCP 服务器中。

③ 执行 DHCP 数据库还原操作，还原时选择含有备份了源 DHCP 数据库的文件夹，然后单击"确定"按钮。

课堂练习

1. 练习场景

网坚公司现有的 DHCP 服务器出现故障需进行维护，为了不影响公司网络运行，需将另一台安装了 Windows Server 2003 操作系统的计算机配置成 DHCP 服务器，代替原有 DHCP 服务器的工作。为了保证不影响 DHCP 客户端的配置，准备将原 DHCP 服务器的数据库信息转移到新安装的 DHCP 服务器上。

2. 练习目标

● 掌握 DHCP 服务器数据库的备份和还原。
● 掌握 DHCP 服务器数据库的转移。

3. 练习的具体要求与步骤

① 备份原 DHCP 服务器的数据库。
② 将其拷贝到目标服务器中。
③ 还原 DHCP 数据库。

拓展与提高

1. DHCP 数据库

DHCP 服务器数据库是一种动态数据库，它在 DHCP 客户端得到或者释放自己的 TCP/IP 配置参数时被更新。DHCP 数据库文件默认位于"C:\windows\system32\dhcp"文件夹内，如图 2-41 所示。

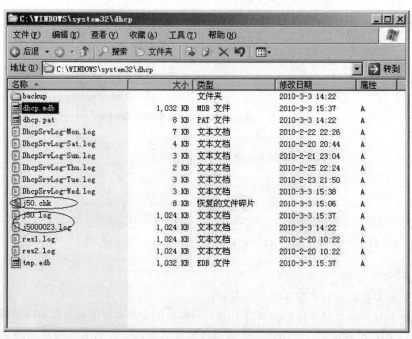

图 2-41　DCHP 数据库文件夹目录

图 2-41 中 dhcp.mdb 是存储 DHCP 服务器数据库的文件。DHCP 服务器的数据库的大小取决于网络上的 DHCP 客户端数量。随着客户端连接或断开网络，DHCP 数据库将随着时间推移而不断增大。

图 2-41 中 j50.log 及 j5000023.log 是所有数据库事务的日志。必要的时候 DHCP 数据库使用此文件恢复数据。图 2-41 中 j50.chk 是检查点文件。为了保证 DHCP 数据库的正常运行，建议不要删除和修改上述文件。

2. 自动备份 DHCP 服务器数据库

DHCP 服务器具备自动备份数据库功能，默认情况下 DHCP 服务器会每隔 60 min 自动将 DHCP 数据库备份到系统安装盘的"C:\WINDOWS\system32\dhcp\backup"目录下。要想更改自动备份时间，可通过修改注册表实现：打开注册表编辑器，找到主键 HKEY_LOCAL_MACHINE\SYSTEM\CurrentControlSet\Services\DHCPServer\Parameters，双击其中的双字节键值"Backup Interval"，便可修改 DHCP 服务器自动备份的时间间隔。设置好后关闭注册表编辑器，停止并重新启动 DHCP 服务器，便可以使新的设置生效。

练 习 题

一、填空题

1. DHCP 服务器的主要功能是：动态分配＿＿＿＿＿＿＿＿＿。
2. DHCP 选项包括＿＿＿＿＿、＿＿＿＿＿、＿＿＿＿＿和＿＿＿＿＿。
3. 当 DHCP 客户端使用 IP 地址的时间到达租约的＿＿＿＿＿时，DHCP 客户端会自动尝试续订租约。
4. 虚拟目录采用＿＿＿＿＿方式访问。
5. 在 DHCP 中继代理中，"跃点计数阈值"是指＿＿＿＿＿。
6. DHCP 服务器的数据库默认情况下以＿＿＿＿＿的时间间隔备份数据库。

二、选择题

1. 使用"DHCP 服务器"功能的好处是（　　　）。
   A. 降低 TCP/IP 网络的配置工作量
   B. 增加系统安全与可靠性
   C. 对那些经常变动位置的计算机 DHCP 能迅速更新位置信息
   D. 可以降低网络流量

2. 要实现动态 IP 地址分配，网络中至少要求有一台计算机安装了（　　　）。
   A. DNS 服务　　　　　　　　　　　　B. DHCP 服务
   C. IIS 服务　　　　　　　　　　　　D. PDC 主域控制器

3. 当 DHCP 服务器收到 DHCPDISCOVER 报文时，将要回复（　　　）报文。
   A. DHCPRELEASE　　　　　　　　　B. DHCPREQUEST
   C. DHCPOFFER　　　　　　　　　　D. DHCPACK

4. 下面不是以广播形式发送的报文是（　　　）。

    A. DHCPDiscover   B. DHCPRequest

    C. DHCPOffer   D. DHCPAck

5. DHCP 客户端是使用地址（　　　）来申请一个新的 IP 地址的。

    A. 0.0.0.0   B. 10.0.0.1

    C. 127.0.0.1   D. 255.255.255.255

6. DHCP 中继代理功能可以通过（　　　）工具来启用。

    A. DHCP   B. 服务

    C. WINS   D. 路由和远程访问

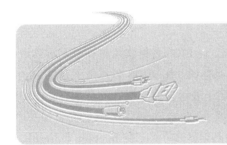

项目 ③
解析 DNS 主机名称

网坚公司近几年业务得到迅速发展，对网络的依赖也在不断增长。为了实现网络资源的共享，公司在企业网络中搭建了 FTP、Web、E-mail 等服务。公司员工反映，使用 IP 地址访问这些服务，既不方便，也很难记忆不同服务对应的 IP 地址，需要一种方便、便于记忆的访问方法。

本案例讲述的是使用域名地址代替 IP 地址访问网络资源的问题。在 TCP/IP 网络中，计算机之间进行通信是依靠 IP 地址实现的，然而 IP 地址是一组数字的组合，不便于用户使用与记忆。为了解决这一问题，需要提供一种友好的、方便记忆和使用的名称，同时需要将该名称转换成为 IP 地址以便实现网络通信，在目前的实际应用中，主要使用 DNS 名称体系。

DNS 是一种名称解析服务，DNS 将人们易于理解的域名地址（如 www.baidu.com）解析成网络通信所需的 IP 地址（如 119.75.218.45），这个解析过程称做"主机名称解析"。为了实现解析目的，需要在网络中部署 DNS 服务器。

本项目将基于 Windows Server 2003 在网坚公司的企业网络中部署 DNS 服务，为公司内部用户提供域名解析服务，同时也负责向外部 DNS 服务器转发 DNS 请求。本项目主要包括以下任务：

- 了解 DNS 服务。
- 架设辅助与惟缓存 DNS 服务器。
- 架设主 DNS 服务器。
- 管理与维护 DNS 服务。

任务 1　了解 DNS 服务

任务描述

Windows Server 2003 标准版、企业版等服务器端操作系统提供了 DNS 服务功能及在不同网络环境下的解决方案。在部署 DNS 服务之前，理解 DNS 的概念、熟悉 DNS 的工作原理是必要的。通过本次任务的学习主要掌握：

- 理解 DNS 的概念及名称体系。
- 理解 DNS 名称解析过程。
- 理解 DNS 的组件。

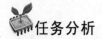

任务分析

在 TCP/IP 网络体系中，目前主要使用两种名称体系标准：NetBIOS 名称体系和 DNS 名称体系。

NetBIOS 名称体系是 NetBIOS 服务使用的一种网络资源标识。NetBIOS 名称由不超过 16 个字符组成，其中前 15 个字符由用户指定，第 16 个字符用于表示资源或服务的类型。NetBIOS 名称是安装操作系统的时候创建的，当创建计算机名时，系统自动创建一个主机名和一个 NetBIOS 名称。NetBIOS 名称没有后缀，所以在局域网络中必须是唯一的，在 Internet 上 NetBIOS 名称不具有解析名称能力。

DNS 名称体系是 Internet 使用的标准命名体系。DNS 名称采用分层结构的命名机制，由主机名和 DNS 后缀两部分组成，例如，域名 www.baidu.com，其中 www 表示主机名，即域名限制范围内的一台主机；baidu.com 表示域名，是主机名的一个后缀，表示一个区域。DNS 名称最长可达 255 个字符。

> **注意**
>
> 如果主机名称大于 15 个字节，则 NetBIOS 名称取前 15 个字节，此时主机名称和 NetBIOS 名称是不相同的；如果主机名称小于等于 15 个字节，则此时主机名称和 NetBIOS 名称是相同的。例如：计算机名称为 Londondepartment 的 NetBIOS 名称是 Londondepartmen。

由于 DNS 名称体系是 TCP/IP 网络体系中的一种应用标准，加上其自身的优越性，DNS 名称体系已经成为 Internet 上通用的资源命名规范。

本次任务主要包括以下知识与技能点：

- DNS 名称空间。
- DNS 名称解析的查询模式。
- DNS 服务器的类型。
- DNS 名称解析过程。
- DNS 区域与记录。

相关知识与技能

1. DNS 名称空间

（1）域名系统

域名系统（Domain Name System，DNS）是一种包含 DNS 主机名到 IP 地址映射的分布式、分层式数据库。DNS 通过字母名称访问资源。InterNIC（Internet 网络信息中心）负责域名空间的委派管理和域名注册。DNS 可以解决以下日益增加的问题：

- Internet 上的主机数目；
- 由于更新产生的通信量；
- Host 文件的大小。

（2）域名称空间

域名称空间是一个层次树状结构，具有一个唯一的根域，根域可以具有多个子域，而每一个子域又可以拥有多个子域。

对于某一个企业组织而言，可以创建自己私有的 DNS 命名空间，不过对于 Internet 而言，这些私有的 DNS 命名空间是不可见的，例如：ahtu.local。

域名称空间的层次结构如图 3-1 所示。

DNS 命名空间中的每一个结点都可以通过 FQDN（Fully Qualified Domain Name，完全限定域名）来识别。FQDN 是一种清楚的描述此结点和 DNS 命名空间中根域的关系的 DNS 名称，用于表明其在域名称空间树的绝对位置。例如，主机 server1 的 FQDN 可以表示为：server1.sales.beijing.wjnet.com.，其中，最左边的段为主机名，其余部分为后缀，最后一个"."表示根域，习惯上可以省略。

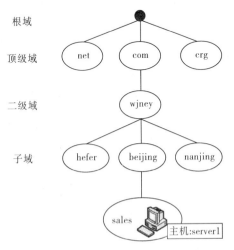

图 3-1　DNS 域名称空间的层次结构

- 根域（Root Domain）：根域是 DNS 层次结构的根结点，根域没有名称，用圆点"."表示，在 DNS 名称表示中通常省略。根域没有上级域，其下级域即为顶级域，在根域服务器中保存着顶级域的 DNS 服务器名称与 IP 地址的对应关系。

> **注意**
> 根域服务器由 InterNIC（Internet Network Information Center，Internet 网络信息中心）负责管理或授权管理。

- 顶级域（Top-Level Domain，TLD）：DNS 根域下面即是顶级域，也由 InterNIC 机构管理。顶级域常用 2 个或 3 个字符的名称代码来表示，用于标识域名的组织或地理状态。组织域采用 3 个字符的代号，表示 DNS 域中所包含的组织的主要功能或活动，例如：edu 表示教育机构组织，gov 表示政府机构组织等；地理域采用两个字符的国家或地区代号，例如：cn 表示中国，us 表示美国等。
- 子域（Subdomain）：除了根域与顶级域以外的域均为子域，每个子域还可以拥有一个或多个下级子域，子域名称一般没有位数限制。位于根域之下的子域为二级域，二级域是供公司或组织申请、注册使用的连接 Internet 名称，由 InterNIC 分配，例如：www.microsoft.com 的二级域名为 microsoft，这是 Microsoft 公司申请、注册的二级域名。公司或组织可以在其二级域下添加多层子域，例如按照公司或组织的部门细分域名，则

Microsoft 公司的销售部（Sales）域名为 sales.microsoft.com。子域的域名最后必须附加其父域的域名，即它们的名称空间是连续的。

（3）主机名（Host Name）

主机名与 DNS 后缀一起用来标识 TCP/IP 网络上的资源。在 DNS 名称最左边的便是主机名，例如，域名 www.baidu.com，其中 www 表示主机名，即域名限制范围内的一台主机；baidu.com 表示域名，是主机名的一个后缀，表示一个区域。

💡 **小技巧**

在命令行界面，使用 hostname 命令可以查看系统的主机名。

2．DNS 解决方案的组件

DNS 解决方案由 DNS 服务器、DNS 客户端、区域与资源记录组成。

（1）DNS 服务器

DNS 服务器是指安装并运行了 DNS 服务器软件的计算机，DNS 服务器用于实现 DNS 名称和 IP 地址的双向解析。一台 DNS 服务器包含了 DNS 名称空间的部分数据信息，当 DNS 客户端发起解析请求时，DNS 服务器答复客户端的请求，或者提供另外一个可以帮助客户端进行请求解析的服务器地址，或者回复客户端无对应记录。

在部署 DNS 系统时，主要有 3 种类型的 DNS 服务器：主 DNS 服务器、辅助 DNS 服务器、惟缓存 DNS 服务器。

① 主 DNS 服务器（Primary Name Server）：主 DNS 服务器是特定 DNS 区域所有信息的权威性信息源，保存着自主生成的区域文件，该文件包含该服务器具有管理权的 DNS 区域的最权威信息。主 DNS 服务器的数据库文件是可读可写的，并且是本地更新的，在区域数据改变时，例如在区域中添加资源记录等，这些改动都会保存到主 DNS 服务器的区域文件中。

② 辅助 DNS 服务器（Secondary Name Server）：辅助 DNS 服务器可以通过"区域传输"复制主 DNS 服务器中数据库信息，并作为本地文件存储区域完整信息的只读副本，在辅助 DNS 服务器中不可以对区域信息进行直接更改。在网络中部署 DNS 服务时，每个区域必须部署一台主 DNS 服务器，另外，一般建议每一个区域至少部署一台辅助 DNS 服务器。

③ 惟缓存 DNS 服务器（Caching-only Name Server）：惟缓存 DNS 服务器只能缓存 DNS 名称并且使用缓存的信息来答复 DNS 客户端的解析请求。惟缓存 DNS 服务器可以提供名称解析服务，但其没有本地数据库文件。惟缓存 DNS 服务器可以减少 DNS 客户端访问外部 DNS 服务器的网络流量，并且可以降低 DNS 客户端解析域名的时间。

（2）DNS 客户端

当客户端计算机的 TCP/IP 属性中配置使用了 DNS 服务器，该计算机即启用了 DNS 客户端服务，通过该服务，客户端可以向 DNS 服务器发送 DNS 查询请求，并将查询结果保存在本地 DNS 缓存中。

（3）DNS 区域

区域（Zone）是由 DNS 名称空间中的单个域或由具有上下隶属关系的紧密相邻的多个子域组成的一个管理单位。

区域的从名称到 IP 地址的映射存储在区域数据库文件中。区域数据库文件包含了那些在该区域内子域的从名称到 IP 地址的映射信息。

> **注意**
> 惟缓存 DNS 服务器中没有本地区域文件。

① DNS 区域类型：区域文件保存在 DNS 服务器中，为了配置 DNS 服务器以最大程度地满足需求，根据 DNS 服务器的不同角色，可以在其上配置不同类型的区域。主要有 3 种 DNS 区域类型：

- 主要区域。主要区域建立在一个区域的主 DNS 服务器中，其包含相应 DNS 命名空间所有的资源记录，具有权威性。主要区域的数据库文件是可读可写的，所有针对该区域信息的修改操作都必须在主要区域中完成。
- 辅助区域。辅助区域建立在一个区域的辅助 DNS 服务器中，同样包含相应 DNS 命名空间所有的资源记录，具有权威性。与主要区域不同之处是 DNS 服务器不能对辅助区域信息进行修改操作，即辅助区域是只读的。辅助区域的主要作用是均衡解析负载并提供容错能力，在主要区域崩溃时，可以将辅助区域转换为主要区域。
- 存根区域。存根区域也是主要区域的只读副本，但只包含由 SOA、NS 和 A 记录组成的区域数据的子集，并不是所有区域数据库信息。如果某个区域存在于独立的 DNS 服务器上，可以把它配置为存根区域。

② 正向和反向查找区域：在确定了区域是主要、辅助还是存根区域类型之后，还需要确定资源记录要保存在何种类型的查找区域中，查找区域有 2 种：

- 正向查找区域。正向查找区域用于 FQDN 到 IP 地址的映射，当 DNS 客户端请求解析某个 FQDN 时，DNS 服务器在正向查找区域中进行查找，并返回给 DNS 客户端对应的 IP 地址。
- 反向查找区域。反向查找区域用于 IP 地址到 FQDN 的映射，当 DNS 客户端请求解析某个 IP 地址时，DNS 服务器在反向查找区域中进行查找，并返回给 DNS 客户端对应的 FQDN。

（4）DNS 资源记录

资源记录（Resource Record）是用于答复 DNS 客户端请求的 DNS 数据库记录，存于区域数据库文件中，每一个 DNS 服务器包含了它所管理的 DNS 命名空间的所有资源记录。资源记录包含与特定主机有关的信息，如 IP 地址、提供服务的类型等。DNS 资源记录类型如表 3-1 所示。

表 3-1　DNS 资源记录

资源记录类型	说　明
A 记录	主机记录。该记录存于正向查找区域，用于正向解析，是主机名称到 IP 地址的映射
PTR 记录	指针记录。该记录存于反向查找区域，用于反向解析，是 IP 地址到主机名称的映射
SOA 记录	起始授权机构记录。该记录是任何区域文件中的第一条记录，用于指定一个区域的起点。它所包含的信息有区域名、区域管理员电子邮件地址，以及指示辅助 DNS 服务器如何更新区域数据文件的设置等
CNAME 记录	别名记录。该记录是一个主机名称到另一个主机名称的映射，用于将一个别名指向某个主机记录上，从而无需为某个需要新名称解析的主机再额外创建主机记录
MX 记录	邮件交换器记录。此记录列出了负责接收发送到域中的电子邮件的主机，通常用于邮件的收发

资源记录类型	说　　　　明
SRV 记录	服务器定位记录。该记录将服务名解析为提供服务的服务器主机名和端口。在 AD 集成的区域中才使用该记录,一般不需要手动创建,而由 AD 安装程序自动创建
NS 记录	名称服务器记录。该记录存在于所有正向与反向查找区域,用于指定负责 DNS 区域的权威名称服务器。当 DNS 服务器需要向委派的域发送查询时,它会查询 NS 记录来获得目标区域中的 DNS 服务器

3. DNS 查询模式

当 DNS 客户端主机使用域名访问网络上另一台主机时,DNS 客户端将向 DNS 服务器发出名称解析请求,DNS 服务器为 DNS 客户端提供所查询名称的 IP 地址,这一过程称为 DNS 查询。DNS 服务器使用的查询模式主要有递归查询和迭代查询。

（1）递归查询（Recursive Query）

递归查询是 DNS 客户端将查询请求提交给 DNS 服务器,DNS 服务器将向 DNS 客户端提供一个肯定的查询应答,即正向答复或否定答复。在该查询模式下,DNS 服务器必须使用一个准确的查询结果答复 DNS 客户端,如果 DNS 服务器本地没有存储需查询的 DNS 信息,那么该服务器会询问其他服务器,并将返回的查询结果提交给客户端。

（2）迭代查询（Iterative Query）

迭代查询通常在一台 DNS 服务器向另一台 DNS 服务器发出解析请求时使用。如果当前 DNS 服务器收到其他 DNS 服务器的迭代查询请求并且未能成功解析时,当前 DNS 服务器将把另一台可能解析查询请求的 DNS 服务器的 IP 地址作为答复返回给发起查询的 DNS 服务器,然后,再由发起查询的 DNS 服务器自行向另一台 DNS 服务器发起查询,依此类推,直到查询到所需数据为止。

 注意

递归查询和迭代查询的不同之处就是当 DNS 服务器没有在本地完成客户端的请求解析时,由谁扮演 DNS 客户端的角色向其他 DNS 服务器发起解析请求。默认情况下,DNS 客户端使用递归查询,DNS 服务器使用迭代查询。

4. DNS 名称解析过程

DNS 名称解析是 TCP/IP 网络中将计算机的主机名解析成 IP 地址的过程。当 DNS 客户端需要查询某个主机名称时,它将联系 DNS 服务器来解析此名称。DNS 客户端发送的解析请求包含以下 3 种信息:

- 需要查询的域名。
- 指定的查询类型。指定查询的资源记录的类型,如 A 记录或者 MX 记录等。
- 指定的 DNS 域名类型。对于 DNS 客户端服务,这个类型总是指定为 Internet [IN]类别。

完整的 DNS 解析过程如图 3-2 所示。

（1）检查客户端 DNS 名称缓存

客户端 DNS 名称缓存是内存中的一块区域,它保存着最近成功解析的结果,以及 Hosts 文件中的主机名到 IP 地址映射定义。如果 DNS 客户端从本地缓存中获得相应结果,则 DNS 解析完成。

Hosts 文件是存储于本地计算机中的一个纯文本文件，用于把主机名到 IP 地址的映射加载到客户端 DNS 缓存中，使用 Hosts 文件解析名称是 Internet 最初使用的一种查询名称方式。在 Windows Server 2003 中，Hosts 文件存放于%systemroot%\System32\Drivers\Etc 目录中。

> **小技巧**
>
> 使用命令 ipconfig /displaydns 可以查看 DNS 缓存内容。

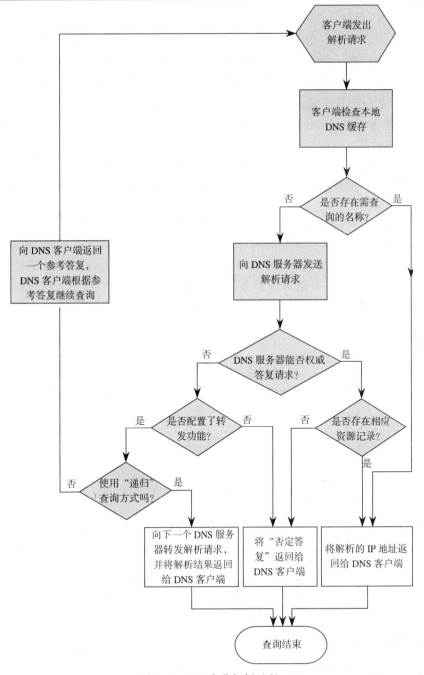

图 3-2　DNS 名称解析过程

（2）请求 DNS 服务器进行解析

如果 DNS 客户端没有在自己的本地缓存中找到对应的解析记录，则向所在区域中的 DNS 服务器发送请求。

当 DNS 服务器接收到 DNS 客户端的解析请求后，它先检查自己是否能够权威的答复此解析请求，即它是否管理此请求记录所对应的 DNS 区域；如果 DNS 服务器管理对应的 DNS 区域，则 DNS 服务器对此 DNS 区域具有权威性。此时，如果本地区域中的相应资源记录匹配客户的解析请求，则 DNS 服务器权威地使用此资源记录答复客户端的解析请求（权威答复）；如果没有相应的资源记录，则 DNS 服务器权威地答复客户端无对应的资源记录（否定答复）。

如果没有区域匹配 DNS 客户端发起的解析请求，则 DNS 服务器检查自己的本地缓存。如果具有对应的匹配结果，无论是正向答复还是否定答复，DNS 服务器都非权威地答复客户的解析请求，此时，DNS 解析完成。

如果 DNS 服务器在自己的本地缓存中还是没有找到匹配的结果，此时，根据配置的不同，DNS 服务器执行请求查询的方式也不同：

- 如果 DNS 服务器使用递归方式来解析名称，此时 DNS 服务器作为 DNS 客户端向其他 DNS 服务器查询此解析请求，直至获得解析结果。在此过程中，原 DNS 客户端则等待 DNS 服务器的回复。
- 如果用户禁止 DNS 服务器使用递归方式，则 DNS 服务器工作在迭代方式，即向原 DNS 客户端返回一个参考答复，而不再进行其他操作，其中包含有利于客户端解析请求的信息（例如根提示信息等）；原 DNS 客户端根据 DNS 服务器返回的参考信息再决定处理方式。但是在实际网络环境中，禁用 DNS 服务器的递归查询往往会让 DNS 服务器对无法进行本地解析的客户端请求返回一个服务器失败的参考答复，此时，客户端则会认为解析失败。

📖 课堂练习

1. 练习场景

网坚公司合肥分公司的员工需要使用域名访问北京总公司的 Web 服务器（www.wjnet.com），公司的网络管理员已经配置好 DNS 服务。

2. 练习目标

- 理解两种查询模式。
- 熟练掌握 DNS 名称解析的原理与过程。

3. 练习的具体要求与步骤

当合肥分公司本地 DNS 服务器 DNSServer1 工作在递归模式下时，请描述解析域名 www.wjnet.com 完整的过程。

任务 2 架设主 DNS 服务器

📋 任务描述

网坚公司北京总部为了方便公司员工使用域名访问公司 FTP、Web 等服务，决定在企业网络中部署 DNS 服务，为公司内部用户提供域名解析服务，同时也负责向外部 DNS 服务器转发 DNS 请求。公司部署 DNS 服务网络环境拓扑结构如图 3-3 所示。

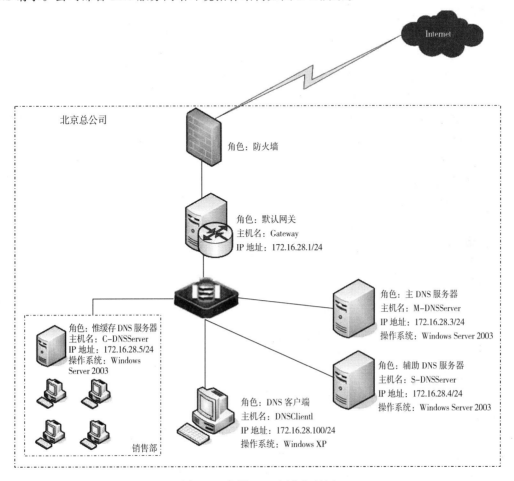

图 3-3 部署 DNS 网络拓扑图

要创建用于解析域名的 DNS 解决方案，首先应该架设主 DNS 服务器。通过本次任务的学习主要掌握：

- 理解部署 DNS 服务的网络需求。
- 掌握在区域中添加资源记录的操作方法。
- 掌握安装 DNS 服务的操作方法。
- 掌握配置 DNS 客户端的操作方法。
- 掌握建立正向与反向区域操作方法。

任务分析

在网络中部署 DNS 服务时，要求每个区域至少需要一台主 DNS 服务器。主 DNS 服务器是特定区域的所有信息的权威信息源，负责维护这个区域的所有域名信息，也就是说，主域名服务器中所存储的是该区域的最完整、最精确的数据，系统管理员可以对它进行修改。

安装 DNS 服务需要满足以下要求：

- DNS 服务器必须安装能够提供 DNS 服务的 Windows 版本，如 Windows Server 2003 企业版（Enterprise）、标准版（Standard）等。
- DNS 服务器的 IP 地址应是静态的，即 IP 地址、子网掩码、默认网关等 TCP/IP 属性均需手工设置。
- 安装 DNS 服务器服务需要具有系统管理员的权限。

架设主 DNS 服务器，首先需要在满足上述要求的计算机中安装 DNS 服务，然后创建正向主要区域以满足将主机名称解析成 IP 地址的要求，如果需要满足将 IP 地址解析成主机名称的要求，还需要创建反向主要区域，最后需要在区域中添加相应的资源记录。本次任务主要包括以下知识与技能点：

- 安装 DNS 服务。
- 建立子域与委派域。
- 建立正向与反向区域。
- 配置 DNS 客户端。
- 建立资源记录。

相关知识与技能

1. 安装 DNS 服务

（1）使用"配置您的服务器向导"安装 DNS 服务

使用 Windows Server 2003 自带的"配置您的服务器向导"应用程序，可以快速、方便地安装各种服务器角色。安装 DNS 服务的操作过程如下：

① 在准备安装 DNS 服务的计算机中，将其主机名称修改为 M-DNSServer，并手动配置该计算机的 TCP/IP 属性——IP 地址为 172.16.28.3，子网掩码为 255.255.255.0，默认网关为 172.16.28.1。

② 使用具有管理员权限的用户账户登录计算机 M-DNSServer。

③ 选择"开始"→"管理工具"→"配置您的服务器向导"命令，打开"配置您的服务器向导"对话框。在该对话框中单击"下一步"按钮，继续单击"下一步"按钮，配置向导将检测当前网络设置，如图 3-4 所示。

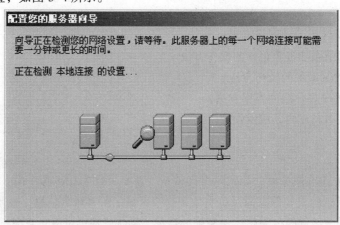

图 3-4　配置向导检测当前网络设置

选择"开始"→"管理工具"→"管理您的服务器"命令，然后单击"添加或删除角色"超链接也可以启动"配置您的服务器向导"应用程序。

④ 检测完毕网络设置，向导将打开"配置选项"对话框，如图 3-5 所示。

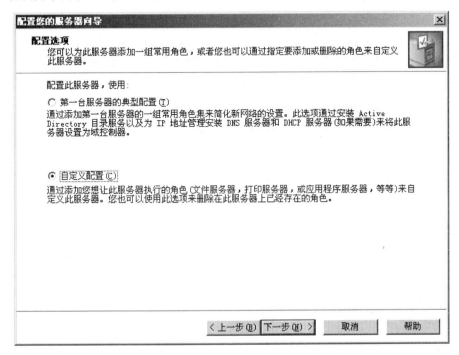

图 3-5 "配置您的服务器向导"的"配置选项"对话框

⑤ 在"配置选项"对话框中选择"自定义配置"单选按钮，然后单击"下一步"按钮，向导将打开"服务器角色"对话框，如图 3-6 所示。

⑥ 在"服务器角色"对话框中选择"DNS 服务器"角色，然后单击"下一步"按钮，向导将打开"选择总结"对话框，在该对话框中单击"下一步"按钮开始安装 DNS 服务。

注意
安装 DNS 服务过程中将需要提供 Windows Server 2003 系统光盘以复制相关文件。

⑦ 安装完毕之后将显示"配置 DNS 服务器向导"对话框，按照该向导可以对 DNS 服务器的区域等属性进行配置，由于该部分操作将在本任务后续部分详细介绍，所以这里单击"取消"按钮。

⑧ 单击"取消"按钮后屏幕将显示"无法完成"对话框，单击"完成"按钮完成 DNS 服务的安装。这里的"无法完成"是指没有进行 DNS 服务器的相关属性配置，所以安装向导显示该提示信息。

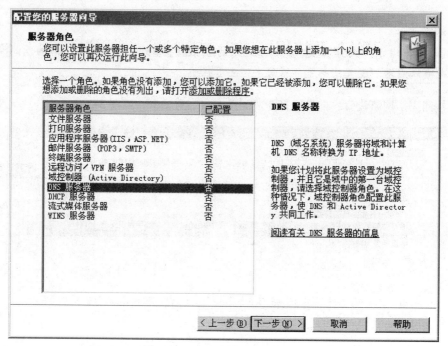

图 3-6 "服务器角色"对话框

（2）检查安装结果

① 查看 DNS 服务文件：DNS 服务安装成功后，其相关文件将安装在%systemroot%\system32\dns 文件夹中，其中包含 DNS 区域数据库文件、日志文件等。

② 查看 DNS 服务：DNS 服务安装成功后将自动启动，系统服务名称为"DNS Server"。选择"开始"→"管理工具"→"服务"命令打开系统的"服务"窗口，在服务列表中可以查看到已启动的 DNS 服务，如图 3-7 所示。

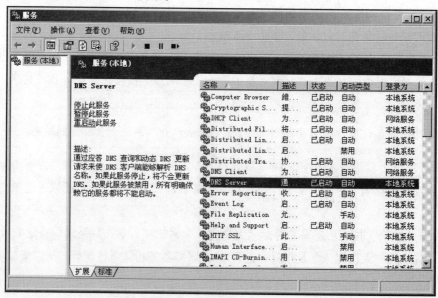

图 3-7 "服务"窗口

Windows Server 2003 提供了丰富的命令行命令，通过命令解释程序 cmd.exe 进行解释执行。熟练地使用命令行命令进行网络管理，可以提高管理效率，同时，由于命令行命令允许带有参数进行执行，所以还可以大大提高命令的执行功能。

在命令提示符窗口中，执行命令"net start"可以查看所有已启动的服务，其中包括安装 DNS 服务后已启动的 DNS 服务，如图 3-8 所示。

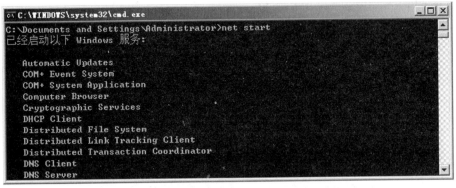

图 3-8　使用命令查看已启动的 DNS 服务

2. 建立区域

DNS 允许把 DNS 名称空间分割成多个区域，区域文件保存在 DNS 服务器中。DNS 就是通过区域管理 DNS 名称空间的，所以，在安装并启动了 DNS 服务后，就需要在 DNS 服务器中建立相应的 DNS 区域。

（1）建立正向主要区域

DNS 客户端提出的解析请求，大多数是正向解析请求，即将主机名解析成 IP 地址，正向解析是通过正向查找区域来处理的。在主 DNS 服务器中建立正向主要区域的操作过程如下：

① 使用具有管理员权限的用户账户登录主 DNS 服务器 M-DNSServer。

② 选择"开始"→"管理工具"→"DNS"命令，打开 DNS 管理控制台窗口，如图 3-9 所示。

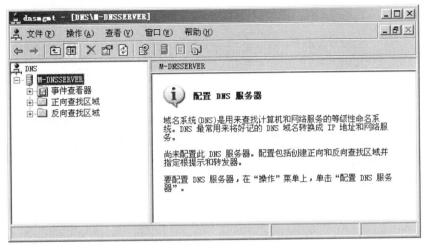

图 3-9　DNS 管理控制台窗口

注意

在 Windows Server 2003 中，安装一个网络应用服务后，将在"管理工具"菜单中添加一项管理控制台菜单项。

③ 在 DNS 管理控制台窗口的左侧窗格中，右击"正向查找区域"图标，在弹出的快捷菜单中选择"新建区域"命令，打开"新建区域向导"对话框，在对话框中单击"下一步"按钮，打开"区域类型"对话框，如图 3-10 所示。

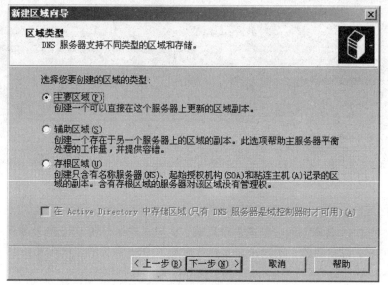

图 3-10 "区域类型"对话框

④ 在"区域类型"对话框中，选择"主要区域"单选按钮，然后单击"下一步"按钮，打开"区域名称"对话框，如图 3-11 所示。

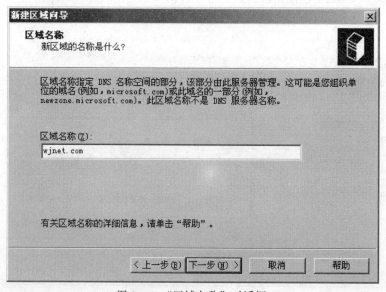

图 3-11 "区域名称"对话框

⑤ 在"区域名称"对话框中输入正向区域的名称，然后单击"下一步"按钮，打开"区域文件"对话框，如图 3-12 所示。

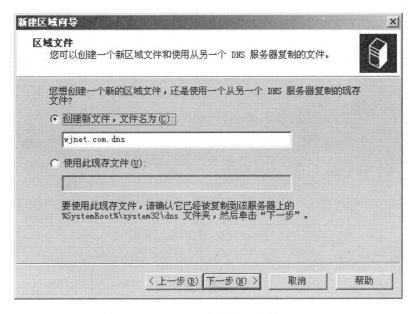

图 3-12 "区域文件"对话框

✐ **知识链接——区域的划分与命名**

区域就是指域名空间树状结构的一部分，这种管理方法使得用户可以将 DNS 名称空间分割成多个较小的区段，以分散网络管理的工作负荷。例如，可以将域 wjnet.com 分为 wjnet.com 和 development.wjnet.com 两个区域，如图 3-13 所示。

划分区域要注意的问题是，一个区域必须覆盖域名空间的邻近区域。如图 3-13 所示，可以为 sales.wjnet.com 域和其父域 wjnet.com 创建区域，因为这两个区域是相邻的。然而不能创建由 sales.microsoft.com 域和 development.microsoft.com 域组成的区域，因为这两个域不相邻。

一般来说，应该按区域包围的分层结构中的最高域，即区域的根目录域来命名区域。例如，包围 wjnet.com 和 sales.wjnet.com 域的区域，习惯的区域名称是 wjnet.com。

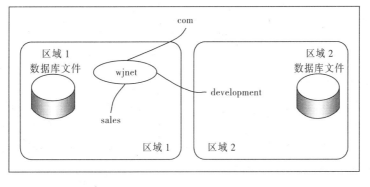

图 3-13 区域的划分与命名

⑥ 在"区域文件"对话框中，选择创建新的区域文件并输入文件名，然后单击"下一步"按钮，打开"动态更新"对话框，如图 3–14 所示。

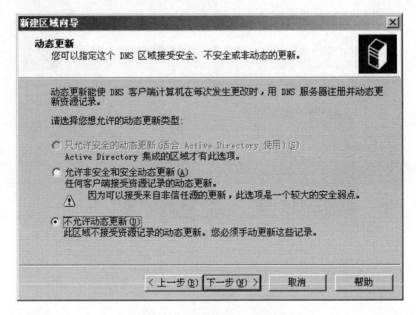

图 3–14　"动态更新"对话框

⑦ 在"动态更新"对话框中，指定当前建立的 DNS 区域是否允许动态更新，此处选择"不允许动态更新"单选按钮，然后单击"下一步"按钮，将显示"新建区域向导"的"完成"对话框，单击"完成"按钮，完成建立区域。完成后的 DNS 管理控制台窗口中将显示新建立的区域，如图 3–15 所示。

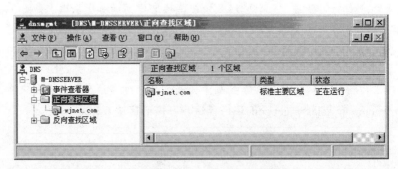

图 3–15　完成区域建立的 DNS 管理控制台窗口

（2）建立反向主要区域

反向区域可以让 DNS 客户端利用 IP 地址来查找主机名称，在很多情况下，反向区域不是必须的，但在某些场合可能会使用到。例如，如果网络管理员在 IIS 网站内利用主机名称来限制联机的客户端，则 IIS 需要利用反向查找来检查客户端的主机名称。在主 DNS 服务器中建立反向主要区域的操作过程如下：

① 使用具有管理员权限的用户账户登录主 DNS 服务器 M-DNSServer。

② 在 DNS 管理控制台窗口的左侧窗格中，右击"反向查找区域"图标，在弹出的快捷菜

单中选择"新建区域"命令,打开"新建区域向导"对话框,单击"下一步"按钮,打开"区域类型"对话框,如图 3-10 所示。

③ 在"区域类型"对话框中,选择"主要区域"单选按钮,然后单击"下一步"按钮,打开"反向查找区域名称"对话框,如图 3-16 所示。

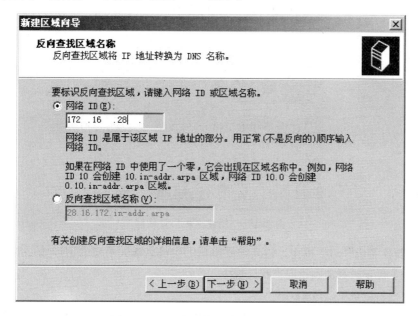

图 3-16 "反向查找区域名称"对话框

 注意

反向查找区域是基于 in-addr.arpa 域名的,反向区域的区域名称的前半段必须是其网络 ID 的反向书写,后半段必须为 in-addr.arpa。

④ 在"反向查找区域名称"对话框中输入网络 ID,此时系统将自动指定反向区域名称,然后单击"下一步"按钮,打开"区域文件"对话框,如图 3-12 所示。

⑤ 在"区域文件"对话框中,选择创建新的区域文件并输入文件名,然后单击"下一步"按钮,打开"动态更新"对话框,如图 3-14 所示。

⑥ 在"动态更新"对话框中,指定当前建立的 DNS 区域是否允许动态更新,此处选择"不允许动态更新"单选按钮,然后单击"下一步"按钮,将显示"完成"对话框,单击"完成"按钮,完成建立反向区域。

3. 在区域中添加资源记录

建立了区域后,需要向区域中添加资源记录,DNS 服务器通过区域中的资源记录完成客户端的解析请求。DNS 服务器支持多种类型的资源记录,如表 3-1 所示,不同的记录类型分别实现不同的解析任务。下面介绍几种常用的资源记录添加方法。

(1)添加主机记录(A 记录)

主机记录存在于正向查找区域,主要用来将主机名映射成相应的 IP 地址。添加了网络中某个主机的主机记录后,即可在网络中使用该主机的 DNS 名称访问该主机。在正向区域添加主机记录的操作过程如下：

① 使用具有管理员权限的用户账户登录主 DNS 服务器 M–DNSServer。

② 在 DNS 管理控制台窗口的左侧窗格中，右击正向主要区域"wjnet.com"图标，在弹出的快捷菜单中选择"新建主机"命令，打开"新建主机"对话框，如图 3-17 所示。

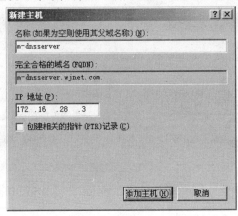

图 3-17 "新建主机"对话框

③ 在"新建主机"对话框中，输入需要解析的主机名极其对应的 IP 地址，单击"添加主机"按钮将新主机记录添加到正向查找区域中。

（2）添加别名记录（CNAME 记录）

有时，需要为网络中的某台主机创建多个主机名称，在已创建了其中一个主机名称的主机记录后，可以将其他主机名称作为别名指向该主机记录，从而不需要为每个主机名称都创建一个主机记录。在正向区域添加别名记录的操作过程如下：

① 使用具有管理员权限的用户账户登录主 DNS 服务器 M–DNSServer。

② 在 DNS 管理控制台窗口的左侧窗格中，右击正向主要区域"wjnet.com"图标，在弹出的快捷菜单中选择"新建别名"命令，打开"新建资源记录"对话框，选择"别名"选项卡，如图 3-18 所示。

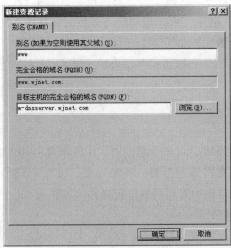

图 3-18 选择"别名"选项卡

③ 输入主机别名（例如：www）及其对应的目标主机的完全合格的域名（如 m-dnsserver. wjnet.com），然后单击"确定"按钮。

 注意

在以下场合需要使用主机别名：

- 在同一区域的主机记录中指定的主机需要被重新命名时。
- 当用于诸如 www 这样的已知服务器的通用名称时，需要解析一组提供相同服务的单独计算机且每个计算机都有单独的主机记录时。

（3）添加邮件交换器记录（MX 记录）

邮件交换器记录记录着负责某个域邮件传送的邮件交换服务器，通常用于邮件的收发。当用户将邮件发送到本地邮件交换服务器（SMTP Server）后，本地邮件交换服务器需要通过域名将邮件转发到目的邮件交换服务器，此时需要通过 DNS 服务器中的邮件交换器记录进行解析。在正向区域添加邮件交换器记录的操作过程如下：

① 使用具有管理员权限的用户账户登录主 DNS 服务器 M-DNSServer。

② 在 DNS 管理控制台窗口的左侧窗格中，右击正向主要区域"wjnet.com"图标，在弹出的快捷菜单中选择"新建邮件交换器"命令，打开"新建资源记录"对话框从中选择"邮件交换器"选项卡，如图 3-19 所示。

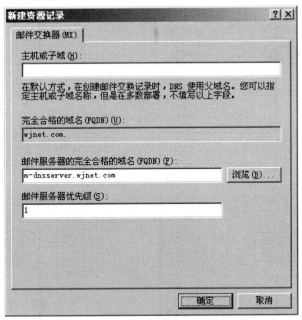

图 3-19　选择"邮件交换器"选项卡

③ 在该对话框中输入以下信息，然后单击"确定"按钮。

- 主机或子域：表示邮件服务器所负责的域名，该名称与所在区域的名称一起构成邮件地址中"@"右面的后缀。此项如果为空，则表示使用其父域名称。

- 邮件服务器的完全合格的域名：表示负责上述域邮件传送工作的邮件服务器的完整主机名称，该主机必须已建立了主机记录，以便解析其 IP 地址。
- 邮件服务器优先级：如果在一个区域内有多个邮件交换器，可以创建多个 MX 资源记录，并在此处设置其优先级，数字较低的优先级较高（0 最高）。如果其他邮件交换服务器向这个域内传送邮件，首先传送给优先级高的邮件交换服务器，如果传送失败，再选择较低优先级的邮件交换服务器。如果几台邮件服务器的优先级相同，则随机选择一台传送邮件。

（4）添加指针记录（PTR 记录）

指针记录存在于反向查找区域，用于将 IP 地址映射成主机名。在反向区域添加指针记录的操作过程如下：

① 使用具有管理员权限的用户账户登录主 DNS 服务器 M-DNSServer。

② 在 DNS 管理控制台窗口的左侧窗格中，右击反向主要区域"172. 16.28. x Subnet"图标，在弹出的快捷菜单中选择"新建指针"命令，打开"新建资源记录"对话框，选择"指针"选项卡，如图 3-20 所示。

③ 在该对话框中，输入主机的 IP 号与主机名称，然后单击"确定"按钮。建议使用"浏览"按钮查找已建立主机记录的主机名称，以防止因输入不当而造成的错误。

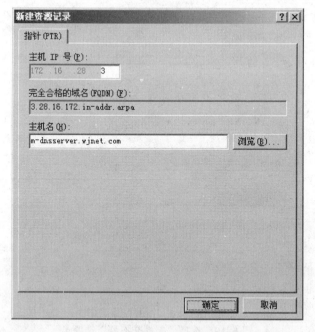

图 3-20 选择"指针"选项卡

💡 小技巧

在创建主机记录时，可同时创建指针记录，方法是在"新建主机"记录对话框（见图 3-17）中，选中"创建相关的指针记录"复选框。

4．配置 DNS 客户端

在一台主机的 TCP/IP 协议属性配置对话框中，如图 3-21 所示，指定该主机发送解析请求的 DNS 服务器的 IP 地址，该主机即被配置成了 DNS 客户端。

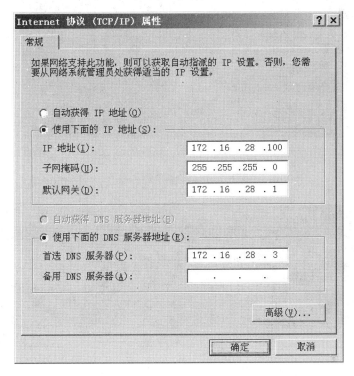

图 3-21 "Internet 协议（TCP/IP）属性"对话框

5．测试 DNS 资源记录

使用 Windows 系统自带的命令 nslookup，可以测试 DNS 服务器的资源记录，该命令需要在命令提示状态下执行。nslookup 命令有两种工作模式：非交互式与交互式。

（1）非交互模式

如果只需要测试一条资源记录，可以使用非交互模式。此时，直接在命令提示状态下输入命令 "nslookup <需解析的域名或 IP 地址>" 即可。

（2）交互模式

如果需要测试多条资源记录，可以使用交互模式。进入 nslookup 交互模式的方法是：在命令提示状态下输入 nslookup 并按【Enter】键。

① 测试主机记录。在 nslookup 提示符 ">" 后输入要解析的主机 DNS 名称，例如 "m-dnsserver.wjnet.com"，成功解析后将显示对应的 IP 地址，如图 3-22 所示。

② 测试别名记录。首先，在 nslookup 提示符 ">" 后输入命令 "set type=cname" 改变测试类型，然后，输入要解析的主机别名，例如 "www.wjnet.com"，成功解析后将显示该别名对应的真实主机名称，如图 3-23 所示。

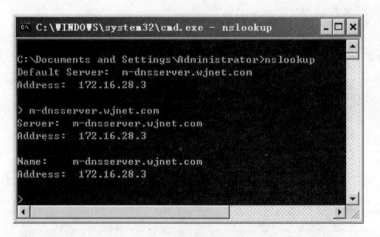

图 3-22 测试主机记录

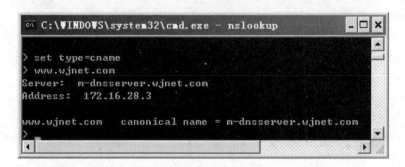

图 3-23 测试别名记录

③ 测试邮件交换器记录。首先，在 nslookup 提示符 ">" 后输入命令 "set type=mx" 改变测试类型，然后，输入要解析的邮件交换器名称，例如 "wjnet.com"，成功解析后将显示该邮件交换器对应的真实主机名称、IP 地址及优先级，如图 3-24 所示。

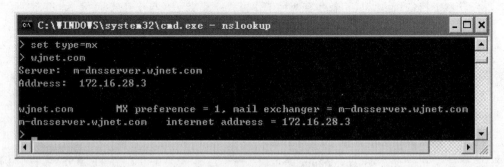

图 3-24 测试邮件交换器记录

④ 测试指针记录。首先，在 nslookup 提示符 ">" 后输入命令 "set type=ptr" 改变测试类型，然后，输入要解析的主机 IP 地址，例如 "172.16.28.3"，成功解析后将显示对应的主机名称，如图 3-25 所示。

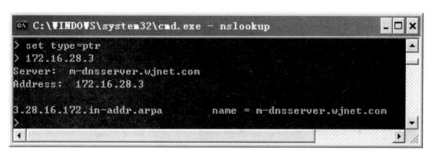

图 3-25　测试指针记录

> 小技巧

在 nslookup 提示符 ">" 下，输入 help 子命令可以查看相关帮助；输入 exit 子命令可以退出 nslookup 交互模式。

课堂练习

1. 练习场景

合肥子公司网络管理员小刘是刚毕业的高职生，他尝试安装 DNS 服务器，但没成功。你经过检查发现，需要将他原先安装的 DNS 服务删除才能重新安装，同时你了解到使用"控制面板"中的"添加/删除程序"也可以安装网络服务，你想借此机会尝试以上这种方法。

2. 练习目标

- 掌握删除 DNS 服务的方法。
- 掌握使用"添加/删除程序"方法安装 DNS 服务。

3. 练习的具体要求与步骤

① 删除已安装的 DNS 服务。

② 使用"控制面板"中的"添加/删除程序"安装 DNS 服务及区域与资源记录。

③ 在命令提示状态了使用命令查看当前已开启的服务，请写出你查看到的已开启的服务：

_____

_____。

拓展与提高

1. 建立子域与委派域

一个完整的 DNS 区域包含以自己的 DNS 域名为基础命名空间的所有 DNS 命名空间的信息，当基于此 DNS 命名空间新建一个 DNS 区域时，新建的区域称为子域。例如，网坚公司完整的 wjnet.com 区域包含了以 wjnet.com 为基础命名空间的所有 DNS 命名空间的信息，可以为公司的销售部建立一个区域 sales.wjnet.com，用以解析销售部主机名称，而 sales.wjnet.com 则称为 wjnet.com 的一个子域。可以有两种方法实现这一需求：

- 直接建立子域。在主 DNS 服务器的权威区域 wjnet.com 中建立子域，并在子域内添加相应的资源记录。此时，这些资源记录仍然保存在主 DNS 服务器中。

● 建立委派域。将子域委派给其他 DNS 服务器管理。此时，子域中的资源记录保存在被委派的 DNS 服务器中。

（1）建立子域

在主 DNS 服务器中建立子域的操作方法为：以具有管理员权限的用户账户登录主 DNS 服务器，在 DNS 控制台窗口的左窗格中，右击要建立子域的区域图标（如 wjnet.com），然后在弹出的快捷菜单中选择"新建域"命令，按照提示输入子域名称（如 sales.wjnet.com）。

（2）建立委派域

为了均衡负载，可以将子域的管理与解析任务分配给其他 DNS 服务器，这种分配称做区域委派。实现区域委派需要在委派服务器和受委派服务器中进行必要的配置，在受委派服务器中主要需要建立区域并在区域中添加资源记录，此处的区域名称必须与委派服务器中委派的区域名称相同。在委派服务器中实现委派的操作过程如下：

① 使用具有管理员权限的用户账户登录委派服务器（如主 DNS 服务器 M-DNSServer）。

② 在 DNS 管理控制台窗口的左侧窗格中，右击正向主要区域"wjnet.com"图标，在弹出的快捷菜单中选择"新建委派"命令，打开"新建委派向导"对话框，单击"下一步"按钮打开"受委派域名"对话框，如图 3-26 所示。

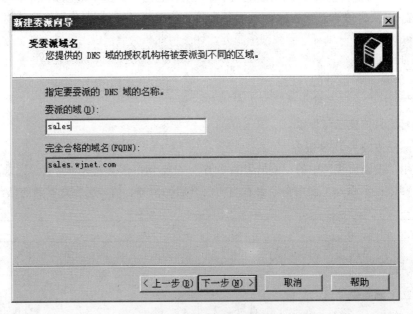

图 3-26 "受委派域名"对话框

③ 在"受委派域名"对话框中，输入要委派的子域名称（如 sales），然后单击"下一步"按钮，打开"名称服务器"对话框，如图 3-27 所示。

 注意

新建委派域 sales 时，必须在此前没有创建过子域 sales。

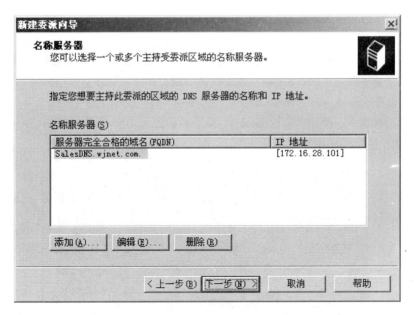

图 3-27　"名称服务器"对话框

④ 在"名称服务器"对话框中，单击"添加"按钮选择受委派的 DNS 服务器名称。然后单击"下一步"按钮，在"新建委派向导"的"完成"对话框中单击"完成"按钮。

 注意

受委派服务器必须在委派服务器中有一个对应的 A 记录，以便委派服务器指向受委派服务器。该 A 记录可在新建委派时自动创建，也可委派前手动创建。

✎ **知识链接——区域委派**

默认情况下，DNS 区域管理自己的子域，并且子域伴随 DNS 区域一起进行复制和更新。不过，用户可以将子域委派给其他 DNS 服务器进行管理，此时，被委派的服务器将承担此 DNS 子域的管理，而父 DNS 区域中只是具有此子域的委派记录。

采用区域委派可有效地均衡负载，区域委派适用于以下场合：

- 需要将 DNS 名称空间的部分管理工作委派给企业中的另一位置或部门。
- 为了在多个 DNS 服务器之间分配通信量负载，可以将一个大区域分成若干小区域，这样提高了 DNS 名称解析性能，而且创建了一个容错性更好的 DNS 环境。
- 需要通过立刻添加许多子域来扩展名称空间，例如提供开放的新分支或站点。

用户只能在主要区域中执行区域委派。对于任何一个被委派的子域，父 DNS 区域中只是具有指向子域中权威 DNS 服务器的 A 记录和 NS 记录，而实际的解析过程必须由委派到的子域中的权威 DNS 服务器完成，即被委派到的 DNS 服务器上必须具有以被委派的子域为域名的主要区域。

2. 启动、停止和重新启动 DNS 服务

（1）使用 DNS 管理控制台

在 DNS 管理控制台窗口的左侧窗格中，右击 DNS 服务器图标，在弹出的快捷菜单中，选

择"所有任务"中的相应菜单选项，即可实现启动、停止或重新启动 DNS 服务操作。

（2）使用"服务"管理控制台

选择"开始"→"管理工具"→"服务"命令，打开 Windows 系统的服务管理控制台窗口，在系统的服务列表中找到"DNS Server"服务，然后进行相应的操作。

（3）使用命令

在命令提示状态下，使用"net stop dns"命令可以停止 DNS 服务，使用"net start dns"命令可以启动 DNS 服务，如图 3-28 所示。

图 3-28 使用命令启动或停止 DNS 服务

任务 3 架设辅助与惟缓存 DNS 服务器

任务描述

网坚公司北京总部业务量不断增加，公司员工对网络的使用量也不断增多，网络管理员发现现有的主 DNS 服务器工作负载很重，为了提高域名解析的效率，实现 DNS 服务器解析的负载均衡与容错，公司新购一台服务器用作辅助 DNS 服务器，服务器的主机名为 S-DNSServer，IP 地址配置为 172.16.28.4/24；在销售部部署一台惟缓存 DNS 服务器，服务器的主机名为 C-DNSServer,IP 地址配置为 172.16.28.5/24。公司部署 DNS 服务网络环境拓扑结构如图 3-3 所示。

通过本次任务的学习主要掌握：

- 能够部署辅助 DNS 服务器。
- 理解区域复制的原理。
- 能够部署惟缓存 DNS 服务器。
- 能够正确配置区域复制。

任务分析

在网络中部署 DNS 服务时，为了容错以及均衡主 DNS 服务器的解析负载，通常至少要配置一台辅助 DNS 服务器。辅助 DNS 服务器中包含有辅助区域，其中资源记录通过区域传输由主要区域中复制而来，与主要区域不同之处是 DNS 服务器不能对辅助区域信息进行修改操作，即辅助区域是只读的。辅助 DNS 服务器具有以下优点：

- 具有容错能力：配置了辅助服务器后，在该区域主服务器崩溃的情况下，客户端可以继续通过辅助服务器完成解析请求，也可以快速将辅助服务器转换为主服务器。
- 均衡主服务器的负载：辅助服务器能应答该区域客户端的查询请求，从而减少该区域主服务器必须回答的查询数量。

架设辅助 DNS 服务器，首先需要在主 DNS 服务器中启用区域复制功能并指定辅助 DNS 服务器，然后需要在作为辅助 DNS 服务器的计算机中安装 DNS 服务，创建辅助区域。

惟缓存 DNS 服务器利用本地的缓存提供名称解析服务，其没有本地数据库文件，没有主要区域或辅助区域，只包含在解析查询时已缓存的信息，所以惟缓存 DNS 服务器对于任何域来说都不是权威的。惟缓存 DNS 服务器可以减少 DNS 客户端访问外部 DNS 服务器的网络流量，并且可以降低 DNS 客户端解析域名的时间，另外，由于惟缓存 DNS 服务器不需要执行区域传输，所以不会出现因区域传输而导致网络通信量的增大。例如，公司销售部门随着业务扩展，客户端数量变得很大，解析请求量也变得很大，此时，可以为销售部门配置一台惟缓存 DNS 服务器。

架设惟缓存 DNS 服务器只需安装 DNS 服务，配置需要向其他 DNS 服务器转发解析请求的 DNS 服务器，无需进行区域、资源记录等配置。

与架设主 DNS 服务器一样，架设辅助 DNS 服务器与惟缓存 DNS 服务器也需要满足以下要求：

① DNS 服务器必须安装使用能够提供 DNS 服务的 Windows 版本，如 Windows Server 2003 企业版（Enterprise）、标准版（Standard）等。

② DNS 服务器的 IP 地址应是静态的，即 IP 地址、子网掩码、默认网关等 TCP/IP 属性均需手工设置。

③ 安装 DNS 服务器服务需要具有系统管理员的权力。

本次任务主要包括以下知识与技能点：

- 辅助区域。
- SOA 资源记录。
- DNS 缓存。
- 区域复制。

▓ 相关知识与技能

1. 架设辅助 DNS 服务器

（1）在主 DNS 服务器中选择区域复制到的服务器

具体操作过程如下：

① 使用具有管理员权限的用户账户登录主 DNS 服务器 M-DNSServer。

② 打开 DNS 管理控制台窗口，在左侧窗格中，右击正向主要区域"wjnet.com"图标，在弹出的快捷菜单中选择"属性"命令，打开"wjnet.com 属性"对话框，在对话框中选择"区域复制"选项卡，如图 3-29 所示。

③ 在"区域复制"选项卡中，选择"只允许到下列服务器"单选按钮，然后输入辅助 DNS 服务器的 IP 地址并单击"添加"按钮。

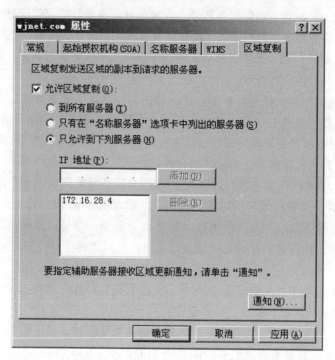

图 3-29 "wjnet.com 属性"对话框的"区域复制"选项卡

④ 单击"确定"按钮。

（2）在辅助 DNS 服务器中建立辅助区域

具体操作过程如下：

① 使用具有管理员权限的用户账户登录准备作为辅助 DNS 服务器的计算机 S-DNSServer。

② 在辅助 DNS 服务器中，安装 DNS 服务。

③ 在辅助 DNS 服务器中，建立辅助区域。按照任务 2 中建立区域的操作方法，打开"新建区域向导"对话框，在"新建区域向导"的"区域类型"对话框中，选择"辅助区域"单选按钮，如图 3-10 所示。

④ 在"新建区域向导"的"区域名称"对话框中，输入辅助区域的名称 wjnet.com，如图 3-11 所示。

 注意

辅助区域名称必须与该区域的主 DNS 服务器的主要区域名称完全相同。

⑤ 在"新建区域向导"的"主 DNS 服务器"对话框中，指定主 DNS 服务器的 IP 地址，如图 3-30 所示。

⑥ 在"新建区域向导"的"完成"对话框中，单击"完成"按钮。此时在 DNS 管理控制台窗口中，能够看到从主 DNS 服务器复制而来的区域数据。

 小技巧

可以采用相同方法创建反向辅助区域。

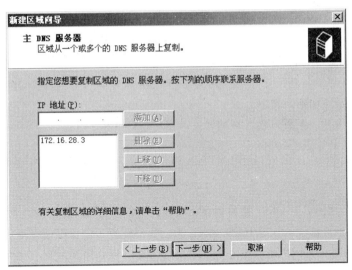

图 3-30 "主 DNS 服务器"对话框

2. 架设惟缓存 DNS 服务器

当 DNS 客户端与主 DNS 服务器通过广域网链路进行通信时，在 DNS 客户端所在网络中部署惟缓存 DNS 服务器是一种较为有效的解决方案。在本任务中，为了方便介绍，将惟缓存 DNS 服务器与主 DNS 服务器置于同一 IP 子网中。架设惟缓存 DNS 服务器的操作过程如下：

① 使用具有管理员权限的用户账户登录准备作为惟缓存 DNS 服务器的计算机 C-DNSServer。

② 在惟缓存 DNS 服务器中，安装 DNS 服务。

③ 在 DNS 管理控制台窗口中，打开 DNS 服务器属性对话框，并选择"转发器"选项卡，如图 3-31 所示。

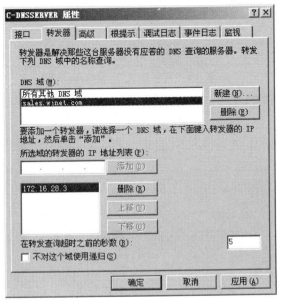

图 3-31 选择"转发器"选项卡

④ 在"转发器"选项卡中，单击"新建"按钮，然后在打开的"新转发器"对话框中输入需要转发解析请求的 DNS 区域名称，例如 sales.wjnet.com。

⑤ 在"转发器"选项卡中，选定新添加的 DNS 区域，然后在"所选域的转发器的 IP 地址列表"中输入该区域的解析请求将转发到的目的 DNS 服务器的 IP 地址，并单击"添加"按钮将新输入的 IP 地址添加到列表中。

⑥ 使用同样方法，配置其他区域的转发。

📖 课堂练习

1．练习场景

网坚公司已为公司主 DNS 服务器配置了一台辅助 DNS 服务器，服务器的主机名为 S-DNSServer，IP 地址配置为 172.16.28.4/24；为销售部配置了一台惟缓存 DNS 服务器，服务器的主机名为 C-DNSServer，IP 地址配置为 172.16.28.5/24。现在需要配置 DNS 客户端对这两台服务器进行测试。

2．练习目标

- 掌握配置客户端测试辅助 DNS 服务器的方法。
- 掌握配置客户端测试惟缓存 DNS 服务器的方法。

3．练习的具体要求与步骤

① 选择两台安装 Windows XP 操作系统的 PC 作为 DNS 客户端。

② 将其中一台客户端 PC 的首选 DNS 服务器配置为辅助 DNS 服务器，并使用 nslookup 命令测试 www.wjnet.com 主机记录，写出测试命令及测试结果：

_____

_____

_____

_____

③ 将另一台客户端 PC 的首选 DNS 服务器配置为惟缓存 DNS 服务器，并使用 nslookup 命令测试 sales.wjnet.com 区域的解析，写出测试命令及测试结果：

_____

_____

_____

_____

🖥 拓展与提高

1．配置 SOA 资源记录

DNS 辅助区域是通过区域复制方式从主 DNS 服务器中的主要区域传输过来的，作为主要区域的副本，在本地是只读的。为了维护 DNS 辅助区域的权威性，必须保证辅助区域与主要区域数据库信息的同步性，所以 DNS 辅助区域必须定期从主要区域进行信息更新。可以通过 SOA

记录控制区域传输的相关属性。

　　SOA 记录又称起始授权机构记录，该记录是任何区域文件中的第一条记录，用于指定一个区域的起点。它所包含的信息有区域名、区域管理员电子邮件地址，以及指示辅助 DNS 服务器如何更新区域数据文件的设置等。

　　在主 DNS 服务器中，打开 DNS 管理控制台窗口，在区域属性对话框中选择"起始授权机构"选项卡，在该选项卡中配置 SOA 记录的相关设置，如图 3-32 所示。

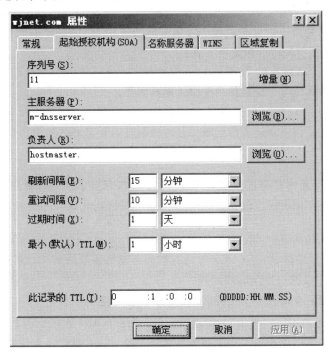

图 3-32　"选择""起始授权机构"选项卡

- 序列号：表示该区域文件的修订序号。当区域中资源记录发生改变时，此序列号会自动增加。在配置了区域复制时，辅助 DNS 服务器会定期的查询主 DNS 服务器上主要区域的序列号，如果主 DNS 服务器上主要区域的序列号大于自己的序列号，则辅助 DNS 服务器向主 DNS 服务器发起区域复制请求。
- 主服务器：表示此 DNS 区域的主 DNS 服务器的 FQDN。
- 负责人：指定了管理此 DNS 区域的负责人的电子邮件地址，此处使用"."表示"@"符号。
- 刷新间隔：表示辅助 DNS 服务器查询主服务器以进行区域更新前等待的时间。当刷新时间到期时，辅助 DNS 服务器从主服务器上获取主 DNS 区域的 SOA 记录，然后和本地辅助 DNS 区域的 SOA 记录相比较，如果值不相同则进行区域传输。默认情况下，刷新间隔为 15 分钟。
- 重试间隔：表示当区域复制失败时，辅助 DNS 服务器进行重试前需要等待的时间间隔，默认情况下为 10 分钟。
- 过期时间：当辅助 DNS 服务器无法联系主服务器进行区域信息更新时，还可以使用此辅助 DNS 区域答复 DNS 客户端请求的时间，当到达此时间限制时，辅助 DNS 服务器会认为此辅助 DNS 区域不可信，并停止响应 DNS 客户端的解析请求。默认情况下为 1 天。

- 最小（默认）TTL：用于表示 DNS 区域中未指定 TTL 值的所有资源记录的生存时间（TTL）值，默认情况下为 1 小时。

TTL 值是指 DNS 服务器在本地缓存中对已解析成功的资源记录进行缓存的生存时间，当 TTL 过期时，缓存此资源记录的 DNS 服务器将丢弃此记录的缓存。

- 此记录的 TTL：用于指定 SOA 记录的 TTL 值。

2．实现区域复制的方法

区域复制的目的是为了确保承载同一区域主机的两台 DNS 服务器拥有相同的区域信息。Windows Server 2003 支持两种区域复制方式：

- 完全区域复制（AXFR）。复制主 DNS 服务器中主要区域的所有资源记录到辅助区域中。在刚建立辅助区域时，就是执行完全区域复制的。
- 增量区域复制（IXFR）。根据 SOA 记录的序列号判断自上次区域复制后，主 DNS 服务器中的主要区域是否更新过资源记录，并将更新过的资源记录复制到辅助区域中。

 注意

为了避免被非法用户获得区域数据库信息，主 DNS 服务器在允许区域传输之前需要对辅助 DNS 服务器进行身份认证，该身份认证基于 IP 地址来完成。

（1）手工执行区域复制

在默认状态下，辅助区域每隔 15 分钟将自动向其主要区域请求执行区域复制操作，管理员可以通过配置 SOA 记录修改这个时间间隔。

在需要时，管理员也可以手工执行区域复制，操作方法为：

在辅助 DNS 服务器中，打开 DNS 管理控制台，右击区域（正向查找区域或反向查找区域）图标，在弹出的快捷菜单中选择"从主服务器复制"或"从主服务器重新加载"命令。

上述两个选项均可执行区域复制，不同的是"从主服务器复制"采用增量区域复制方式，而"从主服务器重新加载"采用完全区域复制方式。

（2）选择与通知区域复制服务器

主 DNS 服务器可以将主要区域信息只传输到指定的辅助服务器内，其他未被指定的辅助 DNS 服务器所提出的区域复制请求将被拒绝。在图 3-29 中，可以选择区域复制到的辅助 DNS 服务器。

管理员也可以通过 DNS 通知方法，提高 DNS 服务器之间区域信息的同步性。DNS 通知是指主 DNS 服务器的主要区域发生更新后，即通知辅助 DNS 服务器进行区域复制以同步 DNS 区域数据。DNS 通知的过程如下：

① 主 DNS 服务器的主要区域中有资源记录更新，则 SOA 资源记录中的序列号字段也被更新，表示这是该区域的新的本地版本。

② 主服务器将 DNS 通知消息发送到其他服务器，它们是其配置的通知列表的一部分。

③ 接到通知消息的所有辅助 DNS 服务器，就可以提出区域复制请求了。

配置 DNS 通知的操作过程为：在图 3-29 中，单击"通知"按钮，打开 DNS 通知对话框，如图 3-33 所示，在对话框中选中"自动通知"复选框以启用发送 DNS 更新的通知功能，然后输入将更新通知发送到的辅助 DNS 服务器 IP 地址。

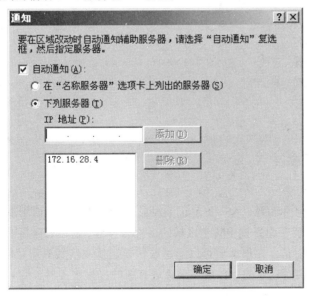

图 3-33　DNS 通知对话框

任务 4　管理与维护 DNS 服务

任务描述

在 TCP/IP 网络中，DNS 服务器非常重要，必须管理并维护好服务器的相关配置，以确保其正常工作，尽可能优化网络性能。通过本次任务的学习主要掌握：

- 理解并能正确配置存根区域。
- 能够正确配置 DNS 动态更新。
- 能够正确测试 DNS 服务器状态。
- 能够正确配置老化与清理。
- 了解 DNS 命令行管理工具的使用。

任务分析

在日常网络管理工作中，管理员必须对 DNS 服务器进行管理与维护，以保障 DNS 服务器能够正常、高效地为用户提供名称解析服务。管理与维护的工作很多，包括正确配置 DNS 服务器的相关配置、如何优化配置以提高服务性能、采用有效方法避免可能出现的解析故障等。

例如，当修改了 DNS 服务器的相关配置参数后，管理员需要对 DNS 服务器进行测试，以了解 DNS 服务器在参数修改后的性能与状态；由于大型企业网络常常使用委派管理，为了避免由此引起的解析故障，需要在网络中部署存根区域；对于移动客户端较多的网络，需要启用动态更新功能以保证区域数据始终为最新；对于 DNS 区域中陈旧的资源记录，需要及时清理以避免产生错误的解析结果，等等。

本次任务主要包括以下知识与技能点：

- 存根区域。
- 配置老化与清理。
- 测试 DNS 服务器。
- DNS 命令行管理工具。
- 配置动态更新。
- 清除 DNS 客户端缓存。

相关知识与技能

1. 建立存根区域

存根区域是只包含由 SOA、NS 和 A 记录组成的区域数据的只读副本。存根区域的目的是使本地 DNS 服务器能够正向查询主管主区域的名称服务器，所以，存根区域在功能上类似于委派区域，二者主要区别是，存根区域可以通过区域复制从主区域更新记录，而委派域中的 NS 记录是在执行委派任务时建立的，以后如果该域有新的授权服务器，则必须由系统管理员手动更新 NS 记录。存根区域的主要作用是：

① 使委派的区域信息始终保持最新。通过定期更新某个子区域的存根区域，承载父区域和存根区域的 DNS 服务器将保持该子区域的最新权威 DNS 服务器列表。

② 改进名称解析。存根区域使 DNS 服务器可以使用存根区域的名称服务器列表来执行递归，而不必查询 Internet 和本地 DNS 命名空间的内部根服务器。

当 DNS 客户端发起解析请求时，对于属于所管理的主要区域和辅助区域的解析，DNS 服务器向 DNS 客户端执行权威答复。而对于所管理的存根区域的解析，如果客户端采用递归查询，则 DNS 服务器会使用该存根区域中的资源记录来解析查询。DNS 服务器向存根区域的 NS 资源记录中指定的权威 DNS 服务器发送迭代查询；如果 DNS 服务器找不到其存根区域中的权威 DNS 服务器，那么 DNS 服务器会尝试使用根提示信息进行标准递归查询。如果客户端发起迭代查询，DNS 服务器会返回一个包含存根区域中指定服务器的参考信息，而不再进行其他操作。

例如，在网坚公司的主 DNS 服务器中，主要区域 wjnet.com 委派了子域 sales.wjnet.com 给名为 SalesDNS 的服务器管理，用以解析销售部主机名称。如果销售部子域管理员为了提供容错和均衡负载又部署了一个辅助 DNS 服务器（名为 S-salesdns），但未通知主要区域管理员将 S-salesdns 添加到 sales.wjnet.com 的权威 DNS 服务器列表中，此时，主 DNS 服务器并不知道 sales.wjnet.com 区域的辅助 DNS 服务器的存在，当客户端向主 DNS 服务器请求解析 sales.wjnet.com 区域的名称时，如果此时恰好 SalesDNS 出现错误无法响应，主 DNS 服务器不会向 S-salesdns 服务器进行查询，从而造成解析失败，最初的容错方案也不能得以实现。

解决上述问题的方法有两种：

- 手动添加：通知主要区域管理员将 S-salesdns 手动添加到 sales.wjnet.com 的权威 DNS 服务器列表中。
- 建立存根区域：在主 DNS 服务器中为委派的子域 sales.wjnet.com 建立一个存根区域，从而可以从委派的子域自动获取权威 DNS 服务器的更新而不需要额外的手动操作。

建立存根区域的操作过程如下：

① 架设 sales.wjnet.com 区域的辅助 DNS 服务器 S-salesdns。

② 使用具有管理员权限的用户账户登录委派服务器（如主 DNS 服务器 M-DNSServer）。

③ 打开新建区域向导并在"区域类型"对话框中选择"存根区域"单选按钮。

④ 按照新建区域向导完成建立存根区域操作。

2. 测试 DNS 服务器

当 DNS 服务器配置被更改时，需要对 DNS 服务器进行测试，以了解 DNS 服务器的性能与状态。操作过程如下：

① 使用具有管理员权限的用户账户登录 DNS 服务器。

② 在 DNS 管理控制台窗口的左侧窗格中，右击 DNS 服务器图标，在弹出的快捷菜单中选择"属性"命令，打开 DNS 服务器的属性对话框，在对话框中选择"监视"选项卡，如图 3-34 所示。

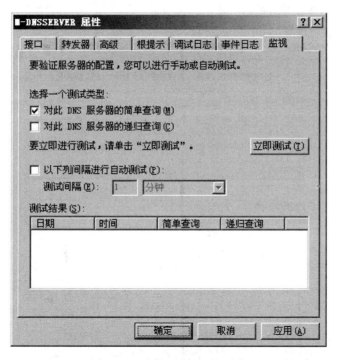

图 3-34　选择"监视"选项卡

③ 在"监视"选项卡中，选中"对此 DNS 服务器的简单查询"复选框，然后单击"立即测试"按钮，可以测试 DNS 服务器能否正确解析针对自己的正向和反向解析请求；选中"对此 DNS 服务器的递归查询"复选框，然后单击"立即测试"按钮，可以测试 DNS 服务器能否连接到根提示信息中的根 DNS 服务器；选中"以下列间隔进行自动测试"复选框，可以按指定的时间间隔自动进行查询测试。

3. 配置 DNS 动态更新

动态更新是指 DNS 客户端在 IP 地址等信息发生改变时，自动更新 DNS 服务器中相应资源记录的过程。动态更新功能能够保持 DNS 区域中资源记录始终为最新的，在大型企业网络中，由于资源记录的庞大，管理员使用手动更新资源记录的变化往往是不切实际的，同时也会因为手动更新的不及时性而造成解析错误。

当 DNS 客户端计算机上发生以下事件时，将触发其向 DNS 服务器发送动态更新请求：

- 添加、删除或修改了本地计算机 TCP/IP 属性中的 IP 地址。
- 客户端使用动态地址并通过 DHCP 服务器获取 IP 地址租约或者续约。
- DNS 客户端执行了 ipconfig /registerdns 命令向 DNS 服务器发送名称更新请求。

为了实现动态更新，管理员需要将 DNS 服务器配置为允许动态更新，同时配置 DNS 客户端以更新 DNS 中的 DNS 记录，或者配置支持 DNS 客户端的 DHCP 服务器代表 DNS 客户端更新 DNS 记录。

（1）配置 DNS 服务器接受动态更新

具体操作过程如下：

① 使用具有管理员权限的用户账户登录 DNS 服务器。

② 在 DNS 区域属性对话框的"常规"选项卡中，单击"动态更新"右侧的下拉按钮，在弹出的下拉列表中进行配置，如图 3-35 所示。

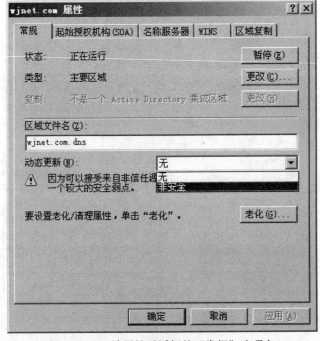

图 3-35　区域属性对话框的"常规"选项卡

✎ **知识链接**

DNS 服务器支持非安全和安全两种动态更新方式。

在非活动目录集成区域只能使用"非安全"方式进行动态更新，此时，DNS 服务器不会对进行动态更新的客户端计算机进行验证，所以任何客户端计算机都可以对任何 A 记录进行动态更新，而不管它是否是此 A 记录的拥有者。

安全的动态更新只适用于活动目录集成区域，此时，在客户端计算机更新自己的记录时，DNS 服务器将要求客户端计算机进行身份验证来确保只有对应资源记录的拥有者才能更新此记录。

2．配置 DNS 客户端进行动态更新

在 DNS 客户端使用 Windows XP Professional 操作系统情况下，打开 TCP/IP 属性高级配置对话框并选择"DNS"选项卡，进行客户端的动态更新配置，如图 3-36 所示。

- 选中"在 DNS 中注册此连接的地址"复选框，DNS 客户端会将其完整的计算机名称与 IP 地址注册到 DNS 服务器内。
- 选中"在 DNS 注册中使用此连接的 DNS 后缀"复选框，则还会注册由计算机名与该计算机所在区域的 DNS 后缀组成的名称。

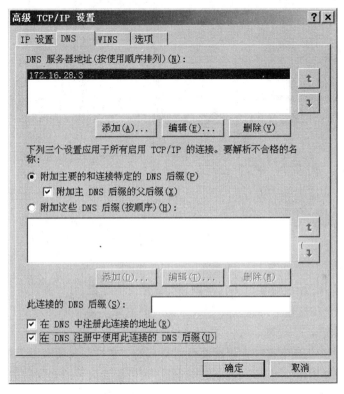

图 3-36　选择"DNS"选项卡

4．配置老化与清理

随着网络的变化以及 DNS 服务器的配置改变，将可能会产生过时或陈旧的资源记录。例如，在有动态更新的情况下，当 DNS 客户端启动并连接网络时，其资源记录会被自动添加到 DNS 区域中。但是，如果客户端非正常地断开网络连接，其资源记录可能不会被自动删除。当网络中存在移动客户端时，这种情况经常会发生。

如果不能及时地清理陈旧的资源记录，则可能会引起以下问题：

- 如果区域中保存大量的陈旧资源记录，这些记录将占据服务器磁盘空间并导致不必要的大量区域传输。
- 陈旧资源记录的积累会降低服务器的性能和响应能力。
- 导致服务器使用过时的信息来应答客户端解析请求，导致客户端无法访问目标计算机。

使用 Windows Server 2003 的老化与清理功能，可以检测或删除 DNS 数据库中的陈旧资源记

录，操作过程如下：

① 使用具有管理员权限的用户账户登录 DNS 服务器。

② 配置服务器的老化和清理。在 DNS 管理控制台窗口的左侧窗格中，右击 DNS 服务器图标，在弹出的快捷菜单中选择"为所有区域设置老化/清理"命令，打开"服务器老化/清理属性"对话框，在该对话框中可以配置服务器的老化和清理参数，如图 3-37 所示。

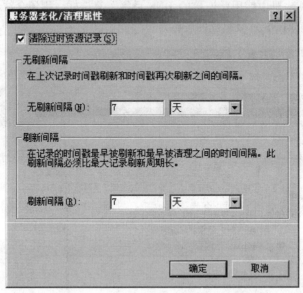

图 3-37 "服务器老化/清理属性"对话框

- 无刷新间隔：指 DNS 服务器不接受刷新尝试的时间周期。
- 刷新间隔：指 DNS 服务器接受刷新尝试的时间周期。刷新间隔应大于或等于最大无刷新间隔。

③ 配置区域的老化和清理。在区域属性对话框的"常规"选项卡中，单击"老化"按钮，打开"区域老化/清理属性"对话框，在该对话框中可以配置区域的老化和清理参数。

 注意

资源记录的老化/清理设置必须同时在服务器老化/清理属性和区域老化/清理属性中设置方可有效。新建标准主要区域时，默认的老化/清理时间间隔会继承服务器老化/清理属性中的设置。

课堂练习

1. 练习场景

公司有员工反映使用域名访问公司网络中某台主机时出现问题，而之前一切正常，并且他没有改变自己计算机的任何设置。公司网络管理员经过检查，发现被访问主机不久前修改了 IP 地址，并且动态更新了 DNS 服务器中的资源记录，而该员工计算机在访问这台主机时使用了本地缓存进行解析，经过清除缓存，问题得到解决。公司网络管理员将该案例进行了总结，供新来的管理员学习。

2. 练习目标

● 理解 DNS 解析过程。

● 理解 DNS 客户端缓存的作用。

● 掌握清除 DNS 客户端缓存的方法。

3. 练习的具体要求与步骤

DNS 客户端会将成功解析的结果保存在本地缓存中，当下次需要访问相同域名时，客户端会直接使用缓存中保存的解析结果，从而提高名称解析效率，同时减轻 DNS 服务器的负载。

① 如图 3-3 所示网络环境，在 DNS 服务器中建立主机 dnsclient2（DNS 名称为：dnsclient2.wjnet.com，IP 地址为：172.16.28.101）的 A 记录与 PTR 记录。

② 在主机 dnsclient1 上执行命令 ping dnsclient1.wjnet.com，命令执行结果显示：

_____

_____

③ 修改主机 dnsclient2 IP 地址为 172.16.28.102，并在 DNS 服务器中更新对应的 A 记录。

④ 在主机 dnsclient1 上执行命令 ping dnsclient1.wjnet.com，命令执行结果显示：

_____

_____

命令执行结果显示的 IP 地址与第 2 步的结果是否相同？

⑤ 使用命令 ipconfig /displaydns 查看主机 dnsclient1 的 DNS 缓存，其中显示的 IP 地址是_____。

⑥ 使用命令 ipconfig /flushdns 清空主机 dnsclient1 的 DNS 缓存。

⑦ 在主机 dnsclient1 上执行命令 ping dnsclient1.wjnet.com，命令执行结果显示：

_____

_____

命令执行结果显示的 IP 地址与第 2 步的结果是否相同？_____

 拓展与提高——DNS 命令行管理工具

DNSCmd 是专门用于管理 DNS 服务的支持工具，使用该工具可以通过命令行方式完成大部分的 DNS 配置与管理工作。在需要完成多个 DNS 服务器的配置工作，或者需要远程修改 DNS 服务器设置的时候，DNSCmd 显得很有用。例如，将服务器的配置过程建立成一个包含 DNSCmd 命令的批处理文件，然后使用该命令重复配置多个管理任务等。

默认状态下，Windows Server 2003 没有安装 DNSCmd 工具，用户需要使用安装光盘中 \Support\Tools\Suptools.msi 文件进行安装。

DNSCmd 工具命令的语法格式为：

```
dnscmd <ServerName> <Command> [<command parameters>]
```

[说明]

① "ServerName" 为计划管理的 DNS 服务器 IP 或主机名，省略表示本地 DNS 服务器。

② "Command" 为子命令，即要管理的任务。

③ "command parameters" 为指定的子命令的相关参数。

[命令举例]

在任务 2 中建立正向主要区域操作，使用 DNSCmd 工具命令完成如下：

（1）建立正向主要区域

`C:\>dnscmd /zoneadd wjnet.com /primary /file wjnet.com.dns`

（2）显示区域信息

`C:\>dnscmd . /enumzones`

💡 **小技巧**

在命令提示符（C:\>）后直接输入 dnscmd 将显示该命令工具的帮助信息。

练 习 题

一、填空题

1. DNS 是一个分布式数据库系统，它提供将域名转换为对应的_____信息；DNS 命名空间中的每一个结点都可以通过 FQDN 来识别，FQDN 的中文全称为_____。

2. DNS 查询模式主要有_____和_____两种，默认情况下，DNS 客户端使用_____。

3. 使用命令_____可以查看 DNS 缓存内容；使用命令_____可以清除 DNS 缓存内容。

4. 在"新建区域向导"中，可以创建_____、_____和_____三种类型区域。

5. 主机记录又称作_____记录，其作用为_____；别名记录又称作_____记录，其作用为_____。

6. DNS 服务器支持_____和_____两种动态更新方式，其中在_____方式只在活动目录集成区域可用。

二、选择题

1. 下面关于 DNS 服务器配置的叙述，不正确的是（   ）。

   A. DNS 服务器必须配置静态的 IP 地址

   B. 在默认状态下，Windows Server 2003 服务器已经安装了 DNS 服务

   C. 在主 DNS 服务器中可以创建正向查找区域，也可以创建反向查找区域

   D. 动态更新允许 DNS 客户端在发生更改的时候，使用 DNS 服务器注册和动态地更新其资源记录

2. 下面关于主要区域和辅助区域的叙述，正确的是（   ）。

   A. 都可进行读写，但需要管理员的权限

   B. 主要区域在本地存在区域文件，而辅助区域没有

   C. 辅助区域是只读的，同时也具有权威性

   D. 在主要区域崩溃时，辅助区域不能转换为主要区域

3. 一台主机要解析 www.abc.edu.cn 的 IP 地址，如果这台主机配置的域名服务器为 202.120.66.68，因特网顶级域名服务器为 11.2.8.6，而存储 www.abc.edu.cn 与其 IP 地址

对应关系的域名服务器为 202.113.16.10，那么这台主机解析该域名通常首先查询（　　）。

A．202.120.66.68 域名服务器

B．11.2.8.6 域名服务器

C．202.113.16.10 域名服务器

D．不能确定，可以从这 3 个域名服务器中任选一个

4．华谊公司是一个单域 huayi.com 网络，有一台 Web 服务器，域名是 www.huayi.com。公司有一台 DNS 服务器，负责主机名称解析。公司有位员工通过一台计算机（Windows XP）正在访问 Web 站点，由于某种原因，需要将 Web 服务器的 IP 地址由原来的 192.168.0.200 更改为 192.168.0.210，但紧接着这位员工报告他无法继续访问 Web 站点了，但其他员工可以正常访问。如果要立即解决该问题，可以使用的方法是（　　）。

A．执行 ipconfig /registerdns 命令

B．执行 ipconfig /flushdns 命令

C．执行 ipconfig /displaydns 命令

D．执行 ipconfig /renew 命令

项目 ④

配置与管理 Web 网站

学习情境

WWW（万维网）已逐步成为全球网络用户最基本的通信方式，利用万维网，用户通过浏览器可以获取到大量图文并茂的信息。作为一家中外合资企业，网坚公司需要经常通过内网将公司近期工作重点、生产进度、文件制度等通过网页形式发布出去。

作为网络管理员，你需要选择一台服务器作为 Web 服务器，并在服务器上创建 Web 网站，通过站点发布公司信息。

出于网络安全和维护考虑，网站中总站的客户端连接数不超过 500，基于 Web 形式的办公自动化系统也要通过这个服务器发布。同时生产部、财务部和销售部三个部门站点信息设置为虚拟目录，只保持 URL 的逻辑关联性，但网页信息可能分散在各部门的服务器上。财务部站点信息设置了需要用户验证，生产部站点需进行客户端 IP 地址及域名的限制。

本项目主要包括以下任务：

- 架设 Web 服务器的需求环境。
- 创建网站的虚拟目录。
- 创建 Web 网站。
- 安全管理 Web 网站。

任务 1　架设 Web 服务器的需求环境

任务描述

经过市场调研和论证，网坚公司根据自身的需求分析，最终选择了通用性强的网络操作系统——Windows Server 2003 作为 Web 服务发布的平台。在部署 Web 服务之前，需要先理解 Web 服务的基本概念、工作原理，以及如何在 Windows Server 2003 上架设 Web 服务的需求环境。

通过本次任务的学习主要掌握：

- 理解 Web 的概念。
- 掌握架设 Web 服务的准备工作。
- 掌握 IIS 6.0 安装与部署方法。

任务分析

Web 服务是企业最重要的一个网络应用，除了考虑服务器硬件外，重点要掌握选择适合自身需求的 Web 服务器软件。目前，市场上 Web 服务器软件非常多，其中 IIS 因为与 Windows 系统的完美结合，得到了广泛的应用。同时在架构 Windows 平台上的 Web 服务时我们还应掌握 Web 服务在交互过程中所涉及的网络原理。

本次任务主要包括以下知识与技能点：

* Web 服务的原理。
* Web 服务的交互过程。
* 目前主流的 Web 服务器软件。
* Web 服务安装后的检查。
* IIS 6.0 组件安装与部署方法。

相关知识与技能

1. Web 服务概述

（1）什么是 Web 服务

Web 服务（Word Wide Web，简称 WWW）是 TimBerners-Lees 在 1989 年欧洲共同体的一个大型科研机构工作时发明的。通过 Web，互联网上的资源可以比较直观地在一个网页里表示出来，而且在网页上可以互相链接。

Web 是一种超文本信息系统，其主要实现方式是超文本链接。它使得文本不再像一本书一样是固定的、线性的，而是可以从一个位置跳转到另外一个位置。想要了解某一个主题的内容，只要在这个主题上单击一下，就可以跳转到包含这一主题的文档上。

（2）Web 服务的特点

① Web 页面的图形化和易于链接。Web 非常流行的一个很重要的原因就在于可以在页面上同时显示色彩丰富的图形和文本内容，可以将图形、音频和视频信息集合于一体；同时非常易于链接，可以在各网页、各站点之间进行浏览。

② Web 与操作系统、浏览器平台无关。无论用户的操作系统平台是 Windows、Linux 还是 UNIX，都可以通过 Internet 访问 Web 网站。

③ Web 是分布式的。大量的文件、图像、音频和视频信息会占用相当大的磁盘空间，而对于 Web 内容可以将其放在不同的站点上，只需要在网页中链接这个站点就可以了。

④ Web 是动态的。由于各 Web 站点的信息包含站点本身的信息，所以信息的提供者可以经常对网站上的信息进行更新。

（3）Web 服务的交互过程

Web 是一个标准的请求和响应网络服务系统，Web 浏览器通过 HTTP 协议将请求信息发送给 Web 服务器，Web 服务器通过返回超文本标记语言（HTML）页面来响应。在 Web 页面处理中大致可分为以下 3 个步骤：

① Web 浏览器向一个特定的服务器发出 Web 页面请求（例如通常输入的网址）。

② Web 服务器接收到 Web 页面请求后，寻找所请求的 Web 页面，并将所请求的 Web 页面

传送给 Web 浏览器。

③ Web 浏览器接收到所请求的 Web 页面，并将它显示出来，也就是人们所看到的网页，原理如图 4-1 所示。

在 Windows Server 2003 中，我们只要添加 IIS 6.0 网络组件，就可以实现 Web 服务的发布。

2. IIS 6.0 简介

IIS（Internet Information Server，简称 IIS）是集 Web 服务、FTP 服务、SMTP 服务等多种服务于一体的 Internet 信息服务系统。Windows Server 2003 提供的 IIS 6.0 是众多服务中应用最多的一种服务。

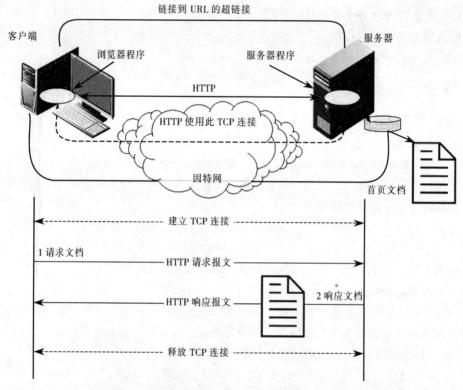

图 4-1　Web 服务的交互过程

为了防止 IIS 服务被恶意地攻击或者利用，Windows Server 2003 默认的安装中不包含 IIS 6.0，要使用 Windows Server 2003 作为 Web 服务器，必须安装 IIS 6.0。另一个安全措施是在 IIS 初始安装后被设置为"锁定"模式，默认只支持静态的页面，如果要让 IIS 支持动态内容必须显式地启用并进行配置。

在 IIS 6.0 中使用 XML 格式的文件 MateBase.xml 和 MBSchema.xml 存储元数据库，文件存放的路径是"%systemroot%\system32\inetsrv"，用户可以根据需要进行编辑。

同时，IIS 6.0 体系设计中还加入了 HTTP 协议堆栈（Http.sys）驱动程序。Http.sys 驱动程序是在内核模式下处理 HTTP 请求，并进行 HTTP 的解析和缓存，从而大大提高了系统的伸缩性和性能表现。

3．搭建 Web 服务需求环境

（1）安装 IIS 6.0 网络组件

IIS 6.0 是内嵌在应用程序服务器里的一个组件。安装 IIS 6.0 既可以在"管理您的服务器"窗口中以添加"应用程序服务器"的方式来完成，也可以在"控制面板"中以"添加/删除 Windows 组件"的方式来实现。操作过程如下：

① 打开"管理您的服务器"窗口，单击其中的"添加或删除角色"超链接，弹出"预备步骤"对话框，在这里将提示安装各种硬件设备等准备工作。

② 单击"下一步"按钮，显示"检测网络设置"对话框，表明系统正在检测网络设置。

③ 检测网络设置完成后，显示"配置选项"对话框，选择"自定义配置"选项，以将该服务器配置为 Web 服务器。

④ 单击"下一步"按钮，显示图 4-2 所示的"服务器角色"对话框。在左边的"服务器角色"列表框中选择"应用程序服务器（IIS，ASP.NET）"选项。

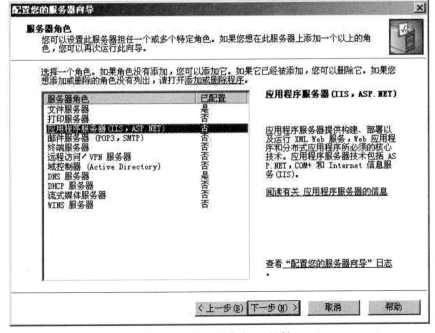

图 4-2 "服务器角色"对话框

⑤ 单击"下一步"按钮，显示图 4-3 所示的"应用程序服务器选项"对话框。这里有"FrontPage Server Extension"和"启用 ASP.NET"两个复选框，选中前者可为 Web 服务提供一些扩展功能，比如制作搜索引擎等；选中后者则表示 Web 服务应用程序将支持 ASP.NET。

⑥ 单击"下一步"按钮，显示"选择总结"对话框。这里列出 Web 服务的一些配置功能的选项，即用户自定义的选项内容，可检查是否有漏缺内容。

⑦ 单击"下一步"按钮，显示"正在应用选择"对话框，这表明系统正在处理，请耐心等待系统的处理过程。

⑧ 应用选择完成后，显示"插入磁盘"对话框，在这里要求插入系统安装光盘。

⑨ 单击"确定"按钮，并开始进行配置组件，显示"正在配置组件"对话框。

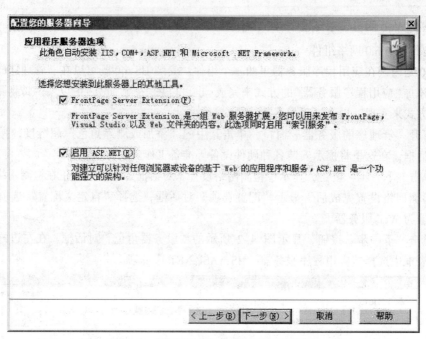

图 4-3 "应用程序服务器选项"对话框

⑩ 在组件配置完成后，将显示图 4-4 所示的服务器已经完成的窗口。单击"完成"按钮。至此，IIS 6.0 安装成功。

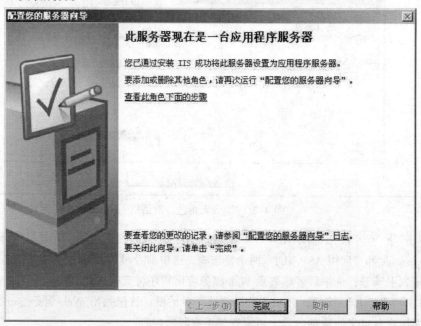

图 4-4 配置完成对话框

（2）验证配置环境

Web 服务安装完毕后，Windows Server 2003 系统中"管理工具"路径下会创建"Internet 信息服务（IIS）管理器"控制台。同时系统会生成相应的服务和文件，用户可以通过这些信息检查 Web 服务的配置环境是否搭建成功。

① 查看服务：在系统服务管理窗口中，检查是否包含图 4-5 所示的 "IIS Admin Service"（IIS 管理服务）选项和图 4-6 所示的 "World Wide Web Publishing Service"（万维网服务）选项，并确保服务均为"开启"状态。

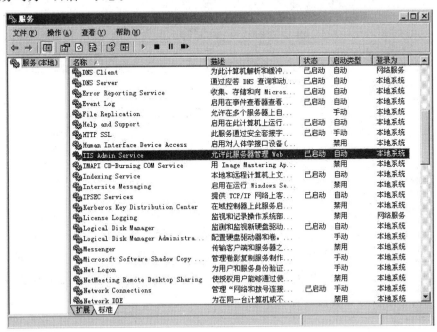

图 4-5　IIS 管理服务项

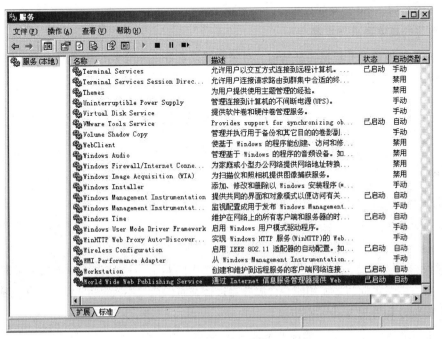

图 4-6　万维网服务

② 查看文件：如果万维网服务安装成功，在系统目录下会生成一个"%systemroot%/Inetpub"文件夹，该文件夹中包含了万维网服务和 IIS 组件的相关文件，如图 4-7 所示。用户可以通过查看文件夹是否存在，检查环境是否搭建成功。

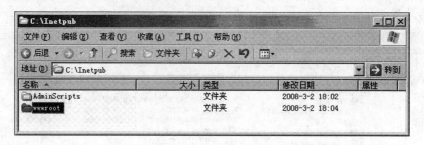

图 4-7 "%systemroot%/Inetpub"文件夹

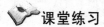 课堂练习

1. 练习场景

新飞职业技术学院是直属于省教育厅的全日制高职学校，随着数字化校园的建设，一方面为了将学院的各类信息发布到因特网上，扩大学校对社会的影响；另一方面为学校师生通过内网提供教务管理系统、数字图书管理系统信息服务。作为网络管理员小王需要补充哪些知识，如何搭建一个符合需求的 Web 服务需求环境？

2. 练习目标

* 理解 Web 服务的基本原理。
* 熟练掌握 IIS 6.0 的安装过程。

3. 练习的具体要求与步骤

① 申请 IP 地址，并根据拓扑结构，对服务器设置好内外网卡的 IP 地址。
② 在 Windows Server 2003 系统平台上安装 IIS 6.0 组件。

任务 2　创建 Web 网站

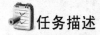 任务描述

根据网络规划，网坚公司的 Web 服务器主机名为 Webserver，内网 IP 地址为 172.16.28.2/255.255.255.0，端口号为 80，公司主站的网页文件存放在 C:\Website 文件夹中，首页为 Index.htm。基本拓扑结构如图 4-8 所示。

同时根据业务需要，公司需要发布一个面向员工的基于 Web 的办公自动化系统网站，由于没有多余服务器，因此需要使用同一台服务器进行发布。通过本次任务的学习主要掌握：

* 掌握创建和管理 Web 站点方法。
* 掌握配置多个 Web 站点的虚拟 Web 主机技能。
* 理解站点的三种标识属性。

• 掌握在 IIS 6.0 上支持发布动态网页点的技能。

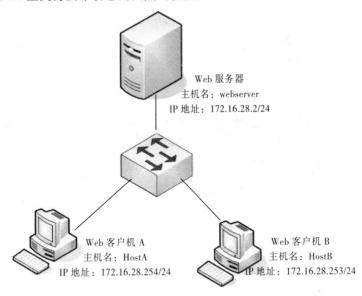

Web 服务器
主机名：webserver
IP 地址：172.16.28.2/24

Web 客户机 A
主机名：HostA
IP 地址：172.16.28.254/24

Web 客户机 B
主机名：HostB
IP 地址：172.16.28.253/24

图 4-8　部署 Web 服务网络拓扑图

任务分析

企业网站的网页素材已经设计完成后，需要将网页信息发布出去，Web 站点中服务器 IP
地址或主机名、网页保存的位置以及网站首页等属性是必须要设置的。当服务器需要发布多个
网站的时候，需要考虑一个网站需要设置哪些标识才能与其他站点不冲突。如果发布的办公自
动化系统网站是一个基于动态网站技术的网站系统，那么如何让 IIS 6.0 支持发布动态站点。

安装 Web 服务需要满足以下要求：

• Web 服务器需安装在能够提供 IIS 服务的 Windows 版本，如 Windows Server 2003 企业版
（Enterprise）、标准版（Standard）等。
• Web 服务器必须拥有一个合法的 IP 地址（IP 地址可以是动态获取的，但为访问规范，
应使用静态的 IP 地址），同时其他 TCP/IP 属性均应配置正确。
• 明确网页素材的路径，网站首页的名称，客户端访问方式是域名还是 IP 地址。如果是通
过域名访问，还需通过 DNS 服务器进行域名解析。
• 创建 Web 服务需要具有系统管理员的权限。

本次任务主要包括以下知识与技能点：

• 配置 Web 站点的基本属性。
• 配置多个 Web 站点的技能。
• 在 IIS 6.0 支持发布动态站点。

相关知识与技能

1. 配置一个 Web 站点

在 Windows Server 2003 安装好 IIS 6.0 组件后，系统默认将创建一个 Web 网站，Web 网站

的名称为"默认网站"。要建立一个 Web 网站，可以配置默认的网站，也可以新建一个网站来实现。

（1）利用"默认网站"模板配置 Web 站点

在图 4-9 所示的"Internet 信息服务（IIS）管理器"控制台窗口中，右击"默认网站"图标，在弹出的快捷菜单中选择"属性"命令，打开"默认网站属性"对话框，如图 4-10 所示。用户在对话框中修改网站属性配置出新的网站。

图 4-9 "Internet 信息服务（IIS）管理器"控制台窗口

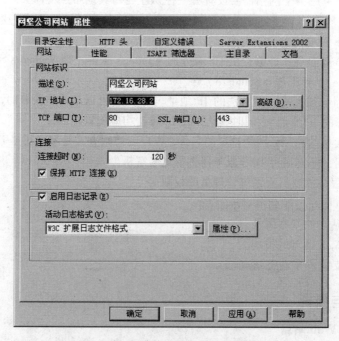

图 4-10 "默认网站"属性对话框

① 设置"网站"选项卡：为 Web 站点配置标识参数是为了使 Web 浏览器能够定位到 Web 服务器。在"网站"选项卡中可以设置下列标识。

- 描述：指定 Web 站点出现在"Internet 服务管理器"中的名称。此处输入公司名称："网坚公司网站"
- IP 地址：分配给该站点的 IP 地址。根据拓扑结构，IP 地址设置为"172.16.28.2"。

> 💡 小技巧
>
> IP 地址框中的"全部未分配"表示默认的 Web 站点使用尚未指派给其他站点的 IP 地址。如果使用单机进行 Web 服务的发布，在 IP 地址框中需要选择"全部未分配"。

- TCP 端口：默认值为 80，可以把它改成任何未分配的 TCP 端口号，但这需要在访问时指定该端口号，例如，将 TCP 端口号改为 8080，则访问时应在浏览器地址栏输入 http://ServerName:8080。
- SSL 端口：指定使用安全套接字层（SSL）的端口，默认值为 443。当使用 SSL 加密时，就需要使用 SSL 端口号。

② 设置"主目录"选项卡：每个 Web 站点都必须有一个主目录。"主目录"是站点访问者的起始点，也是 Web 发布树的顶端。其中包含主页或索引文件，用来欢迎访问者并包含指向 Web 站点中其他页的链接。主目录映射到站点的域名。例如，如果站点的 Internet 域名是 www.wangjian.com，主目录是 C:\Website\，则 Web 浏览器使用网址 http:// www.wangjian.com/来访问 C:\Website\目录中的文件。

在指定主目录时，可以使用本地目录或者共享文件夹。使用本地目录可以在本地计算机上存储要发布的页面。使用共享文件夹则可以在网络上的另一台计算机上存储要发布的页面，而在浏览器看来就像存储在 Web 服务器上一样。

可以在该站点"属性"对话框的"主目录"选项卡中为站点指定主目录，如图 4-11 所示。

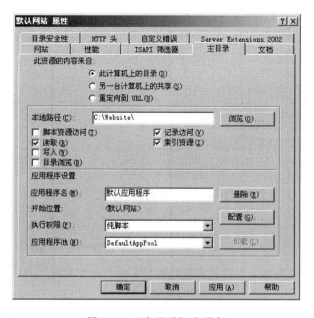

图 4-11 "主目录"选项卡

- "此计算机上的目录"：可以在"本地路径"文本框中输入主目录的路径，也可以单击"浏览"来指定主目录。

- "另一计算机上的共享位置"：在"网络目录"文本框中输入 UNC 路径名称（\\{服务器名}\{共享名}），再单击"连接为"来指定该站点用来连接共享文件夹的用户名和密码。

- "重定向到 URL"：表示将连接请求重新定向到别的网络资源，如某个文件、目录、虚拟目录或其他的站点等。选择此项后，在重定向到文本框中输入上述网络资源的 URL 地址。

③ 设置"文档"选项卡：在 IIS 6.0 中，"文档"可以是 Web 站点的主页或索引页面。默认文档既可以是 HTML 等静态网页文件也可以是 ASP、ASP.NET、JSP 等动态网页文件。当用户通过浏览器连接至 Web 站点时，若未指定要浏览哪一个文件，则 Web 服务器会自动传送该站点的默认文档供用户浏览，例如我们通常将 Web 站点主页 Default.htm、Default.asp 或 Index.htm 设为默认文档，当浏览 Web 站点时会自动连接到主页上。指定默认文档的操作方法如下：

在网站属性对话框中，单击"文档"选项卡，如图 4-12 所示，选中"启用默认内容文档"复选框，单击"添加"按钮添加网站指定的默认文档名称。

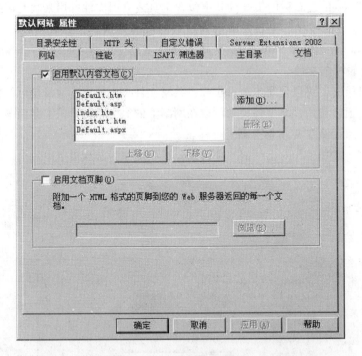

图 4-12 "文档"选项卡

💡 **小技巧**

当指派多个默认文档时，Web 服务器将按这些文件的排列顺序搜索默认文档列表。用户可以改变搜索顺序：选择默认文档列表中的一个文档，然后单击"上移"或"下移"按钮调整其顺序。

知识链接

默认情况下，站点将在计算机重新启动时自动启动。停止站点将停止 Internet 服务，并从计算机内存中卸载 Internet 服务。暂停站点将禁止 Internet 服务接受新的连接，但不影响正在进行处理的请求。启动站点将重新启动或恢复 Internet 服务。操作步骤如下：

① 在"Internet 信息服务"管理单元中，选择要启动、停止或暂停的站点。

② 单击工具栏中的"开始"、"停止"或"暂停"按钮。

注意

如果站点意外停止，"Internet 信息服务"管理单元将无法正确显示服务器的状态。重新启动之前，请先单击"停止"，而后单击"启动"重新启动站点。

（2）利用"网站创建向导"创建 Web 站点

在主信息站点不能调整的前提下，对于网坚公司的办公自动化系统网站，用户需要通过"网站创建向导"创建第二个 Web 网站。操作过程如下：

① 在控制台窗口中，展开"Internet 信息服务"结点和服务器结点。

② 右击"网站"结点，从弹出的快捷菜单中选择"新建"→"网站"命令，打开"网站创建向导"对话框。

③ 单击"下一步"按钮，打开"网站描述"对话框，如图 4-13 所示。在"描述"文本框中输入站点说明，此处输入"office system"。

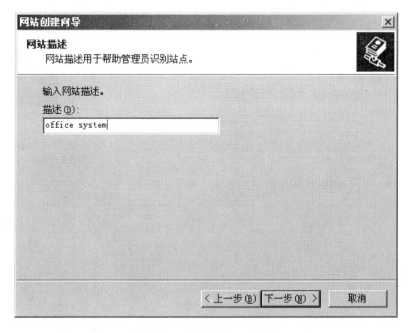

图 4-13 "网站描述"对话框

④ 单击"下一步"按钮，打开图 4-14 所示的"IP 地址和端口设置"对话框，在"网站 IP

地址"下拉列表框中选择或直接输入 IP 地址；在"网站 TCP 端口"文本框中输入 TCP 端口值，默认值为 80。如果有主机头，可在"此网站的主机头"文本框中输入主机头。

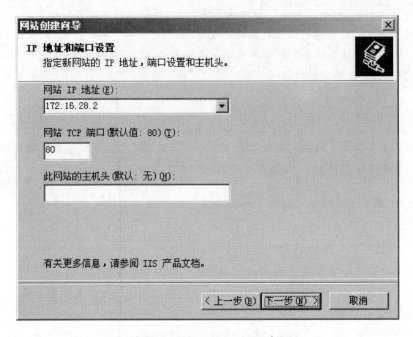

图 4-14　"IP 地址和端口设置"对话框

⑤ 单击"下一步"按钮，打开图 4-15 所示的"网站主目录"对话框，在"路径"文本框中输入主目录的路径或单击"浏览"按钮选择路径。

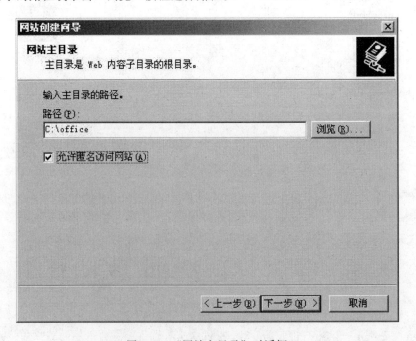

图 4-15　"网站主目录"对话框

⑥ 单击"下一步"按钮，打开"网站访问权限"对话框，在"允许下列权限"选项区域中设置主目录的访问权限。启用"读取"复选框，则只给访问者读取权限；启用"写入"复选框，则给访问者修改权限；一般情况下，禁用"写入"复选框。

⑦ 单击"下一步"按钮，打开"您已成功完成'网站创建向导'"对话框。单击"完成"按钮，完成站点创建。

2．创建多个 Web 站点

当创建好办公自动化 Web 系统站点后，会发现原先的主站被自动停止服务。单击启动服务，弹出"IIS 管理器"对话框，提示站点发生冲突信息，如图 4-16 所示。

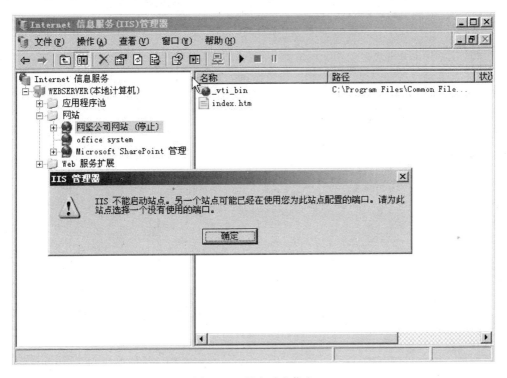

图 4-16　站点冲突信息

那么如何在一台服务器上创建多个 Web 站点呢？在解决这个问题之前，用户必须先了解一个概念——每个网站都必须具有唯一的 Web 站点标识。而在 IIS 6.0 中，用户可以用下面 3 种方法之一来标识站点：

① 使用不同端口号：通过使用非默认的端口号，可以把一个 IP 地址分配给很多站点，但这需要在访问时输入相应站点的 URL 或 IP 地址后面再加上冒号（：）和相应的端口号。例如，输入 http://www.wangjian.com:1048（最后使用大于 1024 的临时端口号）。

② 使用多个 IP 地址：通过为多个站点中的每个站点分配一个或多个唯一的 IP 地址。

③ 使用具有主机头名的单个静态 IP 地址：通过使用主机头，可以区分对同一 IP 地址进行响应的多个站点。设置主机头需要在 DNS 服务器中将一台计算机的 IP 地址映射到多

个域名。

通过标识不同的 Web 站点标识属性，可以在一台服务器上创建多个 Web 站点。具体操作过程如下：

（1）修改端口号配置多个站点

打开办公自动化站点的属性框，在"office system"网站属性选项卡的 TCP 端口文本框中将默认的"80"改成"8080"，如图 4-17 所示。

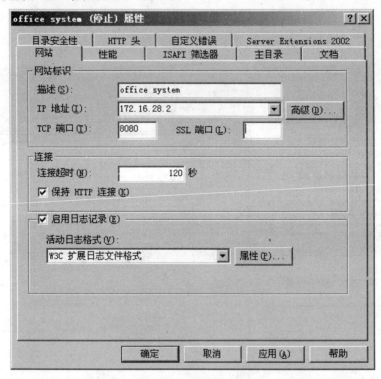

图 4-17　修改端口号

修改后，网坚公司的任一台客户端在 IE 浏览器的地址栏中分别输入"http://172.16.28.2"和"http://172.16.28.2:8080"时，服务器将响应不同的 Web 站点信息，如图 4-18 所示。

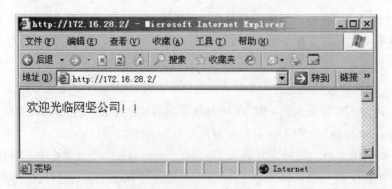

图 4-18　客户端访问结果

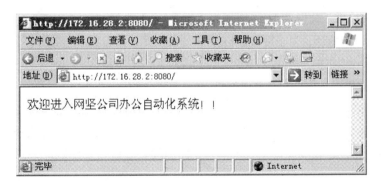

图 4-18 客户端访问结果（续）

（2）修改 IP 配置多个站点

在内网中，用户可以为服务器设置多个 IP 地址，每个站点设置不同的 IP 地址，各站点互不干扰。具体操作方法如下：

结合计算机网络技术知识，在服务器的"Internet 协议（TCP/IP）属性"对话框中，单击"高级"按钮，在"高级 TCP/IP 设置"对话框中，通过"添加"按钮，设置多个 IP 地址。如图 4-19所示，当服务器拥有多个 IP 地址后，可以为不同站点设置不同的 IP 地址。

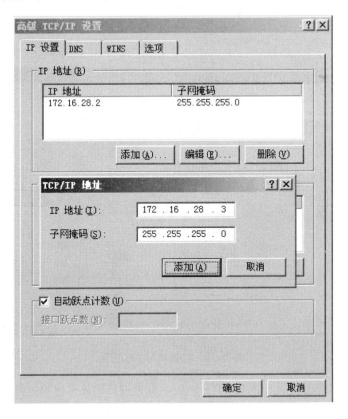

图 4-19 添加 IP 地址

在实际案例中，由于公网的 IPv4 地址非常匮乏，一般不使用每个站点一个 IP 地址的方法。即使服务器使用内网地址，为了便于统一管理，也尽量避免出现一个服务器绑定多个 IP 地址现象。

（3）修改站点主机头信息配置多个站点

使用主机头在同一台服务器上实现多个虚拟 Web 服务器，是目前最常见的 Web 发布技术。以网坚公司为例，主站的域名为 www.wangjian.com，办公自动化系统访问域名为 office.wangjian.com，对应服务器 IP 均为 172.16.28.2，端口号采用默认 80 端口。操作过程如下：

① 在公司 DNS 服务管理器中创建区域"wangjian.com"，并在"wangjian.com"域中分别添加主机记录分别为"www"和"office"，对应的 IP 地址均为 Web 服务器 IP 地址，即 172.16.28.2。

② 在 Web 服务器的"Internet 信息服务（IIS）管理器"控制台树中，右击"网坚公司网站"图标，并在弹出的快捷菜单中选择"属性"命令，在弹出的"网坚公司网站属性"对话框中选择"网站"选项卡，在"网站标识"中单击"高级"按钮，在"高级网站标识"对话框中编辑站点信息，添加主机头值"www.wangjian.com"，如图 4-20 所示。

图 4-20　编辑网站主机头值

③ 将客户端本地连接的 TCP/IP 属性中 DNS 服务器的地址指向公司内网 DNS 服务器的地址后，在 IE 浏览器中输入 http://www.wangjian.com，即可访问公司主站信息，如图 4-21 所示。用同样的方法可以设置办公自动化系统的主机名，通过主机名进行区分。

图 4-21　通过域名访问网站

 课堂练习

1．练习场景

小王是新飞职业技术学院网络中心的网络管理员，根据教学管理需要，教务处要求通过一台 Web 服务器将新开发的"学院教学管理系统"发布到学院内网上，供全院师生使用，拟使用域名为 jx.ahtu.ah.cn。

同时科研处要求此服务器上还要发布一个精品课程网站，网站数据存放在科研处的一台文件服务器上，拟使用域名为 jpkc.ahtu.ah.cn。

2．练习目标

● 利用 IIS 6.0 发布网站。

● 通过修改站点标识，为服务器配置多个网站。

3．练习的具体要求与步骤

① 首先创建一个 Web 站点将"学院教学管理系统"网站属性根据实际需要进行配置，同时修改主机头名称。

② 创建精品课程网站，通过主机头名称进行标识区别。

③ 结合 DNS 服务器，在区域中添加相应的主机名。

拓展与提高

由于办公自动化系统使用的是 ASP 技术动态网页，员工在访问时发现服务器无法进行交互，这是由于 IIS 6.0 比 IIS 5.0 多了一个 Web 服务扩展控制，系统默认只支持静态网页，如果没有设置正确，ASP 等其他脚本网页也是无法正常显示的。

具体操作方法为：在"Internet 信息服务（IIS）管理器"控制台窗口中，双击"Web 服务扩展"图标，然后右击"Active Server Pages"（即 ASP）列表项，在弹出的快捷菜单中选择"允许"命令，如图 4-22 所示。

> **注意**
>
> 默认状态下，部分服务是处于禁止状态的，为保障网站安全，不要开启过多的服务。

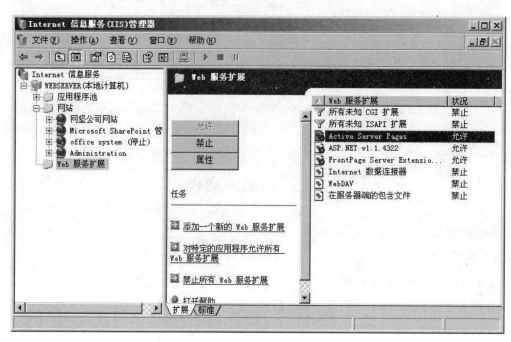

图 4-22　启动或停止动态属性

任务 3　创建网站的虚拟目录

任务描述

网坚公司生产部、财务部和销售部三个部门需要设置独立的子站点信息，为保证数据的安全及独立性，子部门的网页数据并没有放置在主站点的主目录下。但访问地址应与公司主页保持逻辑关系，即访问销售部网站，URL 应为 http:// 172.16.28.2/sales。通过本次任务的学习主要掌握：

- 理解虚拟目录的基本概念。
- 理解虚拟目录的应用场合。
- 掌握配置虚拟目录的操作方法。
- 掌握配置和管理虚拟目录方法。

任务分析

对于站点信息不在同一个物理位置的情况，我们应将子站点设置为虚拟目录。虚拟目录既是一种网站目录管理的方式，也是一种发布子网站的方法。子站点的路径名称将通过设置虚拟目录的别名进行区别。由于虚拟目录相互独立，子站点可以通过设置各自的虚拟目录属性，实现子网站属性的独立性。

本次任务主要包括以下知识与技能点：

- 虚拟目录基本概念。
- 创建虚拟目录的方法。

● 管理虚拟目录的方法。

相关知识与技能

1. 虚拟目录的基本概念

建立 Web 站点时，需指定包含要发布文档的目录。Web 服务器无法发布未包含在指定目录中的文档。要计划创建 Web 站点，必须首先确定如何组织发布目录中的文件。如果要从主目录以外的目录发布信息，可以通过创建虚拟目录来实现。

"虚拟目录"是在服务器上未包含在主目录中的物理目录。通过使用虚拟目录，能够以单个目录树的形式来显示分布在不同位置的内容，这样可以更有效地组织站点结构，并可以简化 URL。

对虚拟目录需要分配"别名"，客户端浏览器会用此别名来访问该目录。别名一般要比目录的路径名称短，以便于用户输入。使用别名也更加安全，用户不知道文件在服务器上的物理位置，也无法使用此信息更改您的文件。使用别名使得在站点上移动目录非常容易，可以更改网页别名和物理位置之间的映射，而并不更改网页的 URL。

2. 设置虚拟目录

在默认情况下，系统会设置一些虚拟目录，供存放要在 Web 站点上发布的文件。但是，如果站点变得太复杂，或决定在网页中使用脚本或应用程序，就需要为要发布的内容创建附加虚拟目录。创建虚拟目录的操作过程如下：

① 打开"应用程序服务器"控制台窗口，并展开左侧控制台树，右击"网坚公司网站"图标，在弹出的快捷菜单中选择"新建"→"虚拟目录"命令，打开"虚拟目录创建向导"对话框。

② 单击该向导中的"下一步"按钮，显示图 4-23 所示的"虚拟目录别名"对话框。在"别名"文本框中输入该虚拟目录的名称。

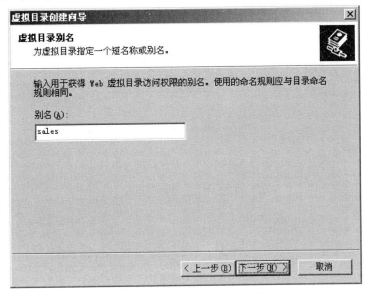

图 4-23　"虚拟目录别名"对话框

> **注意**
>
> 在客户浏览该虚拟录时需要使用该别名，而不是文件夹名称。一般将该别名设置成有一定意义并便于记忆的英文名称，以便客户以后访问。

③ 单击"下一步"按钮，显示图 4-24 所示的"网站内容目录"对话框。在其中的"路径"文本框输入该虚拟目录要引用的文件夹名称，或单击"浏览"按钮来进行查找。如果是本地资源，则输入相应路径。如果子部门网站信息不在服务器上，则需要输入网络路径"\\servername\共享文件夹名"。

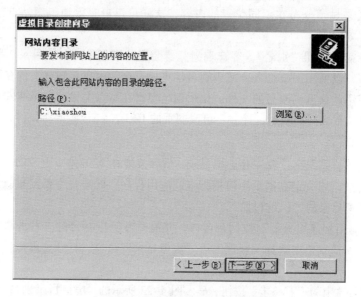

（a）输入虚拟目录要引用的文件夹

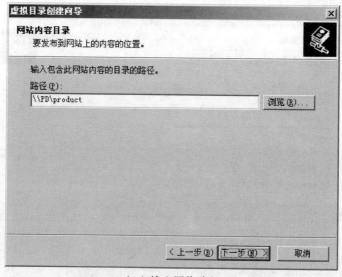

（b）输入网络路径

图 4-24 "网站内容目录"对话框

④ 单击"下一步"按钮，将弹出 "虚拟目录访问权限"对话框。在这里选择该虚拟目录要授予用户的权限，通常可选中默认的允许"读取"和"运行脚本"权限复选框。

⑤ 单击"下一步"按钮，显示"创建虚拟目录完成"对话框。单击"完成"按钮，将完成虚拟目录向导，并返回"应用程序服务器"控制台窗口，如图 4-25 所示。在默认网站树型目录下，可以看出已经成功添加了一个 sales 虚拟目录。

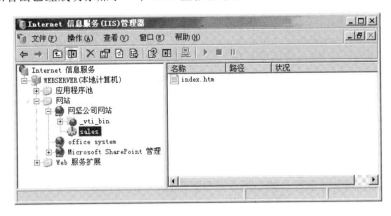

图 4-25　创建完成 SALES 虚拟目录

3. 管理虚拟目录

虚拟目录创建完成后，管理员可以对不同的虚拟目录设置属性，使用户对不同虚拟目录拥有不同的访问权限，从而提高网站的灵活性。具体操作方法为：

右击对应的虚拟目录，在快捷菜单中选择"属性"命令，打开"属性"对话框，如图 4-26 所示。

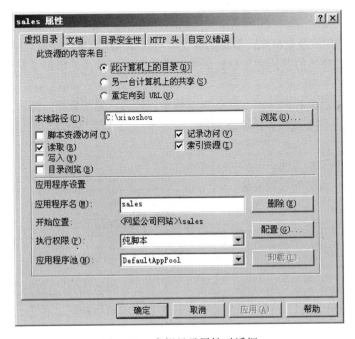

图 4-26　虚拟目录属性对话框

从该对话框中我们发现，虚拟目录的配置和管理与网站的配置管理对话框非常相似，默认情况下，虚拟目录将继承主网站的属性。如须设置虚拟站点的独立性，可以根据系统的实际情况进行相应的修改，如首页名称等。

课堂练习

1．练习场景

随着学院数字化校园建设的推进，小王需要为新飞职业技术学院各系部、处室发布独立的网站信息。各职能部门的网页数据没有存放在学院网站的主文件夹内，有的放在其他磁盘中，有的直接存储在部门的文件服务器上，现在需要通过虚拟目录发布子部门信息。

2．练习目标

● 利用 IIS 6.0 创建和管理虚拟目录。

3．练习的具体要求与步骤

① 规划所有子部门的站点别名。

② 创建虚拟目录，并根据具体要求设置目录属性。

任务 4　安全管理 Web 网站

任务描述

网坚公司网站发布一个月来，网站出现如下情况：

① 所有用户都能够访问财务部内部财务数据，造成了巨大的安全隐患。财务部要求只允许财务部网段及经理室网段可以访问财务部的站点信息，并且对访问用户进行身份验证和权限设置。

② 由于访问的用户数量激增，需要调整连接站点的用户数量，以控制网络流量。

③ 由于网络管理员的办公室与存放服务器的房间距离较远，增加了操作的复杂性，需要设置远程管理。

④ 由于 Web 站点无日志管理，出现 Web 服务问题后，无法查找问题的具体原因。

作为网络管理员需要解决以上网络问题，提高 Web 站点管理效率。通过本次任务的学习主要掌握：

● 掌握验证用户身份方法。

● 掌握授权客户端访问权限方法。

● 掌握远程管理 Web 站点的技能。

● 掌握查看和管理 Web 站点日志信息的技能。

任务分析

虽然我们已经具备了建立 Web 站点的能力，但如何管理好 Web 站点却是更加重要的技能。由于 Web 服务所使用的 HTTP 协议本身是一个较为安全的通信协议，协议本身遭受非法入侵的可能性不大，Web 安全问题往往是由于服务器配置不当、应用程序出现漏洞等原因造成的。作为网络管理员必须学会通过 IIS 6.0 提供的安全性的设置来降低网站被攻击、信息被截获或篡改的机率。同时要掌握对 Web 服务器日志文件的保存和分析能力。如果需要远程管理 Web 站点，除了使用终端服务的方式外，我们也可以通过 IIS 6.0 提供的功能通过 Web 方式控制 IIS 6.0。

本次任务主要包括以下知识与技能点：

- 设置 Web 安全访问的属性。
- 验证 Web 用户身份。
- 授权客户端访问权限。
- Web 站点日志。
- 远程管理 Web 站点。

相关知识与技能

1．验证用户身份

默认状态下，任何用户都可以访问一个 Web 服务器，也就是说，Web 服务器实际上允许用户以匿名方式来访问，允许用户不用用户名和密码就可以访问 Web 站点的公共区域。匿名身份验证默认是启用的。当用户尝试连接网站公共区域时，Web 服务器就为该用户分配一个名为"IUSR_computername"的用户账户，其中"computername"是 IIS 服务器的名称。然而，有些内部网站可能仅仅允许本机构的用户访问，因此对用户的身份进行验证就成为必要的手段。也就是说，当需要限制普通用户对 Web 网站的访问时，用户身份的验证无疑是最简单、也是最有效的方式之一。

若要取消对匿名访问的允许，可取消选中"验证方法"对话框中的"匿名访问"复选框，从而要求所有访问该站点的用户都必须通过身份验证。需要注意的是，必须首先创建一个有效的 Windows 用户账户，然后再授予这些账户以某些目录和文件（必须采用 NTFS 文件系统）的访问权限，这样服务器才能验证用户的身份。具体操作过程如下：

① 在"财务部网站属性"对话框中，选择"目录安全性"选项卡，如图 4-27 所示，在这里可以设置 Web 网站的访问安全。

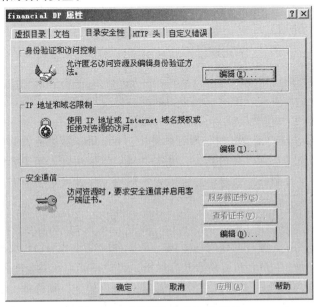

图 4-27 "目录安全性"选项卡

② 在"身份验证和访问控制"选项区域中单击"编辑"按钮，将显示图 4-28 所示的"身份验证方法"对话框。在这里取消选中"启用匿名访问"复选框，以后当用户访问该 Web 网站时，需要进行身份验证。

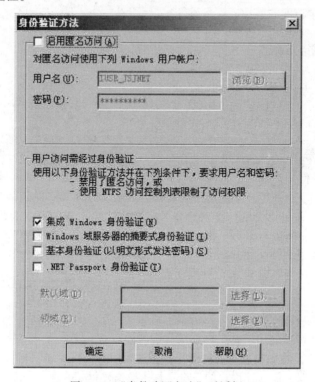

图 4-28 "身份验证方法"对话框

③ 在这里选中"集成 Windows 身份验证"复选框，并单击"确定"按钮。

身份验证有以下几种方式：

a．集成 Windows 身份验证。选中"集成 Windows 身份验证"复选框，当匿名访问被禁用时，IIS 将使用集成的 Windows 身份验证，并且由于设置了 Windows 文件系统权限而匿名访问将被拒绝。该权限要求用户在与受限的内容建立连接之前，提供 Windows 用户名和密码。选择这种方式，可以确保用户名和密码是以哈希值的形式通过网络来发送的，从而提供了一种身份验证的安全形式。

b．Windows 域服务器的摘要式身份验证。选中"Windows 域服务器的摘要式身份验证"复选框，将使用活动目录进行用户身份验证，并在"领域"框中输入用于验证用户或组的域或其他操作系统的身份验证控制器。该身份验证方式在网络上将发送哈希值而不是明文密码，并可以越过代理服务器和其他防火墙。

c．基本身份验证（以明文形式发送密码）。选中"基本身份验证（以明文形式发送密码）"复选框，系统将以明文方式通过网络发送密码。基本身份验证是 HTTP 规范的一部分并被大多数浏览器支持，但是由于用户名和密码并没有加密，因此可能存在安全性风险。

d．.NET Passport 身份验证。选中".NET Passport 身份验证"复选框，将启用网站上的.NET Passport 身份验证服务，并在"默认域"框中输入用于用户身份验证控制的 Windows 域。.NET

Passport 允许一个站点的用户创建单个易记的登录名和密码,以保证对所有启用.NET Passport 的网站和服务访问的安全。要注意的是,启用了.NET Passport 的站点将依赖于.NET Passport 中央服务器来对用户进行身份验证,而不是维护其自己的专用身份验证系统。但是,.NET Passport 中央服务器不对单个启用.NET Passport 的站点授权,或拒绝特定用户的访问权限,这是因为控制用户的访问权限是网站的职责。

2. 配置用户对 Web 页面的访问权限

权限不同于身份验证。身份验证用于确定用户的标识,权限用于确定合法用户在通过身份验证后能访问的内容。权限指定了特定用户或组对服务器上的数据进行访问和操作的类型。通过对权限的有效管理,可以控制用户对服务器内容的操作。

配置用户对 Web 页面访问权限的操作方法为:打开"Internet 信息服务"管理单元,右击要配置权限的网站,在弹出的快捷菜单中选择"权限"命令,显示图 4-29 所示权限设置对话框。在对话框中,根据不同的用户设置对应的访问权限。

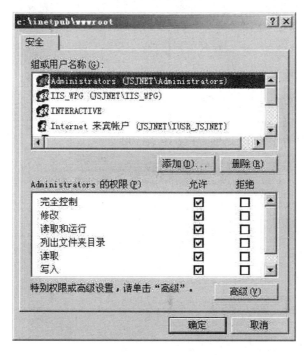

图 4-29 权限设置对话框

3. 设置授权访问的 IP 地址范围

虽然可以通过用户验证的方式来解决敏感信息的访问问题,但对于那些授权用户而言,操作过于麻烦。而"IP 地址及域名限制"是一种更为简捷的方式以控制对 Web 网站(网站、目录或文件)的访问方法。系统通过适当的配置,即可以实现允许或拒绝特定计算机、计算机组或域来访问 Web 站点、目录或文件。具体操作过程如下:

① 在图 4-27 中"目录安全性"选项卡的"IP 地址及域名限制"选项区域中单击"编辑"按钮,系统显示图 4-30 所示的"IP 地址及域名限制"对话框。选择其中的"拒绝访问"单选按钮时,系统将拒绝所有计算机和域对该 Web 服务器的访问,但特别授予访问权限的计算机除

外。选择其中的"授权访问"选项时，将允许所有计算机和域对该 Web 服务器的访问，但特别拒绝访问权限的计算机除外。因此当仅授予少量用户以访问权限时，应当选择"拒绝访问"选项；当仅拒绝少量用户访问时，应当选择"授权访问"单选按钮。

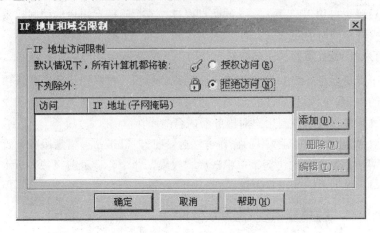

图 4-30 "IP 地址及域名限制"对话框

根据需求，以下的操作将以"拒绝访问"进行操作。

② 单击"添加"按钮，将显示图 4-31 所示"授权访问"对话框。根据要授权访问该计算机网络类型来选择"一台计算机"、"一组计算机"或"域名"选项。

在此处输入总经理办公室 IP 地址"172.16.28.100"。

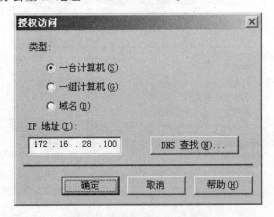

图 4-31 "授权访问"对话框

4. 设置站点其他应用属性

（1）站点连接限制

在"网坚公司网站属性"对话框中选择"性能"选项卡，如图 4-32 所示。

① 带宽限制：启用带宽限制可以限制 Web 站点所能使用的带宽，当一个服务器包含多个站点时，可以通过带宽限制，调配网络性能。

② 网站连接：通过连接限制，可以限定同一时刻连接站点的用户数量。

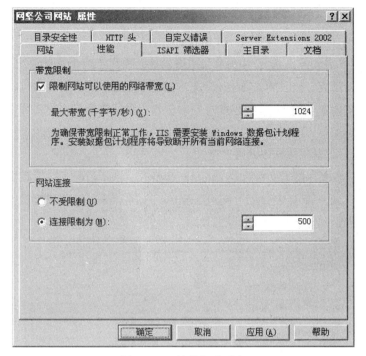

图 4-32 "性能"选项卡

（2）设置网站日志

该功能可记录用户活动的细节并以选择的格式创建日志文件。启用日志记录后，需在"活动日志格式"下拉列表中选择格式，如图 4-33 所示。

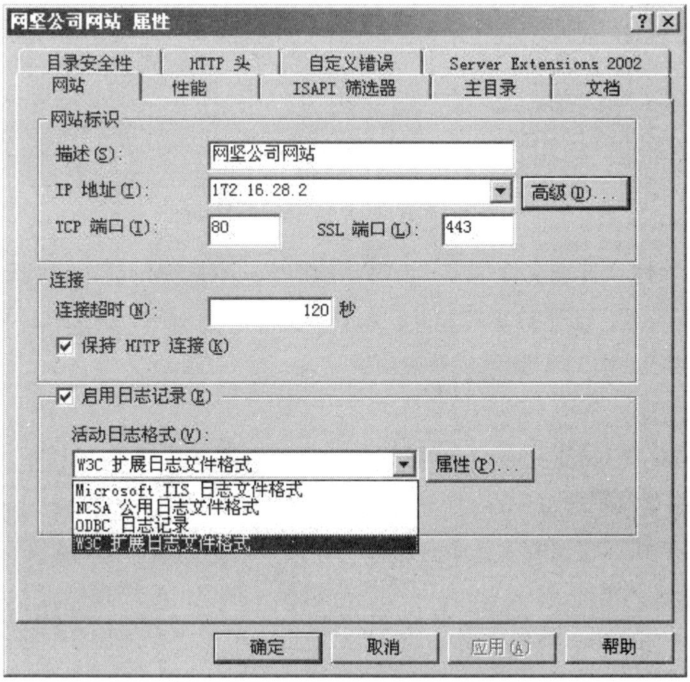

图 4-33 设置活动日志格式

① 活动日志格式：

- Microsoft IIS 日志格式：固定 ASCII 格式。
- NCSA 公用日志文件格式： NCSA 公用格式是一种固定的（非自定义的）ASCII 格式，可用于 Web 站点。它记录了关于用户请求的基本信息，例如远程主机名、用户名、日期、时间、请求类型、HTTP 状态码和服务器接收的字节数等。项目之间用空格分开，时间记录为本地时间。
- ODBC 日志：记录到数据库的固定格式。
- W3C 扩充日志文件格式：可自定义的 ASCII 格式，默认情况下选择该格式。

② 日志属性：在"新日志计划"选项区域中，选择"每天"单选按钮，即每天从午夜后第一个输入开始创建日志文件，如图 4-34 所示。

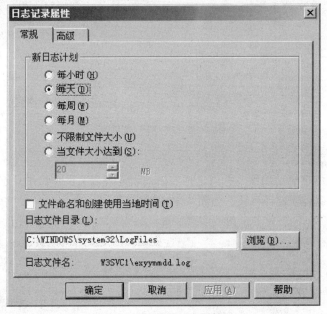

图 4-34　设置日志属性

③ 查看日志属性：日志文件位于"C:\WINDOWS\system32\LogFiles\W3SVC1"路径下，并命名为"exyymmdd.log"。打开 ex101223.log 文件，如图 4-35 所示，该文件详细记录了网坚公司 Web 网站在 2010 年 12 月 23 日这天的日志信息。

5. 站点远程管理

为方便管理 IIS，Windows Server 2003 允许管理员利用远程管理（HTML）工具，从企业内网上的任何 Web 浏览器管理 IIS Web 服务器。

远程管理（HTML）的安装方法是：选择"开始"→"控制面板"命令，双击"添加或删除程序"图标，单击"添加/删除 Windows 组件"按钮，选中"应用程序服务器"复选框，单击"详细信息"按钮，"Internet 信息服务（IIS）"对话框中单击"详细信息"按钮，在"万维网服务"对话框中选中"远程管理（HTML）"复选框，单击"确定"按钮，进行远程管理（HTML）

安装，如图 4-36 所示。

```
#Software: Microsoft Internet Information Services 6.0
#Version: 1.0
#Date: 2010-12-23 12:24:30
#Fields: date time s-sitename s-ip cs-method cs-uri-stem cs-uri-query s-
port cs-username c-ip cs(User-Agent) sc-status sc-substatus sc-win32-status
2010-12-23 12:24:30 W3SVC1 172.16.28.2 GET /index.htm - 80 - 172.16.28.2
Mozilla/4.0+(compatible;+MSIE+6.0;+Windows+NT+5.2;+SV1;+.NET+CLR+1.1.4322)
200 0 0
#Software: Microsoft Internet Information Services 6.0
#Version: 1.0
#Date: 2010-12-23 12:49:55
#Fields: date time s-sitename s-ip cs-method cs-uri-stem cs-uri-query s-
port cs-username c-ip cs(User-Agent) sc-status sc-substatus sc-win32-status
2010-12-23 12:49:55 W3SVC1 172.16.28.2 GET /index.htm - 80 - 172.16.28.2
Mozilla/4.0+(compatible;+MSIE+6.0;+Windows+NT+5.2;+SV1;+.NET+CLR+1.1.4322)
200 0 0
```

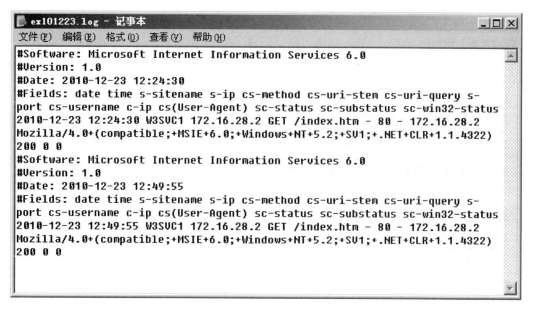

图 4-35　查看日志信息

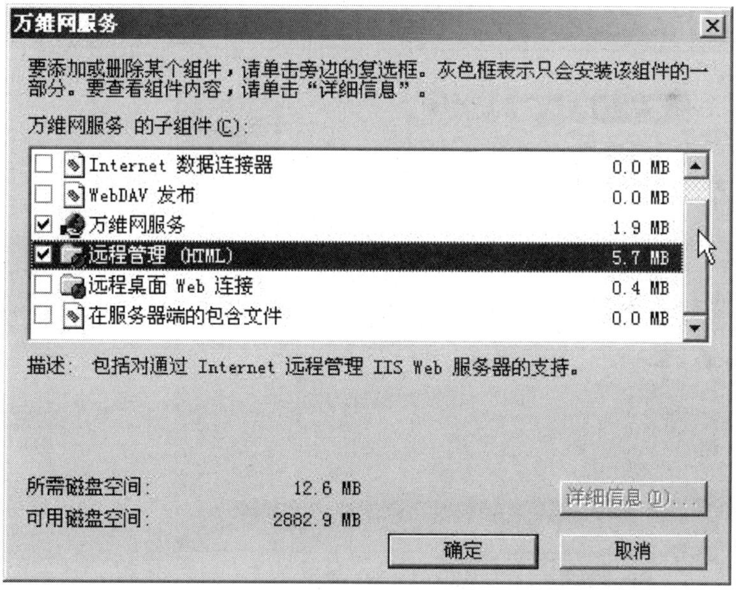

图 4-36　选中“远程管理（HTML）”复选框

安装完成后，在“Internet 信息服务（IIS）管理器”控制台窗口中将多出一个名称为 Administration 的网站，如图 4-37 所示。Administration 网站默认的端口是 8099，SSL 端口为 8098。为消除远程控制的安全隐患，管理员一般需将端口号进行修改。

在网坚公司网络内的任何一台计算机的浏览器地址栏上输入“http://172.16.28.2:8098”，会弹出建立安全通道的警告信息，单击“确认”按钮，在远程服务器用户验证对话框中输入具备系统管理员权限的用户名和密码，如图 4-38 所示。

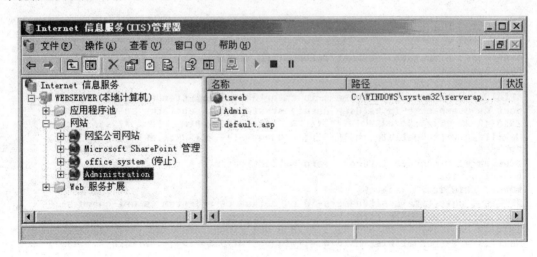

图 4-37　新增 ADMINISTRATION 的网站

图 4-38　远程访问 IIS

验证通过后，会显示图 4-39 所示的远程管理窗口。管理员可以通过 Web 界面进行 IIS 远程管理操作。

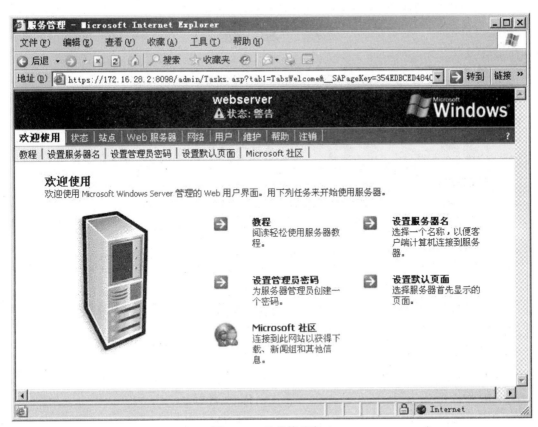

图 4-39　远程管理窗口

课堂练习

1. 练习场景

互联网上的网站经常会受到一些黑客攻击，为了保障校园网的服务正常，小王需要在访问列表中将这些黑客网站屏蔽掉。

同时根据工作安排，小王需要下周出差，为确保本院的网站工作正常，小王需要配置一个远程管理站点，通过远程管理可以方便的控制和管理 IIS，另外，还需要把网站交互的信息每天以日志的形式保存下来。

2. 练习目标

● 掌握如何优化管理 IIS 6.0 的技能。

● 了解网站属性对话框其他选项卡的功能和作用。

3. 练习的具体要求与步骤

① 打开网站属性对话框，逐一熟悉各选项卡的功能。

② 设置日志属性，并查看日志内容。

③ 创建远程管理站点。

练 习 题

一、填空题

1．Web 站点默认的 TCP 端口号是_____，进行远程管理的 Administration 网站默认的端口号是_____，SSL 端口号是_____。

2．IIS 6.0 控制台中默认网站的主目录路径为_____。

3．在 IIS 6.0 控制台中，可以通过_____、_____和_____方法来识别多个不同的 Web 站点。

4．一个 Web 服务的 IP 地址为 192.168.1.2，主目录位置为 C:\myweb，客户端访问服务器的 URL 为_____，如果 URL 为 http://192.168.1.2/news1208.html，那么该网页文件的物理路径是_____。

5．一个 Web 服务使用主机头做网络标识，主机头为 www.abc.com，端口号为 8081，那么主目录下的\swf\flash1.swf 网络访问路径为_____。

6．系统管理员通过安装_____组件，并进行配置可以通过 Web 浏览器管理 IIS Web 服务器。

二、选择题

1．IIS 6.0 包含的网络服务有（   ）。

　　A．Web 服务　　　　　　　　　　B．邮件服务

　　C．FTP 服务　　　　　　　　　　D．NNTP 服务

2．当 IIS 6.0 安装成功后，在 Windows Server 2003 的系统服务管理窗口中，开启的服务选项有（   ）。

　　A．IIS Admin Service

　　B．IIS Service

　　C．World Wide Web Service

　　D．World Wide Web Publishing Service

3．如果在 IIS 网站的"文档"属性中未配置相应主页文件，那么为保证其他网站内容可以发布，应在访问权限性中添加（   ）。

　　A．索引资源　　　　　　　　　　B．记录访问

　　C．目录浏览　　　　　　　　　　D．脚本资源访问

4．某 Web 站点的站点目录为 C:\myweb，IP 地址为 192.168.1.3，主机名为 webserver，内网域名为 www.myweb.com，虚拟目录的站点路径为 C:\myweb\bumen，虚拟目录别名为 department，下面可以访问虚拟目录下 index.htm 的 URL 是（   ）。

　　A．http://192.168.1.3/department/index.htm

　　B．http://www.myweb.com/bumen/index.htm

　　C．http://webserver/department/index.htm

　　D．http://www.myweb.com/bumen/index.htm

5. 在 IIS 6.0 中，2010 年 12 月 23 日这天的 Web 日志文件保存的正确路径应为（　　　）。

    A．C:\WINDOWS\system32 \W3SVC1\ex101223.log

    B．C:\WINDOWS\system32\LogFiles \ex101223.log

    C．C:\WINDOWS\system32\LogFiles\W3SVC1\ex101223.log

    D．C:\WINDOWS\system32\LogFiles\W3SVC1\101223.log

6. IIS 6.0 安装好远程管理组件后，控制台会添加一个 Administration 的网站，供用户远程控制 IIS 6.0，网站的主目录为（　　　）。

    A．C:\WINDOWS\system32\serverappliance\web

    B．C:\WINDOWS\system32\web

    C．C:\Inetpub\wwwroot\web

    D．C:\Inetpub\wwwroot_private\web

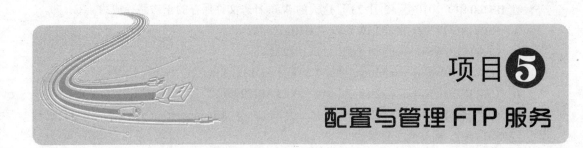

项目**❺**

配置与管理 FTP 服务

学习情境

网坚公司内部网络建好以后，公司为了便于文件传输，在网络中部署了一台 FTP 服务器。

企业联网的首要目的就是要实现资源共享，文件传输是实现资源共享的重要方法。我们知道连接在网络上的计算机成千上百，而这些计算机上又各自运行着不同的操作系统，要实现文件在网络上传输，并不是一件容易的事。为了让各种操作系统之间的文件可以交流，就需要建立一个统一的文件传输协议，于是就有了 FTP。

本案例将基于 Windows Server 2003 在网坚公司的企业网络中部署 FTP 服务器，供公司内部用户上传和下载资料。本项目主要包括以下任务：

- 了解 FTP 服务。
- 架设 FTP 站点。
- 配置和管理 FTP 站点。

任务 1　了解 FTP 服务

任务描述

Windows Server 2003 通过 IIS 内置的 FTP 服务模块来提供 FTP 站点功能。在部署 FTP 服务器之前，理解 FTP 的概念，了解 FTP 的工作原理是必要的。通过本次的任务的学习主要掌握：

- 理解 FTP 的概念。
- 掌握 FTP 的工作原理。
- 掌握 FTP 客户端软件的使用。

任务分析

大文件在网络上的传输，通常采用 FTP 方式来完成，FTP 消除了操作系统之间的差异，在不同操作系统的计算机之间传输文件的作用就显得尤为突出。掌握 FTP 的工作原理和工作特点是理解采用 FTP 方式实现文件传输的理论基础。

本次任务主要包括以下知识与技能点：

- FTP 的概念。
- FTP 的工作原理。
- FTP 客户端软件。

相关知识与技能

1．FTP 的概念

FTP（File Transfer Protocol，文件传输协议）是 TCP/IP 协议组的应用协议之一，主要用于在 Internet 上控制文件的双向传输。用户可以通过它把自己的 PC 与世界各地所有运行 FTP 服务的服务器相连，访问服务器上的资料和信息。

2．FTP 的工作原理

FTP 采用客户端/服务器模式工作，一个 FTP 服务器可同时为多个用户提供服务。它要求用户使用 FTP 客户端软件与 FTP 服务器连接，然后才能从 FTP 服务器上下载（Download）或上传（Upload）文件。

FTP 会话时包含了两个通道，一个叫控制通道，一个叫数据通道，如图 5-1 所示。

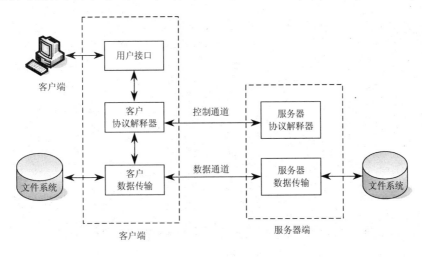

图 5-1　FTP 工作原理示意图

（1）控制通道

控制通道是 FTP 客户端和 FTP 服务器进行沟通的通道，连接 FTP 服务器、发送 FTP 指令，都是通过控制通道来完成的。

（2）数据通道

数据通道是 FTP 客户端与 FTP 服务器进行文件传输的通道。

在 FTP 中，控制连接均由客户端发起。数据连接有两种工作方式：PORT 模式和 PASV 模式。

① PORT 模式（主动方式）：FTP 客户端首先和 FTP 服务器的 TCP 21 端口建立连接，通过

这个通道发送命令，FTP 客户端需要接收数据的时候在这个通道上发送 PORT 命令。PORT 命令包含了客户端用什么端口（一个大于 1024 的端口）接收数据。在传送数据的时候，服务器端通过自己的 TCP 20 端口发送数据，FTP 服务器必须和客户端建立一个新的连接用来传送数据。

② PASV 模式（被动方式）：在建立控制通道的时候与 PORT 模式类似，当客户端通过这个通道发送 PASV 命令的时候，FTP 服务器打开一个位于 1024 和 5000 之间的随机端口并且通知 FTP 客户端在这个端口上进行数据传送，然后，FTP 服务器将通过这个端口进行数据的传送，这个时候 FTP 服务器不再需要建立一个新的与 FTP 客户端之间的连接传送数据。

3. FTP 的客户端软件

FTP 的客户端软件应具备远程登录、对本地计算机和远程服务器的文件和目录进行管理以及相互传送文件的功能，并能够根据文件类型自动选择正确的传送方式。目前常用的 FTP 客户端软件有两种，即 ftp.exe 命令行和浏览器。

（1）FTP 命令行

Windows 操作系统可在命令提示符下运行 ftp.exe 命令，图 5-2 为 Windows XP 系统下 FTP 命令的使用界面。

图 5-2　在命令提示符下使用 FTP 命令界面

在不同操作系统中，FTP 命令行软件的使用方法大致相同，表 5-1 所示为 Windows 操作系统下常用的 ftp.exe 命令的子命令。

表 5-1　FTP 的常用子命令

类　别	命　令	功　能
连接	open	连接 FTP 服务器
	close	结束会话并返回命令解释程序
	bye	结束并退出 FTP
	quit	结束会话并退出 FTP

类 别	命 令	功 能
目录操作	pwd	显示 FTP 服务器的当前目录
	cd	更改 FTP 服务器上的工作目录
	dir	显示 FTP 服务器上的目录文件和子目录列表
	mkdir	在 FTP 服务器上创建目录
	delete	删除 FTP 服务器上的文件
传输文件	get	将 FTP 服务器的一个文件下载到本地计算机
	mget	将 FTP 服务器的多个文件下载到本地计算机
	.put	将本地计算机上的一个文件上传到 FTP 服务器
	mput	将本地计算机上的多个文件上传到 FTP 服务器
帮助	help	显示 ftp.exe 所有子命令

（2）浏览器

大多数浏览器软件都支持 FTP 文件传输协议，用户只需在浏览器中输入 URL 就可以下载文件或上传文件。

 课堂练习

1．练习场景

网坚公司架设了一台 FTP 服务器,该服务器的计算机名为 WSGSFTP,IP 地址为 172.17.28.3,现有公司员工欲从 FTP 服务器中下载公司文件。

2．练习目标

利用 FTP 客户端软件完成登录 FTP 服务器、下载文件和断开连接等操作。

3．练习的具体要求与步骤

（1）使用 IE 及 ftp.exe 命令登录到网坚公司的 FTP 服务器。

（2）从 FTP 服务器上下载并上传文件。

（3）断开 FTP 连接。

任务 2　架设 FTP 站点

任务描述

网坚公司北京总部为了方便公司员工访问公司资源，决定在企业网络中部署 FTP 服务器，为公司员工提供文件的上传和下载服务。公司部署 FTP 服务网络环境拓扑图如图 5-3 所示。

通过本次任务的学习主要掌握：

● 掌握安装 FTP 服务的方法。

● 掌握创建 FTP 站点的方法。

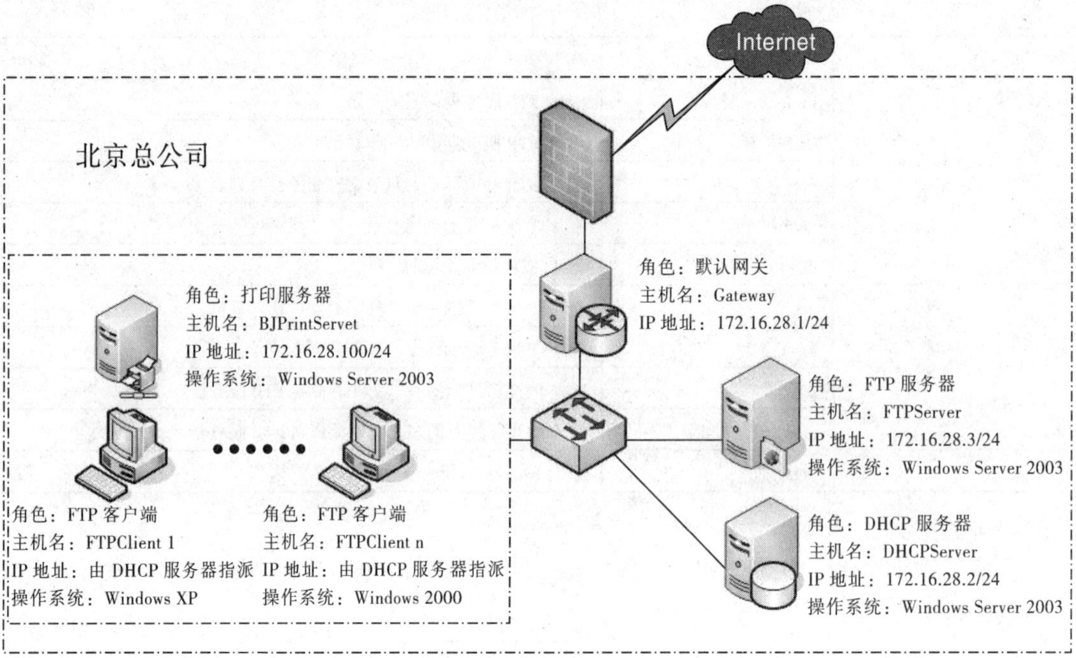

图 5-3   部署 FTP 网络拓扑图

任务分析

在网络中采用 FTP 方式实现文件的双向传输,则该网络中至少有一台计算机安装了 FTP 服务,在网络中充当 FTP 服务器角色。安装 FTP 服务需要满足以下要求:

- FTP 服务器必须安装使用能够提供 FTP 服务的 Windows 版本,如 Windows Server 2003 企业版(Enterprise)、标准版(Standard)等。
- FTP 服务器的 IP 地址应是静态的,即 IP 地址、子网掩码、默认网关等 TCP/IP 属性均需手工设置。
- 安装 FTP 服务器服务需要具有系统管理员的权力。

本次任务主要包括以下知识与技能点:

- 安装 FTP 服务。
- 创建 FTP 站点。
- 测试新建的 FTP 站点。

相关知识与技能

1. 安装 FTP 服务

Windows Server 2003 通过 IIS 内置的 FTP 服务模块来提供 FTP 站点功能,但是由于 FTP 不是默认的安装组件,系统不会自动安装,需要我们自己去安装,操作过程如下:

① 打开"添加或删除程序"对话框,在"添加或删除程序"对话框左侧列表框中单击"添加/删除 Windows 组件"按钮,单击打开"Windows 组件向导"对话框,如图 5-4 所示。

图 5-4 "Windows 组件向导"对话框

② 在 "Windows 组件向导"对话框中的"组件"选项区域中，选择"应用程序服务器"复选框，然后单击对话框中的"详细信息"按钮，打开"应用程序服务器"对话框，如图 5-5 所示。

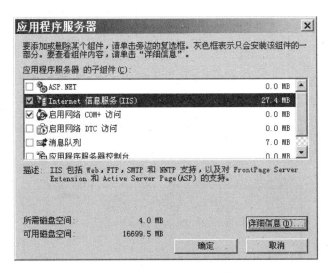

图 5-5 "应用程序服务器"对话框

③ 在"应用程序服务器"对话框的"应用程序服务器的子组件"选项区域中，选取"Internet 信息服务（IIS）"选项，然后单击 "详细信息"按钮，打开"Internet 信息服务（IIS）"对话框，如图 5-6 所示。

④ 在"Internet 信息服务（IIS）"对话框的"Internet 信息服务（IIS）的子组件"选项区域中，选择"文件传输协议（FTP）服务"选项，单击"确定"按钮返回"应用程序服务器"对话框，然后依次单击"确定"按钮、单击"下一步"按钮、单击"完成"按钮完成 FTP 服务的安装。

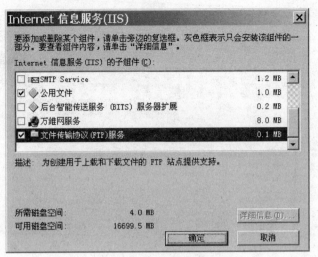

图 5-6 "Internet 信息服务（IIS）"对话框

2. 创建 FTP 站点

在安装 FTP 服务过程中，安装程序会自动创建一个"默认 FTP 站点"，用户可以直接修改该站点的属性来满足应用需求，但为了让大家清楚 FTP 站点创建过程，我们将"默认 FTP 站点"停止或删除，新建一个 FTP 站点。创建过程如下：

 注意

在创建新的 FTP 站点前一定要删除或停止"默认 FTP 站点"，否则新建的 FTP 站点将无法正常启动。

① 在 FTP 服务器中，新建一个文件夹作为 FTP 站点的根目录，例如"E:\ftproot"。为了便于理解，我们向该文件夹内存放一些文件，如图 5-7 所示。

图 5-7 新建 FTP 站点的根目录

② 选择"开始"→"管理工具"→"Internet 信息服务（IIS）管理器"命令，打开"Internet 信息服务（IIS）管理器"管理控制台，展开控制台目录树中的"ftp 站点"，右击"默认 FTP 站点"图标，在弹出的快捷菜单中选择"停止"或"删除"命令，将"默认 FTP 站点"停止或删除。

③ 右击"Internet 信息服务（IIS）管理器"管理控制台中的"FTP 站点"图标，在弹出的

快捷菜单中选择"新建"→"FTP 站点"命令，打开"FTP 站点创建向导"对话框，单击对话框中的"下一步"按钮，打开"FTP 站点描述"对话框，如图 5-8 所示。

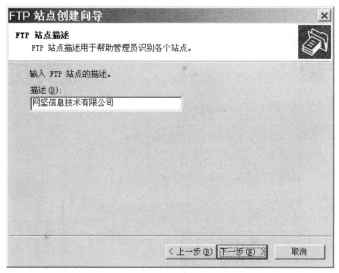

图 5-8 "FTP 站点描述"对话框

④ 在"FTP 站点描述"对话框的"描述"文本框内输入新建 FTP 站点的描述信息，然后单击"下一步"按钮，打开"IP 地址和端口设置"对话框，如图 5-9 所示。

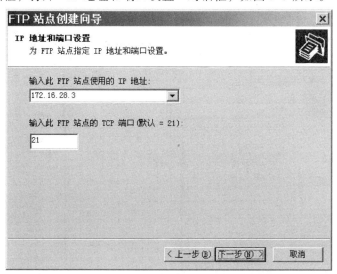

图 5-9 "IP 地址和端口设置"对话框

⑤ 在"IP 地址和端口设置"对话框中，为 FTP 站点指定 IP 地址和端口号。这里将 IP 地址设置为"172.16.28.3"，端口号使用默认设置的"21"，单击"下一步"单选按钮，打开"FTP 用户隔离"对话框，如图 5-10 所示。

⑥ 在"FTP 用户隔离"对话框中，选择"不隔离用户"单选按钮，单击"下一步"按钮，打开"FTP 站点主目录"对话框，如图 5-11 所示。

注意

FTP 站点一旦创建完成后，就不可以再改变隔离用户的模式。

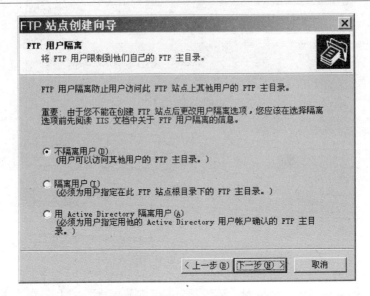

图 5-10 "FTP 隔离用户"对话框

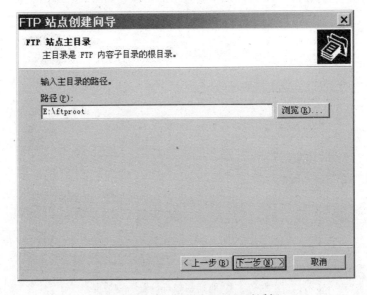

图 5-11 "FTP 站点主目录"对话框

⑦ 在"FTP 站点主目录"对话框中，指定 FTP 站点主目录的路径。这里将站点主目录路径设置为"E:\ftproot"，单击"下一步"按钮，打开"FTP 站点访问权限"对话框，如图 5-12 所示。

⑧ 在"FTP 站点访问权限"对话框中，根据需求选择用户访问 FTP 站点的权限。

● "读取"权限表示用户可以读取、下载该 FTP 站点内的资料。

● "写入"权限表示用户可以拷贝、修改该 FTP 站点内资料。

⑨ 单击"FTP 站点访问权限"对话框中的"下一步"按钮，打开"已成功完成 FTP 站点创建向导"对话框，单击"完成"按钮，完成 FTP 站点的创建。

FTP 站点创建完成后，可以通过"Internet 信息服务（IIS）管理器"管理控制台来查看新建的 FTP 站点，如图 5-13 所示。

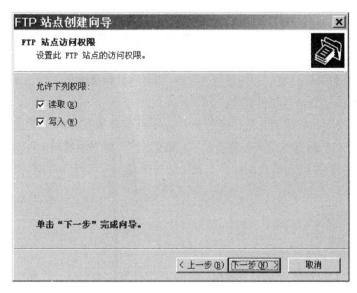

图 5-12 "FTP 站点访问权限"对话框

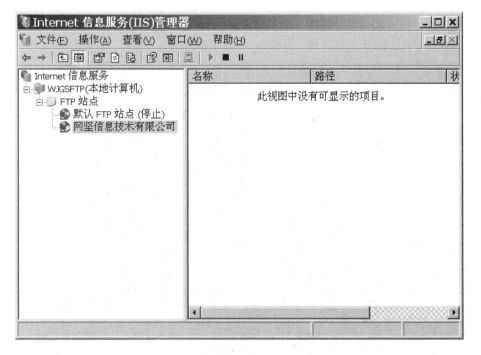

图 5-13 查看新建的 FTP 站点

3. 测试 FTP 服务是否安装成功

为了检测上面的 FTP 站点是否架设成功,用户可以通过网络与 FTP 服务器连接的客户端来测试。测试方法有两种:

(1)使用 IE 浏览器

具体操作过程为:

① 打开 IE 浏览器。

② 在浏览器地址栏中输入"ftp://FTP 站点地址"或"ftp://站点计算机名"来连接 FTP 站点。这里输入 ftp://172.16.28.3 来测试。

- 若在 IE 浏览器中看到我们预先放置在 FTP 站点的根目录内的文件,则证明 FTP 站点连接成功,亦即 FTP 站点架设成功。
- 若出现连接错误的报错消息框,可打开"Internet 信息服务(IIS)管理器"管理控制台,查看新建的 FTP 站点的状态是否显示"正在运行",如果新建的 FTP 站点的状态为"已停止",则右击该 FTP 站点图标,在弹出的快捷菜单中选择"启动"命令来启动该 FTP 站点。

(2)使用 ftp.exe 命令

具体操作过程为:

① 打开"命令提示符"窗口。

② 输入"ftp FTP 站点地址"或"ftp FTP 站点计算机名"命令,如图 5-14 所示。在这里,我们输入"ftp 172.16.28.3",并使用匿名用户"anonymous"登录 FTP 站点,若提示"Anonymous user logged in",则表示 FTP 站点连接成功。

③ 连接 FTP 站点成功后,可使用"dir"命令显示 FTP 站点上的目录文件和子目录列表。

④ 若要断开与 FTP 站点的连接,只需在 ftp 提示符后输入"bye"命令即可。

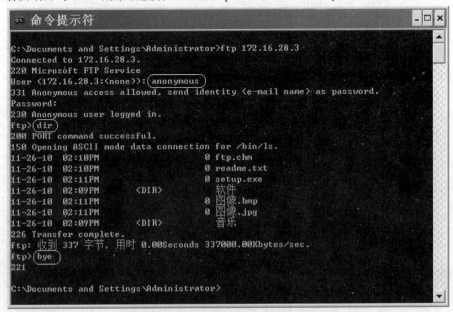

图 5-14　利用 ftp.exe 命令连接 FTP 站点

📖 **课堂练习**

1. 练习场景

网坚公司合肥分公司见与总公司文件通过 FTP 传输极为方便快捷，为了更加方便快捷地实现分公司内的文件供员工共享，决定也架设一台 FTP 服务器。正好你到该单位实习，公司领导决定安排你来完成这个任务。

2. 练习目标

- 掌握 FTP 服务的安装方法。
- 掌握测试 FTP 站点的方法。

3. 练习的具体要求与步骤

① 将一台安装了 Windows Server 2003 操作系统的计算机作为架设 FTP 站点的平台，将此计算机命名为 HF-FTP，IP 地址设为 172.16.29.3，FTP 站点主目录设置在 "D:\ftp"。

② 安装 FTP 服务并创建一个 FTP 站点，站点名称取名网坚公司合肥分公司 FTP 站点。

③ 通过用户端使用 IE 浏览器及 ftp.exe 命令测试架设的网坚公司合肥分公司 FTP 站点。

🛠️ **拓展与提高**

1. 创建 FTP 站点的用户账号

在实际应用中的一些场合，为了防止普通用户通过匿名账号访问 FTP 站点，用户在配置 FTP 站点时会限制匿名用户访问，而只对 FTP 服务器上有账户和口令的内部用户开放。那么，这就要求在 FTP 服务器上创建可以访问 FTP 站点的用户账号。这里，以创建用户 "Jake" 为例。创建方法如下：

① 打开 FTP 服务器本地计算机的 "计算机管理" 窗口。

💡 **小技巧** ────────

依次选择 "开始" → "运行" 命令，在弹出的 "运行" 对话框中，输入字符串命令 "compmgmt.msc"，即可打开本地服务器系统的 "计算机管理" 窗口。

② 在 "计算机管理" 窗口的左侧区域中，双击 "本地用户和组" 选项，在其展开的下级目录中右击 "用户" 图标，在弹出的快捷菜单中选择 "新用户" 命令，打开 "新用户" 对话框，如图 5-15 所示。

③ 在 "新用户" 对话框中输入用户名、全名和描述信息，接下来设置好用户的访问密码信息，将 "用户下次登录时须更该密码" 项目的选中状态取消，同时选中 "用户不能更该密码" 复选框，依次单击 "创建" 按钮和 "关闭" 按钮，这样，一个新的用户账号就创建成功了。

同样地，用户可以为那些需要访问 FTP 站点的所有用户分别创建一个账号信息。

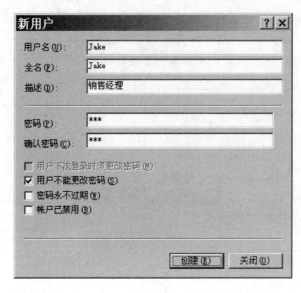

图 5-15　"新用户"对话框

2.　"隔离用户"的 FTP 站点

（1）创建"隔离用户"FTP 站点的主目录

为了让架设好的 FTP 站点具备用户隔离功能，用户必须按照一定的规则设置好该站点的主目录以及用户目录。假设有本地用户"Jake"，设置过程如下：

① 首先，需要在 NTFS 格式的磁盘分区中建立一个文件夹，这里，我们在 E 盘根目录下建立文件夹"glftproot"，并把该文件夹作为待建隔离的 FTP 站点的主目录。

② 打开"glftproot"文件夹，在其中再创建一个文件夹，由于"Jake"是本地用户，则必须将该文件夹名称设置为"Localuser"。

③ 打开"Localuser"文件夹，然后在该文件夹内依次创建好与每个用户账号名称相同的个人文件夹，例如用户可以为"Jake"用户创建一个"Jake"子文件夹。

　注意

如果用户账号名称与用户目录名称不一样，那么用户就无法访问到自己目录下面的内容

如果我们希望架设的隔离用户的 FTP 站点仍具有匿名登录功能的话，那就必须在"Localuser"文件夹内创建一个"Public"子文件夹，这样有访问者通过匿名方式登录进 FTP 站点时，就能浏览到"Public"文件夹中的内容。

为了便于验证"隔离用户"的 FTP 站点结果，我们在"Jake"文件夹下存放了"Jake.doc"、"Jake.jpg"和"Jake.txt"文件；在"Public"文件夹下存放了"Public.doc"、"Public.jpg"和"Public.txt"文件。

（2）创建"隔离用户"FTP 站点

完成了"隔离用户"FTP 站点主目录的创建后，接着创建隔离用户的 FTP 站点。隔离用户 FTP 站点的创建与 FTP 站点的创建步骤基本相同，具体操作过程如下：

① 打开"Internet 信息服务（IIS）管理器"管理控制台，右击控制台窗口左侧的 FTP 站点图标，在弹出的快捷菜中选择"新建"→"FTP 站点"命令，打开"FTP 站点创建向导"对话框，单击 "下一步"按钮打开"FTP 站点描述"对话框，如图 5-8 所示。

② 在"FTP 站点描述"对话框中，输入新建站点名称。在这里，输入新建站点名称为"网坚信息公司隔离 FTP 站点"，输入完成后单击"下一步"按钮，打开"IP 地址和端口设置"对话框，如图 5-9 所示。

③ 在"IP 地址和端口设置"对话框中，设置创建的 FTP 站点使用的 IP 地址及该 FTP 站点的 TCP 端口号。在这里，我们将 IP 地址设置为"172.16.28.3"，端口号使用默认设置的"21"，单击对话框中的"下一步"按钮，打开"FTP 隔离用户"对话框，如图 5-10 所示。

④ 在"FTP 用户隔离"设置对话框中选择"隔离用户"选项，单击"下一步"按钮打开"FTP 站点主目录"对话框，如图 5-11 所示。

⑤ 在"FTP 站点主目录"对话框中设置隔离 FTP 站点的主目录，在这里将主目录设置为"E:\glftproot"，设置好后单击"下一步"按钮打开"FTP 站点访问权限"对话框，如图 5-12 所示。

⑥ 在"FTP 站点访问权限"对话框中设置该 FTP 站点的访问权限。设置完成后单击"下一步"按钮，打开"已成功完成 FTP 站点创建向导"对话框，单击"完成"按钮，完成隔离用户 FTP 站点的创建。

创建完成后，通过"Internet 信息服务（IIS）管理器"管理控制台来查看，这时可以看到"Internet 信息服务（IIS）管理器"管理控制台中多了一个 FTP 站点 ，即刚创建的"网坚信息公司隔离 FTP 站点"。

（3）测试隔离站点

① 通过本地用户"Jake"来连接刚建立的隔离用户的 FTP 站点：在 IE 浏览器地址栏中输入 ftp://Jake@172.176.28.3 来连接隔离用户的 FTP 站点，此时要求输入"Jake"的用户名和密码方可登录该 FTP 站点，如图 5-16 所示，在弹出的登录身份认证对话框中输入用户名及密码后按【Enter】键即可连接 FTP 站点。

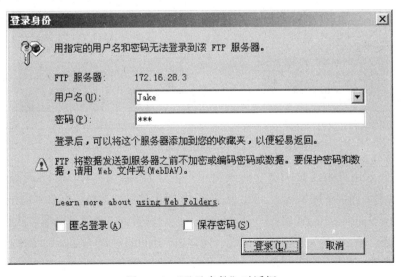

图 5-16 "登录身份"对话框

成功连接隔离用户的 FTP 站点后会出现图 5-17 所示界面，从中可以看到所示的文件就是我们在"E:\ftproot\ localuser\Jake"下存储的文件，因此证明了用户"Jake"连接到 FTP 站点后，确实进入的是他的专属目录。

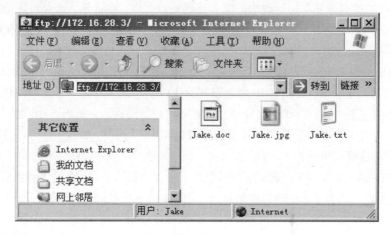

图 5-17　利用 IE 测试隔离用户 FTP 站点界面

同样我们也可以按图 5-18 所示，使用 ftp.exe 命令来连接隔离用户的 FTP 站点，可以看到用户"Jake"进入的也是其专属目录。

图 5-18　利用 ftp.exe 测试隔离用户 FTP 站点界面

② 通过匿名用户来连接刚建立的隔离用户的 FTP 站点：在 IE 浏览器地址栏中输入 ftp://172.16.28.3 来连接 FTP 站点，将出现图 5-19 所示界面。从中可以看到图中所示的文件就是我们在"E:\ftproot\localuser\public"下存储的文件，表明访问者通过匿名方式访问 FTP 站点时，只能浏览到"Public"文件夹中的内容。同样地，也可以使用 ftp.exe 命令来连接 FTP 站点，结果如图 5-20 所示。

图 5-19　使用 IE 测试匿名用户访问 FTP 隔离站点

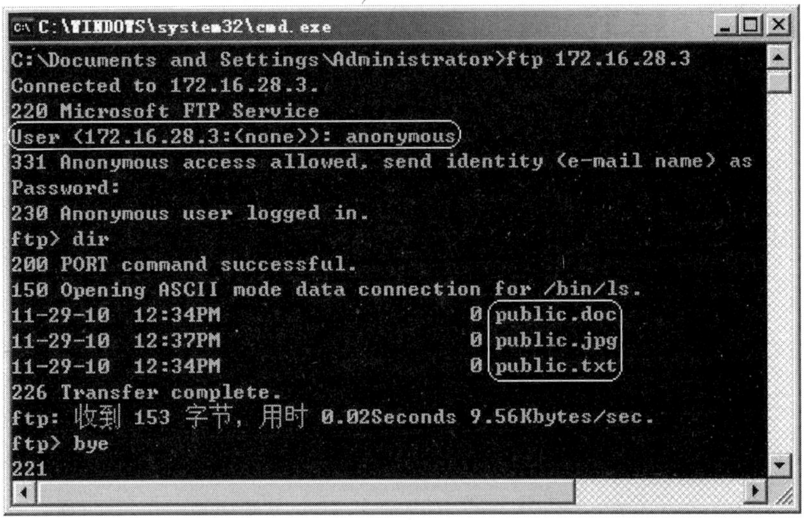

图 5-20　使用 ftp.exe 命令测试匿名用户访问 FTP 隔离站点

任务 3　配置和管理 FTP 站点

任务描述

当 FTP 站点架设成功后，为了让其更好的提供服务，还需要根据计算机所在的网络环境以及客户端数量、资源的存放位置等对 FTP 站点进行相关配置。通过本次任务的学习读者主要掌握：

- 设置 FTP 站点标识。
- 设置安全账户。
- 设置主目录。
- 设置消息。
- 设置主目录安全性。

任务分析

配置 FTP 站点是在 FTP 站点的"属性"对话框中进行的，这里将通过任务 2 架设的"网坚信息技术有限公司"FTP 站点来介绍如何配置 FTP 站点。

本次任务主要包括以下知识与技能点：

- FTP 站点标识。
- 安全账户。
- 主目录。
- 消息。
- 主目录安全性。

相关知识与技能

1. 设置 FTP 站点标识、连接限制和日志记录

一台装有 IIS 组件的计算机可以同时架设多个 FTP 站点，为了便于区分，需要为每个站点设置不同的标识信息。设置过程如下：

① 打开"Internet 信息服务（IIS）管理器"管理控制台，单击"FTP 站点"图标，在展开的选项中右击"网坚信息技术有限公司"FTP 站点图标，在弹出的快捷菜单中选择"属性"命令，打开 FTP 站点属性对话框。

② 在 FTP 站点属性对话框中选择"FTP 站点"选项卡，如图 5-21 所示，在这里可以设置 FTP 站点标识、连接限制和日志记录等。

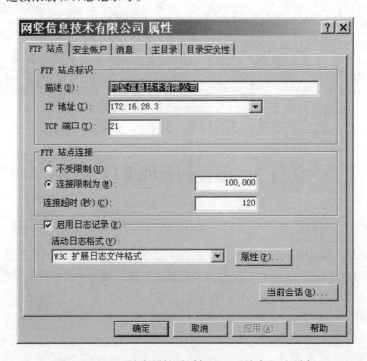

图 5-21　FTP 站点属性对话框"FTP 站点"选项卡

a. 设置 FTP 站点标识：在"FTP 站点标识"配置区域内，用户可以设置 FTP 站点的描述、IP 地址和 TCP 端口。

- 描述：指站点的名称，是 FTP 站点简介的说明文字。
- IP 地址：用于指定连接 FTP 站点的 IP 地址，即只有通过此 IP 地址才可以连接 FTP 站点。
- TCP 端口：FTP 站点的端口号默认为 21。用户可以改变该端口号，修改后用户在连接 FTP 站点的时候必须手动输入端口号。例如，将端口号改为 2100，那么用户在使用 IE 浏览器连接时需输入"ftp://FTP 站点地址:2100"方可连接该 FTP 站点。同理，在使用 ftp.exe 命令连接该 FTP 站点时，也许手动输入 TCP 端口号。

b. 设置 FTP 站点连接限制：FTP 站点连接限制是用于限制同时最多可以有多少个用户连接到 FTP 站点。FTP 站点管理员可以根据 FTP 服务器配置和性能，结合用户需要进行设置。在"FTP 站点连接"配置区域中，有 3 个选项：

- 不受限制：表明在同一时间连接数不受限制，服务器将会不停接受连接，直到内存不足。
- 连接限制为：限制同一时间连接数为某一数值，该数值由 FTP 站点管理员在该选项后的文本框内输入。
- 连接超时：当某个 FTP 连接在设定的时间内没有响应，FTP 服务器就自动断开该连接。连接超时的时间量也由 FTP 站点管理员在该选项后的文本框中输入。

 注意

为了保证服务器的良好性能，建议配置限制一个数值。达到限制时，FTP 站点将向客户端返回一个错误消息，声明当前服务器忙。

c. 设置启动日志记录：启动日志记录是用来设置将所有登录到此 FTP 站点的记录都存储到指定的文件中。日志是以文件形式监视网站使用情况的手段，日志包括的信息有：哪些用户访问了您的站点、访问者查看了什么内容，以及最后一次查看该信息的时间。用户可以使用日志来评估 FTP 站点内的内容受欢迎程度或识别信息瓶颈。在图 5-21 中选中"启用日志记录"复选框，然后在"活动日志类型"下拉列表框中指定日志类型，各种日志类型的内在差别并不是很大，常用的日志类型有以下三种：

- Microsoft IIS 日志文件格式。
- W3C 扩展日志文件格式。
- ODBC 日志。

③ 设置完成后，单击"应用"或"确定"按钮保存设置信息。

2. 设置安全账户

如果 FTP 站点需要较高的安全级别，仅对在 FTP 服务器上有账户和口令的内部用户开放，禁止匿名登录，则可以进行以下设置：

在 FTP 站点"属性"对话框中，选择"安全账户"选项卡，如图 5-22 所示，取消选中"允许匿名连接"复选框，将打开 IIS 管理器警示对话框，单击"是"按钮，返回 FTP 站点"属性"对话框，单击"确定"按钮保存设置。

保存设置后，匿名用户"anonymous"将无法登录该 FTP 站点。当客户端在访问服务器时，会自动弹出"登录身份"对话框，这时只有输入正确的用户名和密码才能访问 FTP 站点。

　　如果 FTP 站点拒绝具有管理凭据账户的那些用户访问 FTP 站点，而只允许匿名连接，则只需在图 5-22 中选中"只允许匿名连接"复选框，这时用户将无法使用用户名和密码登录。

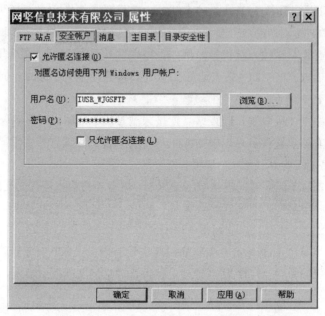

图 5-22　FTP 站点属性对话框的"安全账户"选项卡

3. 设置消息

消息主要是指用户登录或退出 FTP 站点时的提示信息，设置方法如下：

① 在 FTP 站点"属性"对话框中选择"消息"选项卡，如图 5-23 所示。

图 5-23　FTP 站点属性对话框的"消息"选项卡

② 设置消息：在"FTP 站点消息"选项卡内，用户可以在各自的文本框中输入标题、欢迎词、欢送词和在同一时间客户端登录超过最大连接数时的提示信息。

- 标题：可以输入 FTP 站点的说明信息，或者一些提示信息等，用户访问时将会最先看到该消息。
- 欢迎：连接 FTP 站点时，连接成功时 FTP 站点的提示消息。
- 退出：断开连接 FTP 站点时，FTP 站点发出的提示消息。
- 最大连接数：当用户连接数超过设置的连接限制数时，FTP 站点给提出请求的客户端发送的警示信息。

③ 设置完成后，单击"确定"按钮保存设置。此时当有用户使用 ftp.exe 命令连接和断开连接该 FTP 站点时，将出现图 5-24 所示界面。如果超过最大连接数，会看到图 5-25 所示界面。

图 5-24   连接和断开连接时 FTP 站点返回的消息提示

图 5-25   超过最大连接数时 FTP 站点返回的消息提示

4. 配置 FTP 站点主目录

在 FTP 站点"属性"对话框的"主目录"选项卡中，用户可以配置 FTP 站点的主目录路径、访问权限及目录列表样式。

（1）设置 FTP 站点主目录

① 设置 FTP 站点主目录：当客户端使用 IE 浏览器访问 FTP 站点时，它将连接到 FTP 的主目录，客户端可以看到的文件是位于主目录下的文件。设置 FTP 站点主目录的设置过程如下：

在打开的"属性"对话框中选择"主目录"选项卡，如图 5-26 所示，在"FTP 站点目录"选项区域中，可以将 FTP 站点主目录设置在本地计算机上的目录，也可以设置在另一台计算机上的目录。

- FTP 站点的主目录在本地计算机：设置时只须在图 5-26 中单击"浏览"按钮，然后选择想设为 FTP 站点主目录的目录，单击"确定"按钮保存设置。
- FTP 站点的主目录在其他计算机上的共享文件夹：选择"另一台计算机上的目录"单选按钮，单击"连接为"按钮将主目录指向另一台计算机的共享文件夹，同时也需指定一个有权限存取此共享文件夹的用户账户与密码。

② 设置 FTP 客户端访问权限：在"FTP 站点目录"选项区域中，还可以设置 FTP 客户端访问 FTP 站点的权限。

- 读取：选中此复选框，表示用户具有读取、下载 FTP 站点主目录内的资料。
- 写入：选中此复选框，表示用户可以往 FTP 站点主目录上上传、修改资料。
- 记录访问：选中此复选框，表示将会把连接到此 FTP 站点的行为记录到日志文件中。

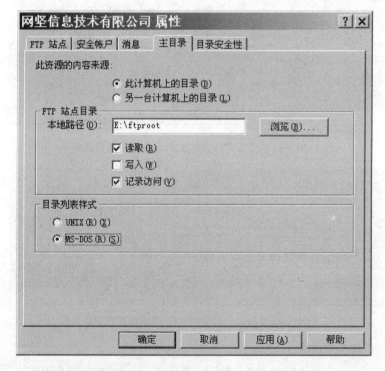

图 5-26　FTP 站点属性对话框的"主目录"选项卡

（2）设置目录列表样式

在 FTP 站点"属性"对话框的"主目录"选项卡中，还有一个"目录列表样式"选项区域，该区域决定主目录中的文件以何种形式显示在 FTP 客户端计算机的屏幕上。在默认情况下，目录列表样式为"MS-DOS"。

下面通过实例来比较二者的区别。在"MS-DOS"目录列表样式下，利用 ftp.exe 命令连接

FTP 站点，并使用 "dir" 子命令可以看到图 5-27 所示结果。将目录列表样式改为 "UNIX"，再利用 ftp.exe 命令连接 FTP 站点，并使用 "dir" 子命令可以看到图 5-28 所示结果。

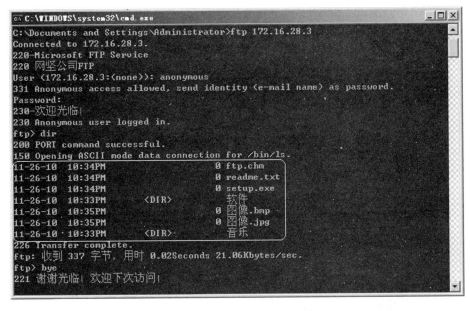

图 5-27　MS-DOS 目录列表样式界面

图 5-28　UNIX 目录列表样式界面

🔍 注意

若使用 IE 浏览器来连接 FTP 站点，用户屏幕显示不会因为目录列表样式的设置而发生改变。

5. 设置 FTP 站点的目录安全性

FTP 站点可通过对 IP 地址进行限制,允许或禁止某些计算机访问 FTP 站点,设置过程如下:

① 打开 FTP 站点的"属性"对话框,选择其中的"目录安全性"选项卡,如图 5-29 所示。在"TCP/IP 地址访问限制"选项区域中,有两种方式来限制 IP 地址的访问。

图 5-29　FTP 站点属性对话框的"目录安全性"选项卡

- 选择"授权访问"单选按钮,则表明在"下面列出的除外"文本框中列出的 IP 地址的计算机不能访问该 FTP 站点,其他 FTP 客户端都可以。

- 选择"拒绝访问"单选按钮,则表明在"下面列出的除外"文本框中列出的 IP 地址的计算机可以访问该 FTP 站点,其他所有计算机都不能访问该 FTP 站点,该设置主要用于某一局域网的内部 FTP 站点。

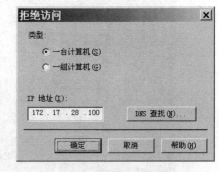

图 5-30　"拒绝访问"对话框

② 添加允许或禁止访问该 FTP 站点的计算机。单击图 5-29 中的"添加"按钮,打开"拒绝访问"对话框,如图 5-30 所示,根据选择类型是"一台计算机"还是"一组计算机",输入相应的信息。

课堂练习

1. 练习场景

以任务 2 的课堂练习架设的 FTP 站点为练习对象,按练习要求配置该 FTP 站点。

2. 练习目标

- 完成 FTP 站点的主目录的更改，将其设置到指定位置。
- 完成 FTP 站点 TCP 端口号的更改，并限定 FTP 站点数。
- 完成为 FTP 站点设置标题、访问及最大连接数等消息。
- 掌握检查目前连接数的操作方法。

3. 练习的具体要求与步骤

① 更改主目录为 "E:\ah\ftproot"。

② 将 FTP 站点的 TCP 端口号设为 2134。

③ 设置 FTP 的标题设为 "该站点为临时的 FTP 站点"，欢迎词 "欢迎访问！" 及超最大连接数时显示 "网络正忙，请稍后再试！"。

④ 将 "FTP 站点连接值" 设为 "1"。

⑤ 通过用户端使用 IE 浏览器及 FTP.exe 命令登录并观察测试结果。

拓展与提高

1. 实际目录

在使用 FTP 站点时，在 FTP 站点的主目录下创建文件夹，然后将文件存放到这些文件夹中，这些文件夹就称为 "实际目录"。例如，在 "网坚信息技术有限公司" FTP 站点的主目录 "E:\ftproot" 中创建一个文件夹 "软件"，该文件夹中就可以存放 FTP 站点的资料，我们称 "软件" 文件夹为实际目录。

2. 虚拟目录

在使用 FTP 站点时，除了可以将文件存放在主目录下的文件夹内，也可以将它们存放到其他文件夹中，这些文件夹可以位于本地计算机内的其他磁盘驱动器中，也可以是其他计算机内，使用时只须通过 "虚拟目录" 映射到这些文件夹。

虚拟目录的好处是在不需要改变别名的情况下，就可以随时改变其所对应的文件夹。下面通过实例来说明如何使用虚拟目录。

在 FTP 服务器的 E 盘上创建一个 "资料" 文件夹，为了便于理解，在 "资料" 文件夹内存放了 "setup.exe"、"图像.bmp" 和 "图像.jpg" 文件。

现将 "资料" 文件夹设置成 FTP 站点的虚拟目录，具体操作过程如下：

① 打开 "Internet 信息服务（IIS）管理器" 管理控制台，右击要进行操作的 FTP 站点，在弹出的快捷菜单中选择 "新建" 命令，在其子菜单中选择 "虚拟目录" 命令，打开 "欢迎使用虚拟目录创建向导" 对话框。

② 单击 "下一步" 按钮，打开设置虚拟目录别名对话框，如图 5-31 所示。在这里设置虚拟目录别名为 "data"，单击 "下一步" 按钮，打开 "FTP 站点内容目录" 对话框，如图 5-32 所示。

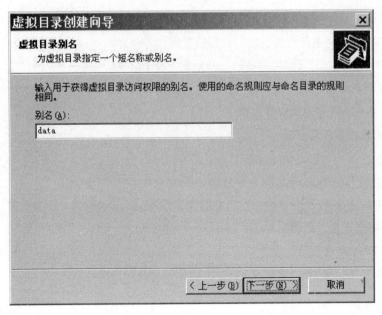

图 5-31 "虚拟目录别名"对话框

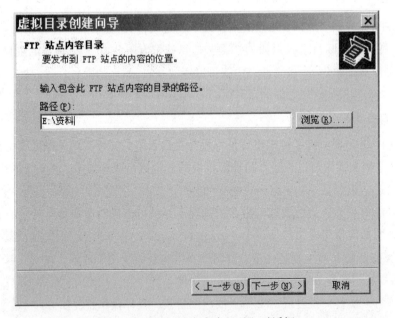

图 5-32 "FTP 站点内容目录"对话框

③ 在"FTP 站点内容目录"对话框中，输入包含此 FTP 站点内容的目录路径。输入完成后单击"下一步"按钮，打开"虚拟目录访问权限"对话框，如图 5-33 所示。

④ 在该对话框中，设置虚拟目录的访问权限。"读取"表示用户具有读取、下载虚拟目录内的资料。"写入"表示用户可以虚拟目录中拷贝、修改资料。设置完成后单击"下一步"按钮，打开"您已顺利完成虚拟目录创建向导"对话框。

⑤ 单击"完成"按钮，完成虚拟目录的设置。

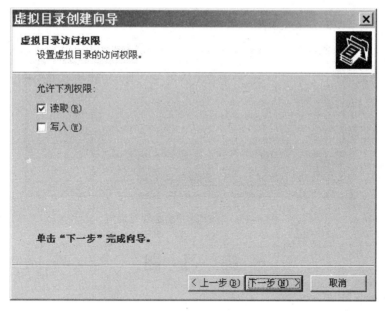

图 5-33 "虚拟目录访问权限"对话框

　　用户可以通过在 IE 浏览器地址栏输入"ftp://FTP 站点地址/data"来访问 FTP 站点的虚拟目录。例如，本案例登录 FTP 站点虚拟目录结果，如图 5-34 所示。

图 5-34　使用 IE 登录 FTP 站点虚拟目录界面

3. 检查目前连接的用户

　　在 FTP 服务器上，可以查看目前连接到 FTP 站点的用户，操作过程如下：

　　① 打开要查看的 FTP 站点的属性对话框，选择"FTP 站点"选项卡，如图 5-21 所示，单击该对话框中的"当前会话"按钮即可打开"FTP 用户会话"对话框，如图 5-35 所示。

　　在图 5-35 所示的对话框中显示了所有当前已连接的用户、连接方和连接时间的列表，用户可以通过"刷新"按钮刷新打开对话框后所更改的列表。在显示的列表中，可以选中想要断开的用户，然后单击"断开"按钮即可。如果想断开所有连接用户，可单击"全部断开"按钮即可。

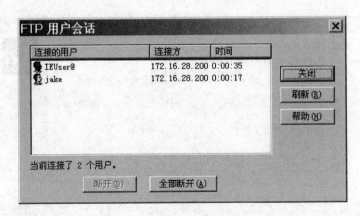

图 5-35 "FTP 用户会话"对话框

练 习 题

一、填空题

1. FTP 会话时包含了两个通道，分别是_____通道和_____通道。

2. 在 FTP 协议中，数据连接有两种方式，分别是_____和_____。

3. FTP 客户端软件应具备_____，对本地计算机和远程服务器的文件和目录进行管理以及_____等功能。

4. 利用 IE 浏览器连接 FTP 站点时，在其地址栏中应输入_____或_____来连接 FTP 站点。

5. 匿名账户的名称是_____。

6. 默认 FTP 站点的主目录位置为_____。

7. 在 Internet 信息服务（IIS）管理器中，设置 FTP 站点的访问权限有_____和_____。

8. FTP 站点可设置的消息有_____、_____、_____和_____。

二、选择题

1. 下面的命令中，不能结束 FTP 会话的是（   ）。

A. close   B. exit

C. bye   D. quit

2. 在默认情况下，FTP 服务器有两个保留的端口号，其中用于发送和接收 FTP 数据的是（   ）。

A. 2000   B. 20

C. 2010   D. 21

3. FTP 站点的连接限制数量最大为（   ）。

A. 100 000   B. 200 000

C. 1000   D. 不受限制

4. 设置了 FTP 站点消息后，客户端每次成功登录将看到的消息提示是（　　　）。

    A. 标题　　　　　　　　　　　　　　B. 欢迎

    C. 退出　　　　　　　　　　　　　　D. 最大连接数

5. 默认的 FTP 站点匿名用户是（　　　）。

    A. administrator　　　　　　　　　　B. IWAM_计算机名称

    C. IUSR_计算机名称　　　　　　　　D. anonymous

6. 下列命令中，可以打开本地"计算机管理"窗口的是（　　　）。

    A. msconfig.exe　　　　　　　　　　B. compmgmt.msc

    C. eventvwr.msc　　　　　　　　　　D. msinfo32.exe

项目 **6**

架设电子邮件服务器

学习情境

网坚信息技术有限责任公司各子公司局域网内都架设了邮件服务器，用于部门间公文收发和工作交流，因此，建立一个安全、可靠的电子邮件系统是十分必要的。但是，如果选择使用专业的企业邮件软件需要投入大量的资金，这对于总公司来说是无法承受的，用户可通过Windows Server 2003本身提供的POP3服务和SMTP服务，架设小型的邮件服务器来满足公司和部门的需要。

本项目将基于 Windows Server 2003 在网坚公司的企业网络中部署POP3服务和SMTP服务，架设邮件服务器为公司内部用户提供邮件服务，同时也负责向远程邮件服务器转发邮件服务请求。本项目主要包括以下任务：

- 安装电子邮件服务。
- 管理 SMTP 服务器。

任务 1　安装电子邮件服务

任务描述

Windows Server 2003 操作系统新增的 POP3 服务组件可以使用户无须借助任何工具软件，即可搭建一个邮件服务器。用户通过电子邮件服务，可以在需要作为邮件服务器的计算机上安装 POP3 组件，以便将其配置为邮件服务器，管理员可使用 POP3 服务来存储和管理邮件服务器上的电子邮件账户。通过本次任务的学习主要掌握：

- 理解电子邮件服务器的基本知识。
- 安装 SMTP 和 POP3 服务。
- 理解 POP3 服务验证身份的方法。

任务分析

邮件服务器系统由 POP3 服务、简单邮件传输协议（SMTP）服务以及电子邮件客户端三个组件组成。其中 POP3 服务为用户提供接收邮件服务，而 SMTP 服务则用于发送邮件以及邮件在服务器之间的传递。电子邮件客户端软件是用于读取、撰写以及管理电子邮件的软件。

本次任务主要包括以下知识与技能点：
- 电子邮件系统组成。
- SMTP 和 POP3 协议。
- 设置 POP3 服务身份验证方法。
- 安装 SMTP 和 POP3 服务。

◼ 相关知识与技能

1. 电子邮件服务器简介

收发电子邮件是 Internet 上使用最多和最受用户欢迎的一种应用。收发电子邮件时将邮件发送到 ISP 的邮件服务器，并放在其中的收信人的邮箱中，收信人可随时上网到 ISP 的邮件服务器进行读取。电子邮件不仅使用方便，而且还具有传递迅速和费用低廉的优点。

（1）电子邮件系统的组成

一个电子邮件系统有三个主要组成部分：用户代理、邮件服务器及电子邮件使用的协议（如 SMTP、POP3、IMAP 等），如图 6-1 所示。

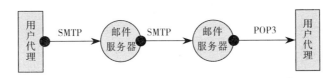

图 6-1　电子邮件系统组成

- 用户代理 UA（User Agent）：是用户与电子邮件系统的接口，在大多数情况下它是一个在客户端中运行的程序。用户代理使用户能够通过一个很友好的接口来发送和接收邮件。通过用户代理，用户可以很方便地撰写邮件，可以在计算机屏幕上显示邮件，而且还可以根据情况按不同方式对邮件进行处理，如 Outlook、Foxmail 都是一些常用的邮件用户代理程序。
- 邮件服务器：是电子邮件系统的核心组件，Internet 上所有的 ISP 都有邮件服务器。邮件服务器的功能就是发送和接收邮件，同时还要向发信人报告邮件传送的情况。
- 电子邮件协议：即 Internet 上的不同操作系统平台、不同的程序实现互通所使用的电子邮件通信的标准，包括 SMTP、POP3、IMAP 协议等。

（2）电子邮件收发的过程

电子邮件的发送过程如下：

① 客户端调用用户代理来编辑要发送的邮件，用户代理用 SMTP 将邮件传送给发送端邮件服务器。

② 发送端邮件服务器将邮件放入邮件缓存队列中，等待发送。

③ SMTP 按照客户/服务器方式工作。运行在发送端邮件服务器的 SMTP 客户进程，发现在邮件缓存中有待发送的邮件，就向运行在接收端邮件服务器的 SMTP 服务器进程发起建立 TCP 连接。

④ 当 TCP 连接建立后，SMTP 客户进程开始向远程的 SMTP 服务器发送邮件。如果有多个

邮件在邮件缓存中，则 SMTP 客户——将它们发送到远程的 SMTP 服务器。当所有的待发送邮件发完了，SMTP 就取消所建立的 TCP 连接。

⑤ 运行在接收端邮件服务器中的 SMTP 服务器进程收到邮件后，将邮件放入收件人的用户邮箱中，等待收件人方便时进行读取。

⑥ 收件人调用用户代理，使用 POP3（或 IMAP）协议将自己的邮件从接收端邮件服务器的用户邮箱中取回。

2．电子邮件协议

Internet 上的电子邮件服务器可能采用不同的操作系统平台、不同的程序，但它们是通过使用标准的电子邮件通信协议实现相互通信的。

（1）SMTP 协议

SMTP（Single Mail Transfer Protocol，简单邮件传输协议），是电子邮件的发送方向接收方传递邮件时使用的单向传输协议，默认使用的 TCP 端口为 25。配置了 SMTP 协议的电子邮件服务器称为 SMTP 服务器。当用户发送邮件时，首先是发送给 SMTP 服务器，并由 SMTP 服务器负责发送给目的地的 SMTP 服务器。SMTP 服务器同时也负责接收和转发其他 SMTP 服务器发送来的邮件。

（2）POP3 协议

POP3（Post Office Protocol Version 3，邮局协议第 3 版本），是电子邮件接收电子邮局发出接收邮件请求时使用的单向传输协议，默认使用的 TCP 端口为 110。配置了 POP3 协议的电子邮件服务器称为 POP3 服务器。用户利用邮件接收软件向 POP3 服务器索取属于自己的邮件时，POP3 服务读取用户的邮件并将这些邮件发送给用户。POP3 服务器将电子邮件发送给客户端或者从别的 POP3 服务器接收电子邮件，但不能向别的 POP3 邮件服务器发送电子邮件。

POP3 也使用客户/服务器的工作方式，在接收邮件的用户 PC 中必须运行 POP3 客户程序，而在其 ISP 的邮件服务器中则运行 POP3 服务器程序。当然，这个 ISP 的邮件服务器还必须运行 SMTP 服务器程序，以便接收发送方邮件服务器的 SMTP 客户程序发来的邮件。POP3 服务器只有在用户输入鉴别信息（用户名和口令）后才允许对邮箱进行读取。

3．POP3 服务的验证身份方法

用户在向 POP3 服务器收取邮件时，必须提供用户账号和密码，Microsoft 的 POP3 服务支持 3 种验证用户身份的方法：本地 Windows 账户验证、Active Directory 集成验证、已加密的密码文件验证。

每个 POP3 服务器都有其负责的 E-mail 域，因此，在建立 POP3 域之前，就决定好验证方法，一旦域建立完成后，就不可以再修改。

 注意

此处的 POP3 域和 Active Directory 域无直接关系。

（1）本地 Windows 账户验证

它利用安全账户管理器（SAM）内的用户账户信息，来验证用户的身份。此方法可以用于 POP3 服务器是架设在独立服务器或成员服务器上的环境。

在使用 POP3 服务建立用户的电子邮箱时，如果用户在 SAM 中还没有账户，则 POP3 服务将会在 SAM 中建立此账户。

POP3 服务建立的账户会被自动加入到名为"POP3 Users"的本地组内，此组内的成员没有本地登录的权限。

采用"本地 Windows 账户验证"方式的 POP3 服务器，可同时支持多个 E-mail 域，但不同域之间的用户名称必须唯一，因为在 SAM 中不能有两个名称相同的用户账户。

POP3 服务支持用户的身份信息（用户账户名称与密码）可以以不加密的明文（plaintext），也可以是加密的 SPA（Secure Password Authentication）方式发送给服务器。用户采用不同的方式连接 POP3 服务器时，使用的账户名称也不同。例如，采用"明文"连接方式时，必须使用如 jack@abc.com 账户名称；而采用 SPA 方式时只使用 jack 账户名称，不需附加域名。

（2）Active Directory 集成验证

它是利用 Active Directory 数据库内的用户账户信息来验证用户的身份，此方法适用于 POP3 服务器是架设在成员服务器和域控制器的环境。

在使用 POP3 服务建立用户的电子邮箱时，如果用户在 Active Directory 中还没有账户，则 POP3 服务将会在 Active Directory 中建立此账户。

采用"Active Directory 集成验证"方式的 POP3 服务器，可同时支持多个 E-mail 域，不同域之间的用户名称可以相同。但是，同时支持多个 E-mail 域的 POP3 服务器，在 Active Directory 内建立用户账户时，必须对账户信息做一些修改，否则用户账户内的信息会产生冲突，可以通过"Active Directory 用户及计算机"主控窗口来检查用户被修改后的账户信息。

（3）加密的密码文件验证

它将用户的密码信息存储在一个被加密的文件内，POP3 服务器利用此文件内的密码信息来验证用户的身份。如果没有 Active Directory 数据库可供使用，也不想将用户账户信息存储在 SAM 中，可采用此方法。

采用"加密的密码文件验证"方式的 POP3 服务器，可同时支持多个 E-mail 域，不同域之间的用户名称可以相同。

4．安装电子邮件服务（SMTP 和 POP3）

默认状态下 Windows Server 2003 没有安装电子邮件服务，用户必须手工添加。操作过程如下：

① 选择"开始"→"控制面板"→"管理工具"→"配置您的服务器"命令，打开配置服务器向导对话框，如图 6-2 所示。单击"下一步"按钮，在服务器角色列表框中选择"邮件服务器（POP3，SMTP）"选项。

② 单击"下一步"按钮，显示配置 POP3 服务对话框，如图 6-3 所示，在该对话框中设置邮件服务器的用户身份验证方法和邮件域名。在"身份验证方法"下拉列表框中选择"Active Directory 集成的"选项。在"电子邮件域名"文本框中输入电子邮件地址的域名，POP3 服务支持顶级和三级域名。设置完成后单击"下一步"按钮显示配置选择总结对话框，在该对话框

中可以查看和确认已经选择的选项，在"总结"文本框中显示"安装 POP3 和简单邮件传输协议（SMTP）以使 POP3 邮件客户端能发送和接收邮件"信息。单击"下一步"按钮后，系统自动完成邮件服务器的安装。

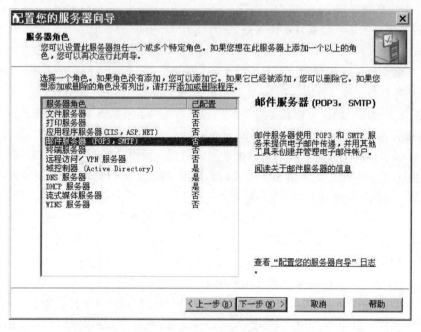

图 6-2 "服务器角色"对话框

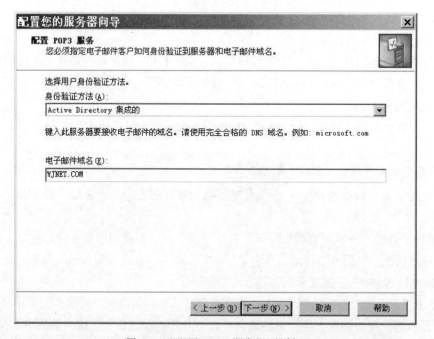

图 6-3 "配置 POP3 服务"对话框

③ 安装结束后，在"Internet 信息服务（IIS）管理器"窗口中，会多出"默认 SMTP 虚拟

服务器"一项，下面有"域"和"当前会话"两项，如图 6-4 所示。

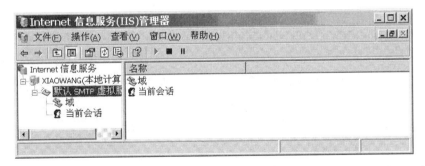

图 6-4　"Internet 信息服务（IIS）管理器"窗口

5．配置 POP3 服务

安装完成后，通过"管理工具"中的"POP3 服务"管理 POP3 服务器。

（1）选择适当的验证方法

在建立 POP3 域之前，首先需要决定 POP3 服务器的验证方法，单击窗口所示"服务器属性"超链接，选择"Active Directory 集成的"验证方法，如图 6-5 所示。

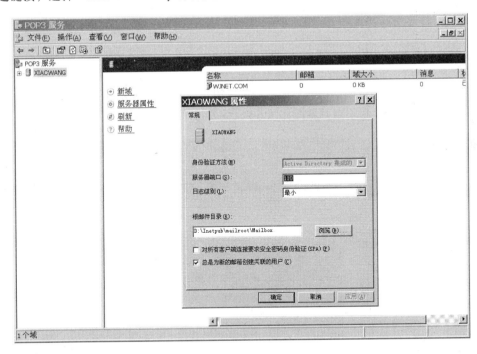

图 6-5　服务器属性设置对话框

　注意

选择"Active Directory 集成的"验证方法，要求此台计算机必须是域成员。

（2）建立 E-mail 域

选择"开始"→"管理工具"→"POP3 服务"命令，打开 POP3 服务控制台，右击服务器名称，在弹出的快捷菜单中选择"新建"→"域"命令，在"添加域"对话框的"域名"文本框中输入"wjnet.com"，单击"确定"按钮，结果如图6-6所示。

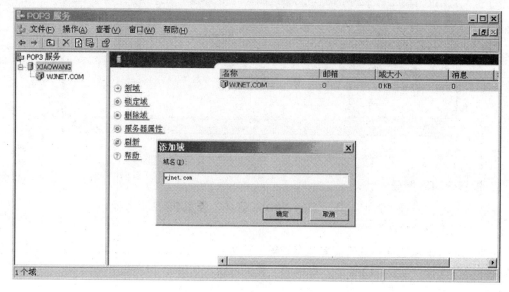

图6-6　创建域对话框

（3）创建用户邮箱

右击域名wjnet.com，在弹出的快捷菜单中选择"新建"→"邮箱"命令，在弹出的"添加邮箱"对话框中，输入邮箱名和密码。如果是本地用户验证模式，则建立邮箱的同时建立相对应的本地用户账号，建立邮箱用户界面如图6-7所示。

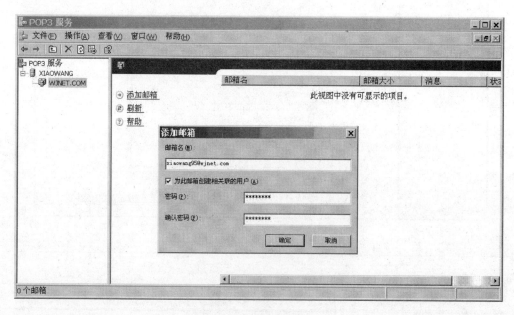

图6-7　创建用户邮箱

单击"确定"按钮，出现图6-8所示成功添加邮箱对话框，由图可见如果POP3服务器要求用户采用明文连接，则必须使用带域名的账户；如果采用 SPA 方式连接，只需要使用账户名称，后面不需附加域名。

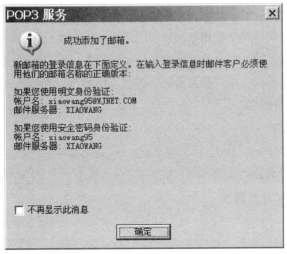

图 6-8　成功添加邮箱对话框

POP3 服务器有一个用来存储用户邮件的"邮件存放区"，位于"%systemdrive%\Inetepub\Mailroot\Mailbox"文件夹内，以域名作为文件夹的名称。当然，用户可以改变"邮件存放区"的位置，如图 6-9 所示。

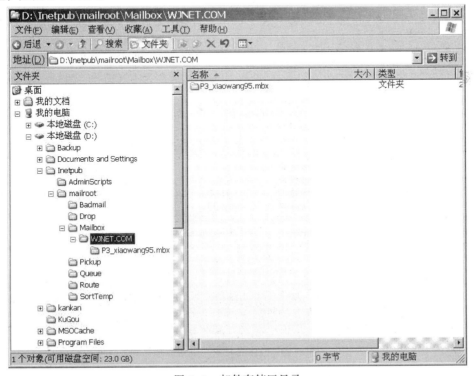

图 6-9　邮件存储区目录

📖 课堂练习

1. 练习场景

网坚公司合肥分公司招聘新的网络管理员小张尝试安装本公司的邮件服务器，通过该服务器进行收发邮件，但没成功。经过检查发现，IIS 服务有问题，需要将原先安装的 IIS 服务卸载才能重新安装。了解到可以使用"控制面板"中的"添加/删除程序"来安装 IIS 服务，他想借此机会尝试一下使用这种方法。

2. 练习目标

● 卸载 IIS 服务。

● 使用"添加/删除程序"安装 SMTP 服务和 POP3 服务。

3. 练习的具体要求与步骤

① 卸载 IIS 服务。

② 使用"控制面板"中的"添加/删除程序"安装 IIS 服务。

③ 使用"控制面板"中的"添加/删除程序"安装 SMTP 服务和 POP3 服务。

④ 通过"管理工具"中的"服务"选项查看 SMTP 服务状态。

🗄 拓展与提高

以 Outlook Express 客户端为例，说明用户如何建立 POP3 服务器的的电子邮件账户。具体操作过程如下：

① 启动 Outlook Express，选择"工具"→"账户"命令，打开"Internet 账户"对话框，如图 6-10 所示。

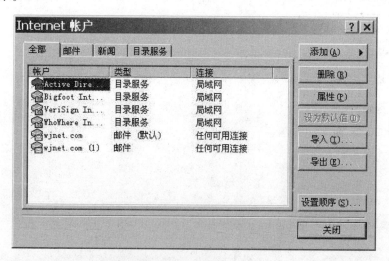

图 6-10 "Internet 账户"对话框

② 单击"添加"按钮，选择"邮件"选项，出现图 6-11 所示的对话框，在该对话框中输入显示名称。

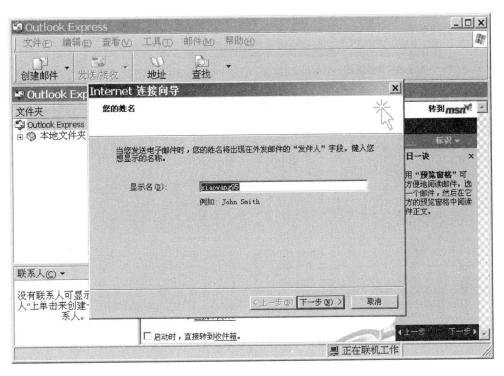

图 6-11　输入显示名

③ 单击"下一步"按钮，出现图 6-12 所示的对话框，输入电子邮件地址。然后单击"下一步"按钮，输入 SMTP 和 POP3 服务的服务器名称，如图 6-13 所示。

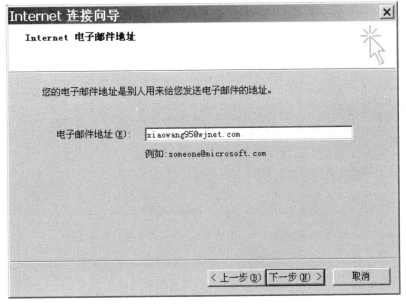

图 6-12　"Internet 电子邮件地址"对话框

④ 单击"下一步"按钮，输入用来连接 POP3 服务器的账户名和密码，如图 6-14 所示。

再单击"下一步"按钮，单击"完成"按钮，完成向导。

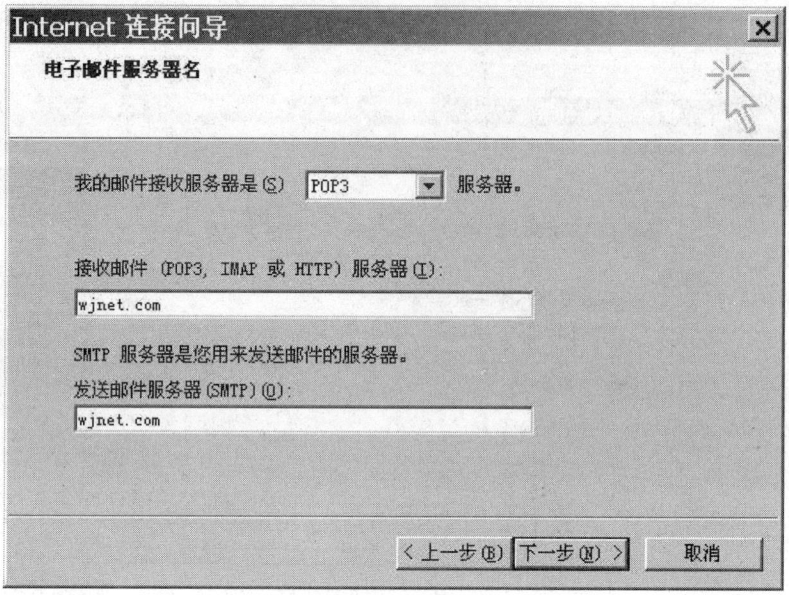

图 6-13 "电子邮件服务器名"对话框

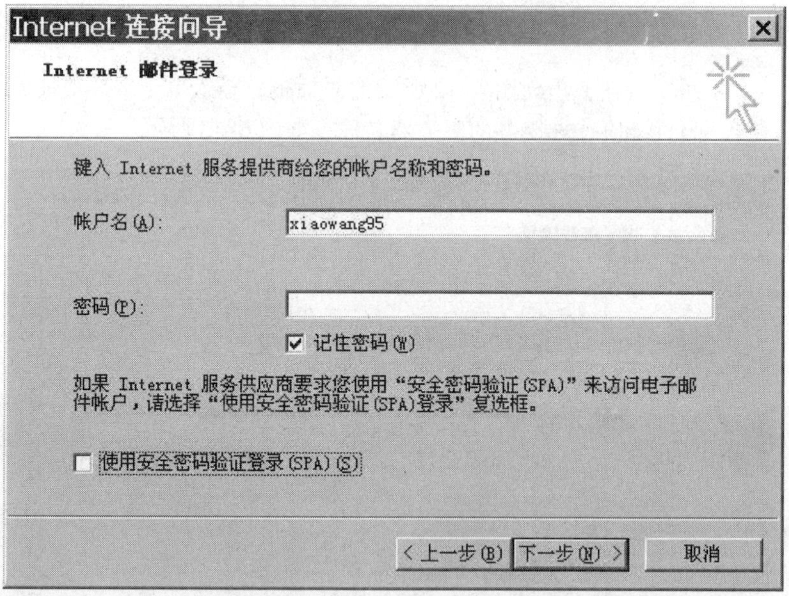

图 6-14 输入用来连接 POP3 服务器的账户名和密码

如果想修改所建立的账户，可以通过启动 Outlook Express，选择"工具"→"账户"命令，在打开的对话框中选择"邮件"标签，在选项卡中双击要修改的账户，在打开的对话框中选择"服务器"选项卡，如图 6-15 所示。

经过以上步骤，就建好了一个邮件账户，用户可以使用邮件客户端软件连接到服务器进行邮件的收发，不过 SMTP 服务器只能接受 wjnet.com 域中的邮件。

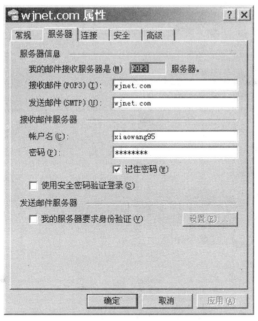

图 6-15　选择"服务器"选项卡

知识链接——使用 OutLook Express 发邮件

使用 OutLook Express 客户端程序用刚才创建的账户发一份简单邮件,操作过程如下:

选择"开始"→"所有程序"→"OutLook Express"命令,启动 OutLook Express 程序。单击"文件"菜单,选择"新建"→"邮件"命令或单击"创建邮件"快捷图标,打开图 6-16 所示的窗口。在"发件人"、"收件人"文本框中输入发件/收件人邮箱地址,在"主题"文本框中填写相关邮件主题,在文本区加入消息文本后单击"发送"快捷图标进行邮件发送。此时,在"发件箱"中显示已发送邮件,如图 6-17 所示。

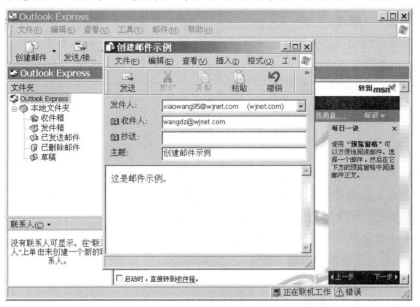

图 6-16　创建新邮件窗口

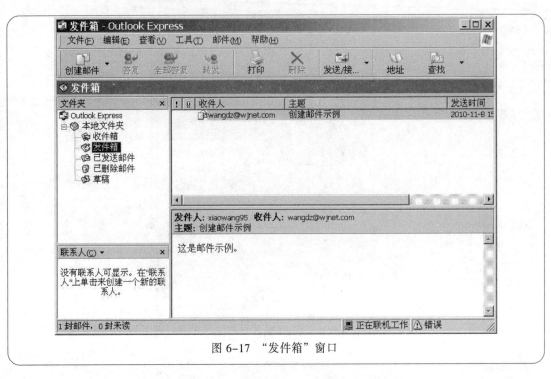

图 6–17 "发件箱"窗口

任务 2　管理 SMTP 服务器

任务描述

　　邮件服务器架设完毕后，需对邮件服务器的服务、访问、连接、验证等进行管理和控制，确保邮件服务器安全、高效、可靠地运行，保证网坚总公司和子公司内部员工能够正常收发邮件，信息交互安全、畅通。

　　通过本次任务的学习主要掌握：
- 掌握 SMTP 服务基本操作。
- 掌握 SMTP 服务器基本操作。
- 掌握 SMTP 服务器安全性设置。

任务分析

　　为了确保架设的邮件服务器安全、高效和可靠的运行，用户必须对邮件服务器进行相关的配置和管理，保证总公司和各子公司内部各部门之间进行邮件交互，为具有业务合作的部门或公司之间，能够进行安全信息沟通提供保障。

　　本次任务主要包括以下知识与技能点：
- SMTP 服务及服务器的启动、暂停、停止操作。
- SMTP 服务器连接、出站设置。
- SMTP 服务器连接、验证方法等安全性设置。

相关知识与技能

1. IP 地址与 TCP 端口的设置

如果计算机有多个 IP 地址，则可以选择提供 SMTP 服务的 IP 地址，当客户端通过此 IP 地址发送电子邮件给 SMTP 服务器时，该 SMTP 服务器就会接收用户发送的电子邮件。

端口号是用来辨别计算机内的 TCP 或 UDP 服务，而"默认 SMTP 虚拟服务器"的标准 TCP 端口号是 25，建议用户一般不要随意改变此端口号。

如果要改变"默认 SMTP 虚拟服务器"的 IP 地址或端口号，可以选择"开始"→"管理工具"→"Internet 信息服务（IIS）管理器"命令，展开本地计算机，再右击"默认 SMTP 虚拟服务器"，选择"属性"命令，按图 6-18 所示进行设置。

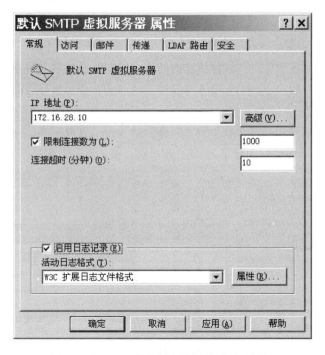

图 6-18 SMTP 虚拟服务器属性设置对话框

单击"IP 地址"下拉列表框右边的"高级"按钮，打开"高级"对话框，单击"添加"按钮，进入"标识"对话框，在"IP 地址"下拉框中选择服务器的 IP 地址，在"TCP 端口"文本框中输入服务器的端口号。输入完毕后单击"确定"按钮，如图 6-19 所示。

在图 6-18 中，选中"限制连接数为"复选框，然后在右边的文本框中输入限制的次数。在默认的情况下，服务器连接超时的时间是 10 分钟，管理员可以根据需要进行修改。

在图 6-18 中，选中"启用日志记录"复选框，可以记录日志以供管理员查看。单击"属性"按钮，可以打开"日志记录属性"对话框，在"日志记录属性"对话框中可以选择记录日志的计划。

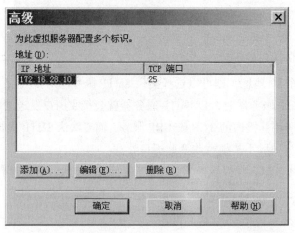

图 6-19　SMTP 虚拟服务器属性"高级"对话框

2. SMTP 服务的启动、停止、暂停

当 SMTP 服务停止或暂停时，该计算机内的所有 SMTP 虚拟服务器都会被停止或暂停，启动 SMTP 服务时，所有因停止 SMTP 服务而被停止的 SMTP 虚拟服务器都被启动，系统默认计算机启动时会自动启动 SMTP 服务。

如要改变，可以通过选择"开始"→"所有程序"→"管理工具"→"服务"命令，选择"Simple Mail Transfer Protocol（SMTP）"选项，来启动、停止或暂停 SMTP 服务，如图 6-20 所示。

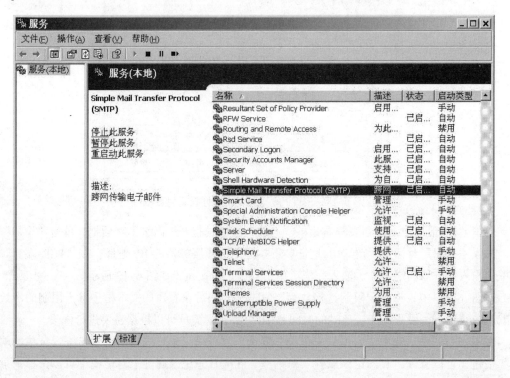

图 6-20　系统服务窗口

右击该服务，在弹出的快捷菜单中选择"属性"命令，打开属性对话框，如图 6-21 所示，

在"启动类型"下拉列表框中，选择启动类型。

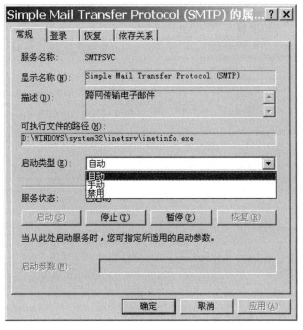

图 6-21　SMTP 服务属性对话框

💡 **小技巧**

启动、停止、暂停 SMTP 服务，还可以通过以下操作实现：在"Internet 信息服务管理器"窗口中，通过右击"默认 SMTP 虚拟服务器"并在快捷菜单中选择相应选项来启动、停止或暂停 SMTP 服务器。

3. SMTP 服务器设置

（1）访问控制设置

① 身份验证设置：在"默认 SMTP 虚拟服务器属性"对话框中单击"访问"标签，打开图 6-22 所示的"访问"选项卡。

单击"身份验证"按钮，打开"身份验证"对话框，如图 6-23 所示。默认情况下，服务器会自动选中"匿名访问"复选框，允许任何人以匿名的方式寄信。此外，服务器还支持基本身份验证和集成 Windows 身份验证。

- 在"基本身份验证"过程中，用户名和密码都以明文的形式发送，没有经过加密，可能会引起安全问题。
- 选中"集成 Windows 身份验证"复选框，可确保用户名和密码通过加密的方式在网络中传输，然后由 Web 站点进行身份验证，它提供了一种安全可靠的验证方法。只有在匿名访问被禁止时才可以使用集成 Windows 身份验证方法。

② 安全通讯设置："安全通讯"选项可以查看或设置访问此虚拟服务器时使用的安全通讯方法。"安全通讯"是要求客户端与 SMTP 虚拟服务器之间建立 TLS 加密连接，客户端会将账号与密码加密后通过 TLS 连接，传送给虚拟服务器验证。单击"证书"按钮打开"Web 服务器证书"安装向导，通过使用服务器证书，在服务器和客户端之间建立安全的 Web 通信。

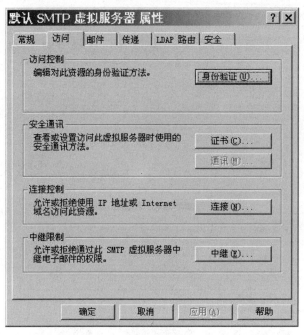

图 6-22 "默认 SMTP 虚拟服务器属性"对话框"访问"选项卡

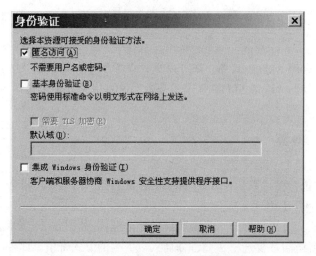

图 6-23 "身份验证"对话框

③ 连接控制:"连接控制"选项可以设置允许或拒绝某些 IP 地址的用户连接到 SMTP 服务器的站点上。单击"连接"按钮,打开"连接"对话框,如图 6-24 所示。管理员可以根据需要选择"仅以下列表"或"仅以下列表除外"单选按钮,再单击"添加"按钮加入某一台计算机或一组计算机或一个域。

④ 中继限制:"中继限制"选项用来拒绝某些 IP 地址的用户通过 SMTP 虚拟服务器传送远程邮件。使用此功能可防止自己的邮件服务器被用来发送垃圾邮件。单击"中继"按钮,打开"中继限制"对话框,如图 6-25 所示。

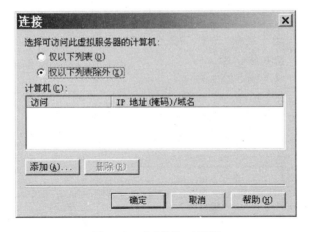

图 6-24 "连接"对话框

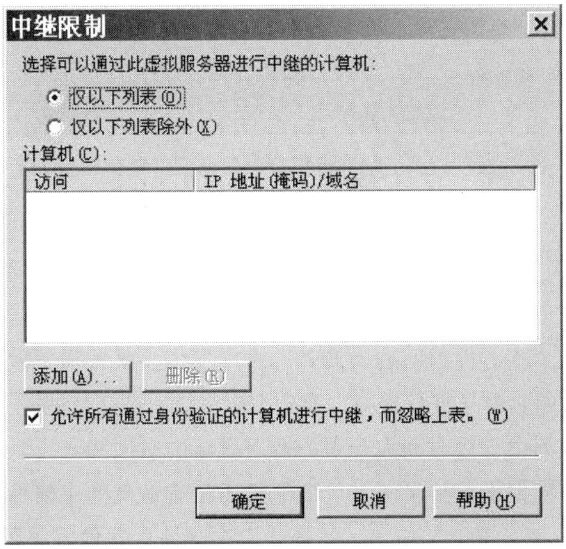

图 6-25 "中继限制"对话框

（2）邮件设置

虚拟服务器的资源是宝贵的，必须进行各种消息限制的设置以保护服务器，防止服务器过载。SMTP 连接属性包括传入和传出两部分，分别限制传入和传出虚拟服务器的连接限制数和连接超时。连接限制数是指同时连接到当前 SMTP 虚拟服务器的传入（收邮件）和传出（发邮件）连接用户数目的上限。

在"默认 SMTP 虚拟服务器属性"对话框中单击"邮件"标签，如图 6-26 所示。在该选项卡中，默认配置限制邮件的大小为 2 048 KB 以内，限制会话大小在 10 240 KB 以内，限制每个连接的邮件数为 20 以内，限制每个邮件的接收人数为 100 以内。用户可以调整这些参数，以达到功能、灵活性和性能之间的平衡。

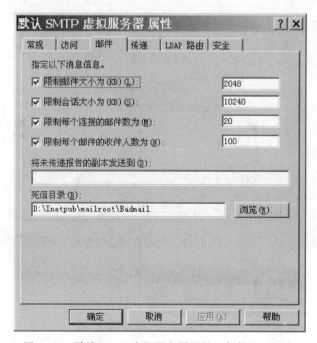

图 6-26　默认 SMTP 虚拟服务器属性"邮件"选项卡

（3）传递设置

174

"传递"选项卡用来设定邮件一次发送不成功时，SMTP 服务器如何处理这些邮件。在大多数情况下，每个虚拟服务器都尽量在消息一抵达消息队列后就进行发送，可是，如果下一个中继段的服务器发生了某个临时性的问题，或者网络中发生了某种通信故障，那么虚拟服务器就会采取适当的措施，例如对消息进行排队，准备再次重试，或者变更消息路由等。

如果一个消息在队列中等候时间大于服务器所设定的时间间隔（默认值为 12 h），就会通知发件人该消息未被正确发送。如果两天后该消息还没有从队列中清除，那么就会生成一个未发送报告（Non-Delivery Report，NDR），并将其发送给消息发件人。在"默认 SMTP 虚拟服务器属性"对话框中单击"传递"选项卡，可以进行传递设置，如图 6-27 所示。

① 出站：邮件出站传递属性中可以设置一系列参数值，管理员可以指定传递参数或使用的默认值。

- 第一、第二、第三次重试间隔。

这三个参数定义了一旦邮件没有发送成功，SMTP 服务器再次尝试联系收件服务器的间隔时间，默认值分别为 15、30、60 min。定义前三次重传之后，如果还不成功，SMTP 将以均匀的间隔时间进行重新传递尝试，默认的后续重传间隔为 15 min。

- 延迟通知。为了允许本地和远程邮件系统之间的时间延迟，在此设置一个默认的网络延迟时间，SMTP 服务器在发送诸如 NDR 之类的报告时，会考虑到这一延迟时间，该值默认为 12 h。

- 过期超时。用来指定在一定时间之后，SMTP 服务器自动放弃邮件的发送，而不考虑重传的次数，默认的过期超时是 2 天。

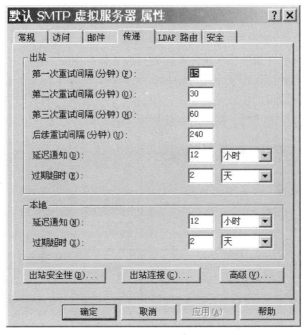

图 6-27　选择"传递"选项卡

② 出站安全性设置：出站安全设置与进站安全设置基本相同，也分为匿名访问、基本身份验证、Windows 安全程序包和 TLS 加密，如图 6-28 所示。

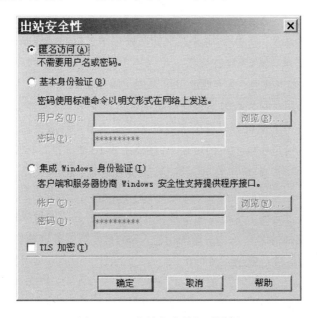

图 6-28　"出站安全性"对话框

③ 高级设置：单击"高级"按钮，出现图 6-29 所示的对话框，对传递进行高级设置。

- 最大跳数。跳数是消息在 Internet 上通过路由器的数量，最大跳数指定了一封邮件传送到收件人服务器的过程中所通过的路由器数目的上限，默认为 15，即邮件在传过 15 个路由器之后，将被自动放弃传送，返回发送服务器并附交 NDR。
- 虚拟域。在 SMTP 协议中规定邮件的报头包含一个"mail from"值，该值指示邮件的发送主机域名，虚拟域的值就是在"mail from"中代替真实域名的别名。这种方式有效地解决了域名安全保密问题，甚至可以使用中文。

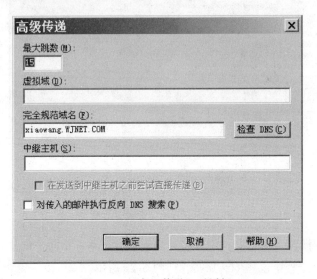

图 6-29 "高级传递"对话框

- 安全规范域名 FQDN。在 DNS 服务器上的两种记录可以对邮件服务器的域名进行解析：MX 记录和 A 记录。MX（邮件交换）记录用于在邮件服务器的完全规范域名（FQDN）和 IP 地址之间做出映射；A（地址）记录用于映射主机名和 IP 地址。两种记录在 DNS 服务器上共同使用时可以有效地解决解析问题。
- 中继主机。通过中继主机可以将全部待发邮件交由另一台服务器上的 SMTP 远程域来进行实际发送，可指定中继主机的域名（FQDN）或 IP 地址进行标识，推荐使用 IP 地址以减少解析时间。

（4）LDAP 路由

使用"LDAP 路由"选项卡来指定用于该 SMTP 虚拟服务器的目录服务器的标识和属性。该目录服务将存储有关邮件客户及其信箱的信息。SMTP 虚拟服务器使用"轻便目录存取协议"（LDAP）来与该目录服务进行通信。

（5）安全设置

选择"安全"选项卡，可以指定服务器的操作员，单击"添加"按钮，打开"添加用户"对话框，输入操作员账户，单击"确定"按钮，完成服务器操作员添加到操作员列表中；在"操作员"列表中选择操作员，单击"删除"按钮，可以删除服务器操作员账户，如图 6-30 所示。

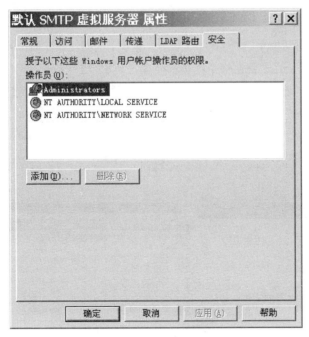

图 6-30 "安全"选项卡

课堂练习

1. 练习场景

网坚总公司管理员利用 Windows Server 2003 提供的邮件服务组件在计算机名为 xiaowang.WJNET.COM，IP 地址为 172.16.28.10 的计算机上搭建好邮件服务器，现对该邮件服务器收发邮件功能进行测试。

2. 练习目标

- SMTP 服务端口设置。
- SMTP 服务启动、停止。
- Outlook Express 客户端收发邮件。

3. 练习的具体要求与步骤

① 设置 SMTP 服务端口为 25。

② 启动 SMTP 服务。

③ 创建 POP3 服务器的的电子邮件账户。

④ 启动 Outlook Express 客户端程序收发邮件

拓展与提高

Windows Server 2003 操作系统的 POP3 服务组件可以使用户无须借助任何工具软件，即可搭建一个邮件服务器，同时也可对 POP3 服务进行管理。

1. POP3 服务的管理

在"管理工具"对话框中选择"POP3 服务"选项，打开 POP3 服务器管理窗口。单击窗口中的 POP3 服务器图标，在右侧窗格中将显示可对该 POP3 服务器进行的操作。

- 连接到其他服务器。单击该选项可以连接到其他服务器，利用 Windows Server 2003 邮件服务器进行远程管理，如图 6-31 所示。
- 刷新。刷新当前 POP3 服务。

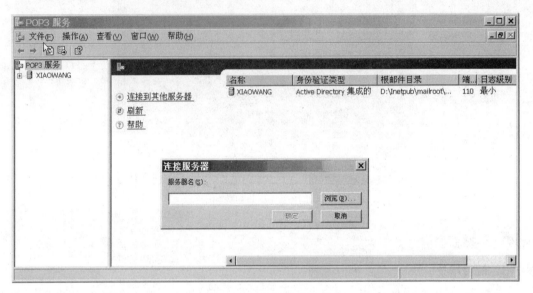

图 6-31   连接服务器

右击 POP3 服务器可以进行如下操作：

- 断开服务器。右击邮件服务器图标，在弹出的快捷菜单中选择"断开"命令将断开与服务器的连接。
- 暂停 POP3 服务。右击邮件服务器图标，在弹出的快捷菜单中选择"所有任务"→"暂停"命令，将暂停选定的邮件服务器的 POP3 服务，不再接受新的连接，但现有的连接不受影响。
- 重新启动 POP3 服务。右击邮件服务器图标，在弹出的快捷菜单中选择"所有任务"→"重启动"命令将重新启动选定的邮件服务器的 POP3 服务。
- 停止 POP3 服务。右击邮件服务器图标，在弹出的快捷菜单中选择"所有任务"→"停止"命令将停止选定的邮件服务器的 POP3 服务，终止当前所有连接。
- 服务器属性。在服务器属性对话框中可以查看和修改服务器的属性参数，如图 6-32 所示。

在"身份证验证方法"下拉列表框中显示了服务器采用的身份验证方法；在"服务器端口"文本框中显示的是 POP3 服务器使用的 TCP 端口，可以设置为 1～65 535 之间的空闲端口值，默认为 110；在"日志级别"下拉列表框中可选择 4 种日志级别："无"表示服务器日志不记录事件，"最小"表示服务器日志仅记录关键事件，"中"表示服务器日志记录关键性事件和警告事件，"最大"表示服务器日志记录关键事件、警告事件和信息事件；"根邮件目录"文本框用来设置邮件账户存储的物理路径；选中"对所有客户端连接要求使用安全密码身份验证（SPA）"复选框将以安全身份密码验证的方式实现 POP 服务，如果不选中此复选框，则以明文方式传输用户凭据；选中"总是为新的邮箱创建关联的用户"复选框表明在创建邮箱的同时也创建同名的邮件账户。

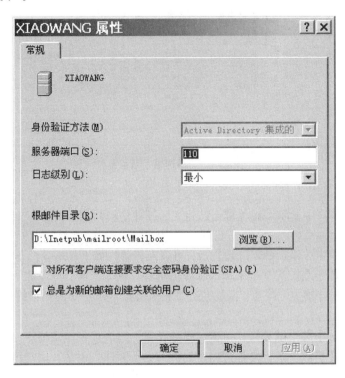

图 6-32　POP3 服务器属性对话框

2. 邮件域的管理

在"POP3 服务"窗口中单击"域"，在窗口右窗格中会显示可对该域的操作列表。

- 创建新域。单击"新域"超链接，可以创建新域，如图 6-33 所示。
- 锁定域。单击该超链接可以执行域的锁定操作。锁定域将禁止查询电子邮件，当域被锁定后仍然能接收传入到域的电子邮件，并传送到邮件存储区合适的用户目录，传出的邮件也照样能发送。但是，所有从服务器下载邮件的用户，其连接请求都会被拒绝。域被锁定后，仍然可以执行管理任务。锁定域时，如果用户正连接到邮件服务器，则邮箱不被锁定。选中某个域，单击"锁定域"超链接后，该选项将变成"解锁域"选项，单击执行解锁操作，解除域的锁定将允许域中所有的用户使用电子邮件。
- 删除域。单击"删除域"超链接，将删除选定的邮件域。

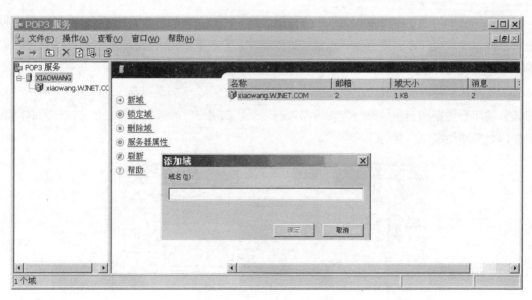

图 6-33 "添加域"对话框

3. 邮箱管理

在 POP3 服务窗口中显示了邮件域上已建立的邮件信箱列表，如图 6-34 所示，同时显示了可进行的相关操作。

- 添加邮箱。单击"添加邮箱"超链接，可以在该邮件域下添加新的邮件信箱，如图 6-35 所示，在"邮箱名"文本框中输入邮件信箱名，在"密码"和"确认密码"文本框中输入密码，单击"确定"按钮。成功建立邮箱后会提示出建立的邮箱的信息，单击"确定"按钮。
- 锁定邮箱。选中某个邮箱后，单击"锁定邮箱"超链接将锁定选定的邮箱。当邮箱被锁定后，仍然能接收发送到邮件存储区的传入电子邮件。但是，用户却不能连接到服务器检索电子邮件。锁定邮箱只是限制了用户使其不能连接到服务器。管理员仍可以执行所有管理任务。邮箱被锁定后，"锁定邮箱"变成"解锁邮箱"，单击可以实现对指定邮箱的解锁。

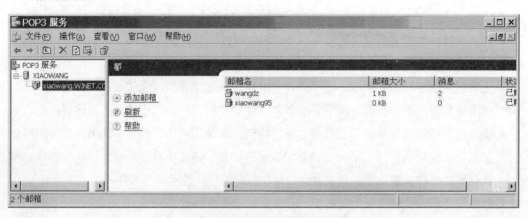

图 6-34 POP3 服务邮件箱管理窗口

● 删除邮箱。选中某个邮箱后，单击"删除邮箱"超链接将删除选定的邮箱。

图 6-35　添加邮箱对话框

练 习 题

一、填空题

1. 电子邮件系统由_____、_____和_____这 3 部分组成。

2. 电子邮件协议包括_____协议和_____协议。

3. 电子邮件协议中用于提交和传送邮件的是_____协议。

4. 用户电子邮箱格式为_____。

5. 电子邮件可以实现_____和_____通信。

6. 需在收信人地址栏中输入_____隔开各地址，就可实现同时给多人发信。

二、选择题

1. 当电子邮件在发送过程中有错误时，则（　　　）。

　　A. 电子邮件服务器将自动把有错误的邮件删除

　　B. 邮件将丢失

　　C. 电子邮件服务器会将原邮件退回，并给出不能寄达的原因

　　D. 电子邮件服务器将自动忽略此次动作，不做任何反应

2. 下列关于 POP3 邮件系统的叙述，正确的是（　　　）。

　　A. POP3 邮件系统均是在 IIS 中进行配置的

　　B. POP3 邮件系统不支持互联网邮件收发

　　C. 在 POP3 邮件系统中，不同身份验证方式的客户端账户配置也不一样

　　D. POP3 邮件系统中不支持匿名身份验证

3. 下列不是 POP3 服务器可以使用的身份验证方式是（   ）。

A．匿名身份验证

B．本地 Windows 账户身份验证

C．Active Directory 集成的身份验证

D．加密密码文件身份验证

4. 下面关于 POP3 邮件系统中 Active Directory 集成身份验证的叙述，正确的是（   ）。

A．采用 Active Directory 集成身份验证方式时，POP3 服务器可以在安装成员服务器中

B．多个邮件域中可以有相同的邮箱名

C．多个邮件域中可以有相同的用户账户名

D．不支持具有 Windows 2000 以前版本的同一用户登录名的多个账户

5. 下列有关 POP3 邮件域的叙述，不正确的是（   ）。

A．POP3 邮件域名可以不是当前域网络的域名

B．POP3 邮件系统中可以创建多个邮件域

C．采用了非当前网络域名时，必须在当前网络的 DNS 服务器上配置 MX 记录

D．POP3 邮件域只支持顶级域名

6. 下列有关 POP3 邮件系统邮件存储区的叙述，不正确的是（   ）。

A．不能将邮件存储区设置成硬盘的根目录

B．邮件存储区只支持本地存储

C．要成功更改邮件存储区只需要在 POP3 服务器属性对话框中进行更改

D．POP3 邮件系统中的用户邮箱大小是通过磁盘配额来控制的

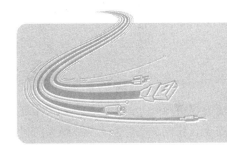

项目 **7**

配置与管理流媒体服务

网坚公司非常重视对员工的培训，以此提升企业的竞争力，提高员工对企业的忠诚度。采用的培训方式是事先将培训内容制作成视频，并在 Internet 上发布，以方便员工利用空闲时间，随时随地的学习。另外，总公司将举办一次周年庆祝活动，并决定通过网络进行实况直播，一方面使分公司的员工也可以感受现场的热烈气氛，另一方面，达到宣传公司形象的目的。

为解决上述问题，网络管理员决定架设一台流媒体服务器，将培训视频存放在服务器上，并向员工提供视频点播（VOD）服务，使员工可以在网络上点播学习培训的内容，同时实况广播周年庆祝的盛况。

Windows Server 2003 系统内置的流媒体服务组件 Windows Media Services（Windows 媒体服务，简称 WMS），是一款常用的通过 Internet 或 Intranet 向客户端传输音频和视频内容的服务平台。利用 WMS 可以实现视频点播、实况广播等功能。WMS 支持.asf、.wma、.wmv 等格式的媒体文件。

本项目将基于 Windows Server 2003 在网坚公司的企业网络中使用 WMS 打造网络媒体中心，为企业员工提供培训内容的视频点播和周年庆祝活动的现场实况广播。本项目主要包括以下任务：

- 了解 Windows Media 流媒体服务。
- 架设视频点播系统。
- 架设实况广播系统。

任务 1　了解 Windows Media 流媒体服务

任务描述

在 Internet 和 Intranet 中提供视频点播、实况广播等类似的服务，必须依靠流媒体技术。作为企业网络管理员，需要掌握与流媒体技术相关的一些基础知识，因此，可以更好地配置和管理流媒体服务器，为用户提供质量高、传输快、安全稳定的视听服务。通过本次任务的学习主要掌握：

- 掌握流媒体技术的概念。

- 掌握流媒体的格式。
- 理解常见的流媒体传输协议。
- 理解流媒体的播放方式。

任务分析

为了在企业中架设流媒体服务器，为网络用户提供丰富的视听服务，流媒体技术方面的理论是至关重要的，只有打下良好的理论基础，才能架设出安全、稳定、高性能、功能强大的流媒体系统，更好地管理和维护流媒体服务器。

在 Windows Media 流媒体系统中，主要支持扩展名为*.asf、*.wmv、*.wma 和*.mp3 等多媒体文件类型，用户可以通过 MMS 协议、实时流协议（RTSP）以及超文本传送协议（HTTP）传输流媒体数据，主要包括单播和多播两种播放方式。

本次任务主要包括以下知识与技能点：

- 流媒体和流媒体技术。
- 常见流媒体格式。
- 流媒体的传输协议。
- 流媒体信息的播放方式。

相关知识与技能

1. 流媒体技术

所谓流媒体（Streaming Media）是指采用流技术在网络上传输音频、视频等多媒体文件的媒体形式。流媒体技术是把连续的音频视频信息经过压缩处理后放到网络服务器上，让用户随时在线视听的网络传输技术。

应用流媒体技术，音频、视频等多媒体信息由流媒体服务器向客户端连续、实时传送，它首先在客户端创建一个缓冲区，在播放前预先下载一段资料作为缓冲，用户不必等到整个文件全部下载完毕，而只需经过几秒或十几秒的启动延时即可进行观看。当多媒体信息在客户端上播放时，文件的剩余部分将在后台从服务器内继续下载。如果网络连接速度小于播放的多媒体信息需要的速度时，播放程序就会取用先前建立的一小段缓冲区内的资料，避免播放的中断，使得播放品质得以维持。

由于流媒体技术的优越性，该技术被广泛应用于视频点播、视频会议、远程教育、远程医疗和实况直播系统中。

2. 流媒体格式

流媒体文件格式经过特殊编码，不仅采用较高的压缩比，还加入了许多控制信息，使其能够在网络上流式传输。常见的流媒体格式有以下几种：

（1）Windows Media 格式

Mircosoft 公司的视频流媒体格式是 Windows Media 格式，文件扩展名是*.asf。ASF 是一种数据格式，音频、视频、图像等多媒体信息通过这种格式以网络数据包的形式传输，实现流式多媒体内容的发布。

（2）RealMedia 格式

RealNetworks 公司的视频流媒体格式是 RealMedia 格式，包括 RealAudio、RealVideo 和 RealFlash 这 3 类文件，文件扩展名为*.rm，其中 RealAudio 用来传输接近 CD 音质的音频数据，RealVideo 用来传输不间断的视频数据，RealFlash 则是 RealNetworks 公司与 Macromedia 公司新近联合推出的一种高压缩比的动画格式。

（3）QuickTime Movie 格式

Apple 公司的视频流媒体格式是 QuickTime Movie 格式，现已成为数字媒体领域的工业标准，文件扩展名是*.mov。因为这种文件格式能用来描述几乎所有的媒体结构，所以它是应用程序间（不管运行平台如何）交换数据的理想格式。

3. 流媒体传输协议

基于 WMS 的流媒体系统目前分别支持 Microsoft Media Service（MMS）、实时流协议（RTSP）以及超文本传输协议（HTTP）等多种数据传输协议。

（1）MMS 协议

MMS 协议是 Microsoft 为 WMS 的早期版本开发的流式媒体协议。在以单播流方式传递内容时，可以使用 MMS 协议。此协议支持暂停、快进或后退等播放器控制操作。MMS 协议的工作示意图如图 7-1 所示。

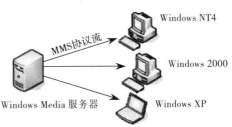

图 7-1　使用 MMS 协议工作示意图

如果由播放器指定的连接使用了 MMS，那么播放器就可以使用协议翻转（在 Windows Media 服务器无法通过特定协议建立连接时从一种协议切换到另一种协议的过程）协商使用最佳协议。MMSU 和 MMST 是 MMS 协议的专门化版本。MMSU 基于 UDP 传输，是流式播放的首选协议。MMST 基于 TCP 传输，用在不支持 UDP 的网络上。

WMS 通过 WMS MMS 服务器控制协议插件实现 MMS 协议。在 WMS 的默认安装中，此插件是启用的，并且绑定到 TCP 端口 1755 和 UDP 端口 1755。

（2）HTTP

通过使用 HTTP，用户可以将内容从编码器传输到 Windows Media 服务器，在运行 WMS 不同版本的计算机间或被防火墙隔开的计算机间分发流，以及从 Web 服务器上下载动态生成的播放列表。HTTP 对于通过防火墙接收流式内容的客户端特别有用，因为 HTTP 通常设置为使用 TCP 的 80 端口，而大多数防火墙不会阻断该端口。使用 HTTP 协议的工作示意图如图 7-2 所示。

通过 HTTP 可以向所有 Windows Media Player 版本和其他 Windows Media 服务器传递流。如果客户端通过 HTTP 连接到服务器，那么就不会发生协议翻转。

WMS 使用 WMS HTTP 服务器控制协议插件控制基于 HTTP 的客户端连接。用户必须启用此插件才能允许 WMS 通过 HTTP 向客户端传输内容或从 Windows Media 编码器接收流。

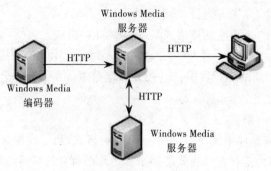

图 7-2　使用 HTTP 工作示意图

（3）RSTP

WMS 也可以使用实时流协议（RTSP）以单播流方式传递内容，如图 7-3 所示。RTSP 是一个应用程序级别的协议，是为控制实时数据的传递而专门创建的。此协议是在面向纠错的传输协议基础上实现的，并支持暂停、快进或后退等播放器控制操作，用户可以使用 RTSP 将内容传输到运行 Windows Media Player 9 系列（或更高版本）或 Windows Media Services 9 系列的计算机。RTSP 是一个控制协议，该协议与实时传输协议（RTP）依次发挥作用，实现向客户端提供内容。

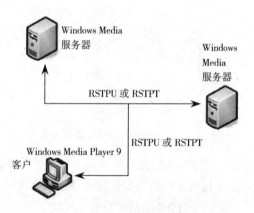

图 7-3　使用 RSTP 协议工作示意图

WMS 通过 WMS RTSP 服务器控制协议插件实现 RTSP，在 WMS 的默认安装中，此插件是启用的，并且绑定到 TCP 端口 554。

4．流媒体的播放方式

WMS 流媒体系统支持以下几种播放方式。

（1）单播

单播指客户端与服务器之间的点到点连接，即每个客户端都从服务器接收远程流且仅当客户端发出请求时才发送单播流。每一次单播流只传送给一个客户端，如果有多个客户端请求，服务器就要把相同内容的信息传输给多个客户端，需要传输多个拷贝，如图 7-4 所示。

（2）多播

多播也称为组播，是一种在网络上传输数据的方法，这种方法允许一组客户端接收相同的数据流，如图 7-5 所示。采用多播方式，网络带宽得以高效利用。

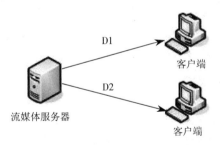

图 7-4　单播播放方式

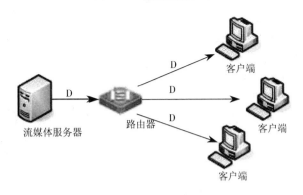

图 7-5　多播播放方式

　注意

　用多播方式传递时，路由器应该已启用多播功能，并且只能用于建立广播发布点。

📖 **课堂练习**

1. 练习场景

互联网的迅猛发展和普及为流媒体业务发展提供了强大的市场动力，流媒体业务日益流行。在 Internet 和 Intranet 中，有很多场合应用多媒体系统提供视听服务。

2. 练习目标

了解流媒体服务的应用场景。

3. 练习的具体要求与步骤

请思考，在企业、学校等各行业，有哪些场合使用流媒体技术。

📚 **拓展与提高——常用的流媒体系统**

目前主流的流媒体系统主要有 Apple（苹果）公司的 Quicktime 系统、Real Networks 公司的 Real 系统和微软公司的 Windows Media Services 系统。Quicktime 系统和 Real 系统服务器端软件分别是 Darwin Streaming Server 和 Helix Server，另外，美萍 VOD 点播系统也是一套功能强大、使用简单的 VOD 点播系统。

任务 2　架设视频点播系统

任务描述

网坚公司为了向员工提供视频点播和广播服务，决定在企业网络中部署流媒体系统。公司部署流媒体系统的网络环境如图 7-6 所示。

在流媒体服务器上需要存放处理好的培训视频流媒体文件，通过对流媒体服务器进行配置和管理，创建视频点播系统，为公司员工提供视频点播服务。

通过本次任务的学习主要掌握：

- 掌握安装 WMS 组件的操作。
- 创建点播—单播发布点的操作。
- 掌握管理发布点的操作。
- 掌握客户端播放媒体流的方法。

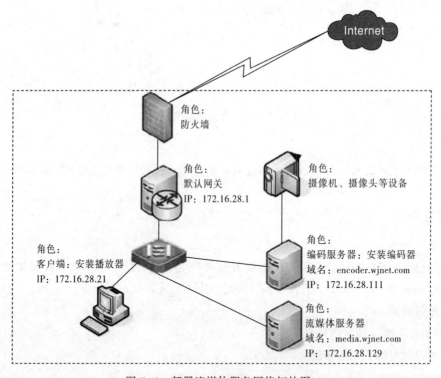

图 7-6　部署流媒体服务网络拓扑图

任务分析

架设流媒体服务器之前，需要准备具有流媒体处理、内容发布、传输等功能的软件。Windows Server 2003 系统中内置的 WMS 组件，可以实现发布、传输、测试流的功能，但 WMS 组件默认并没有安装，在 Windows Server 2003 系统上利用 WMS 搭建流媒体服务器，必须事先安装该组件。

管理员可以将处理好的流媒体文件存储在服务器上，也可以发布从视/音频采集设备中传来的实况流。在流媒体服务器上，通过建立发布点来发布流媒体内容和管理用户连接。对于视频点播系统，通常会在服务器上创建点播发布点。配置成功后，公司员工可以通过 WMS 支持的 MMS 协议连接到服务器，在播放器中观看培训视频。

架设视频点播流媒体系统需要满足以下要求：

- 流媒体服务器必须安装使用能够提供 WMS 服务的 Windows 版本，如 Windows Server 2003 企业版（Enterprise）、标准版（Standard）等。
- 流媒体服务器应具有较大容量的存储空间来存储流媒体信息。
- 架设流媒体服务器需要具有系统管理员的权力。

架设流媒体服务器，首先需要在满足上述要求的计算机中安装 WMS 服务，然后创建发布点，通过该发布点向网络用户提供连接的接口。本次任务主要包括以下知识与技能点：

- WMS 组件安装方法。
- 架设点播—单播流媒体系统。
- 客户端播放媒体流的方法。

相关知识与技能

1. 安装 WMS 组件

安装该组件需要有 Windows Server 2003 系统光盘的支持。选择"开始"→"控制面板"→"添加或删除程序"选项，打开"添加或删除程序"对话框，然后选择"添加/删除 Windows 组件"选项，打开组件向导对话框，在组件列表框中，选中"Windows Media Services"复选框，如图 7-7 所示，根据向导完成安装。

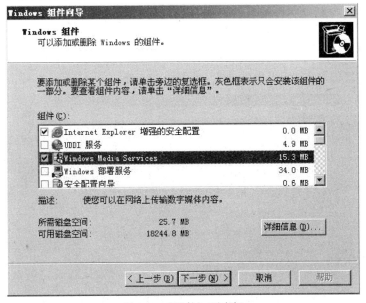

图 7-7 "组件"列表框

完成 WMS 组件安装之后，选择"开始"→"管理工具"→"Windows Media Services"命令，打开 WMS 控制台。Windows Media 服务器附带有两个默认的发布点，一个是"<默认>点播"发布点，另一个是"Sample_Broadcast"广播发布点。在一个 Windows Media 服务器上可以配置运行多个发布点，并安置广播内容和点播内容的组合。

2. 创建视频点播发布点

（1）添加发布点

发布点是接受用户连接请求的接口，用于管理和发布流媒体内容。打开 Windows Media 服务器以后，可以使用"添加发布点向导"创建一个新的发布点。操作过程如下：

① 在 Windows Media 服务器控制台窗格中单击服务器图标，展开树型列表，再右击"发布点"，在弹出的快捷菜单中选择"添加发布点（向导）"命令。

② 打开"添加发布点向导"对话框，直接单击"下一步"按钮。打开"发布点名称"对话框，在"名称"文本框中输入发布点名称（如 Training），如图 7-8 所示。

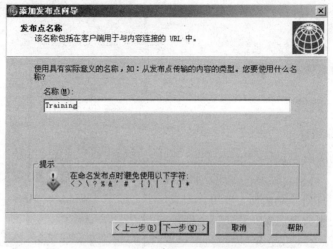

图 7-8 "发布点名称"对话框

③ 单击"下一步"按钮，要求选择要传输的内容类型，因为这里需要将培训流媒体文件处理好放在服务器某个目录下，所以选择"目录中的文件"单选按钮，如图 7-9 所示。

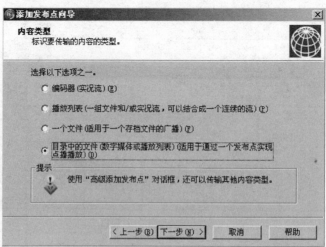

图 7-9 "内容类型"对话框

注意

在这里选择不同的选项，后继的设置会作相应变化。

知识链接

编码器（实况流）：将流媒体服务器连接到安装有 Windows Media 编码器的计算机上。Windows Media 编码器可以将来自视频采集卡、摄像机、耳麦等设备的媒体源转换成实况流，然后通过发布点广播。该选项适用于广播发布点。

播放列表：创建能够添加一个或多个流媒体文件的发布点，以发布一组在播放列表中指定的媒体流。播放列表文件扩展名为.wsx 或.asx，需要事先创建。

一个文件：创建发布单个文件的发布点。

目录中的文件：创建能够实现点播播放多个文件的发布点，目录通常是服务器存放需要发布的流媒体文件的路径。

④ 单击"下一步"按钮，选择发布点的类型。在这里要创建点播系统，故选择"点播发布点"单选按钮，如图 7-10 所示。

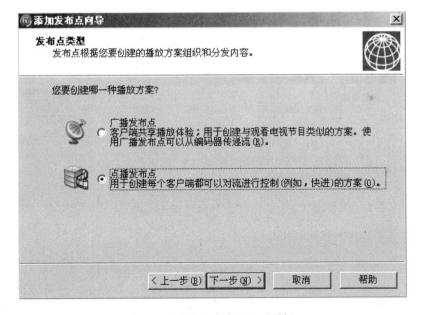

图 7-10 "发布点类型"对话框

知识链接

广播：流媒体服务器主动向客户端发送媒体流数据，而客户端被动接收媒体流，但用户不能控制媒体流，不能进行暂停、快进或后退等操作。

点播：客户端主动向流媒体服务器发出连接请求，流媒体服务器响应客户端的请求并将媒体流发布出去。用户可以完全控制流，可以进行暂停、快进或后退等操作。

⑤ 单击"下一步"按钮，选择好该发布点的主目录。

⑥ 如果希望在创建的点播发布点中按照顺序发布主目录中的所有文件，则可以选中"允许使用通配符对目录内容进行访问"复选框，如图 7-11 所示。

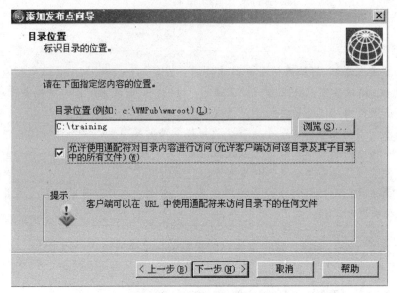

图 7-11 "目录位置"对话框

⑦ 单击"下一步"按钮，选中"循环播放"和"无序播放"复选框，如图 7-12 所示。

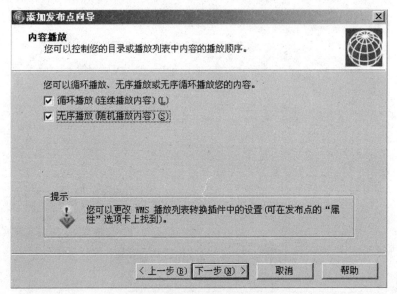

图 7-12 "内容播放"对话框

⑧ 单击"下一步"按钮，根据需要选择是否启用日志，如图 7-13 所示。

⑨ 单击"下一步"按钮，发布点摘要中会显示所设置的流媒体服务器参数，检查设置是否有误。

⑩ 确认设置无误后，单击"下一步"按钮，向导提示进行进一步的创建发布点"公告文件"，该文件为播放器提供在连接到 Windows Media 服务器接受内容时需要的信息。这里取消选

中"完成向导后"复选框，单击"完成"按钮，完成设置。

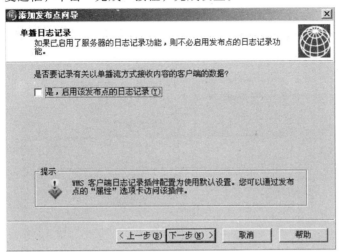

图 7-13 "单播日志记录"对话框

（2）管理发布点

① 启用或关闭发布点：在"监视"选项卡下，用户可以单击"允许新的单播连接"或"拒绝新的单播连接"按钮来启用或关闭发布点。如果希望断开当前已经连接到发布点的所有客户端连接，可以单击"断开所有客户端连接"按钮，如图 7-14 所示。

图 7-14 "Windows Media Services"的"监视"选项卡

② 客户端授权：在"属性"选项卡下，选择"类别"列表框中的"授权"选项，在右边的"插件"列表中双击"WMS IP 地址授权"选项，对客户端的访问进行授权，如图 7-15 所示。

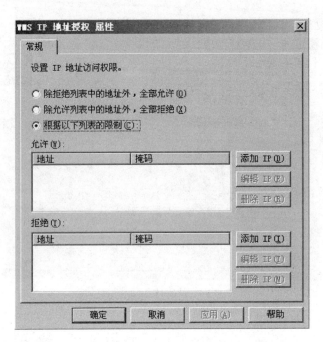

图 7-15 "WMS IP 地址授权属性"对话框

（3）在客户端播放流媒体

成功架设流媒体服务器以后，客户端即可以使用 Windows Media Player 连接到流媒体服务器，以接收发布点发布的媒体流。以 Windows Media Player 9.0 为例，操作过程如下：

① 在 Windows Media Player 菜单中选择"文件"→"打开 URL"命令，在文本框中输入发布点连接地址（如：mms://media.wjnet.com/training/魔术.wmv），如图 7-16 所示。

图 7-16 "打开 URL"对话框

 注意

media.wjnet.com 是流媒体服务器的域名，事先在 DNS 服务器中配置过，这里也可以用 IP 地址表示。

② 单击"确定"按钮，Windows Media Player 将连接到发布点，并开始播放发布点中的流媒体内容。用户可以对媒体流进行暂停、播放和停止等播放控制。

📝 课堂练习

1. 练习场景

利用 Windows Server 2003 中的 WMS，在局域网中架设流媒体服务器，发布自己喜欢的视频、音频文件。

2. 练习目标

- 安装 WMS 组件。
- 添加点播—单播发布点。
- 测试播放媒体流。

3. 练习的具体要求与步骤

① 从互联网下载或自己制作 WMS 支持的流媒体格式文件；

② 在 Windows Server 2003 系统上安装 WMS 服务；

③ 在流媒体服务器中添加点播—单播发布点，并在客户端测试。

任务 3　架设实况广播系统

📋 任务描述

在任务 2 中架设的流媒体服务器目前只能够提供视频点播服务，而网坚公司的周年庆祝活动直播需要在 WMS 中创建广播发布点，网络用户通过 Internet 或局域网连接到流媒体服务器，观看实时视频。

通过本次任务的学习主要掌握：

- 正确安装编码器。
- 配置和使用编码器。

● 掌握组建实况广播系统的方法。

任务分析

实况广播系统通常是通过编码服务器上的编码器获取音频、视频等设备捕捉到的信息，然后将其编码转换成媒体流，以推传递或者拉传递的方式将流传送给流媒体服务器。为提高性能，节省服务器开销，可以在一台独立的计算机（编码服务器）上安装编码器，为流媒体服务器提供信息源。

架设实况广播流媒体系统需要满足以下要求：

● 流媒体服务器必须安装使用能够提供 WMS 服务的 Windows 版本，如 Windows Server 2003 企业版（Enterprise）、标准版（Standard）等。
● 编码服务器和流媒体服务器应具有较大容量的存储空间存储来存储流媒体信息。
● 编码服务器上需要安装编码器和视频音频采集设备。
● 架设流媒体服务器需要具有系统管理员的权力。

为了提高性能，可以使用不同的计算机担当编码服务器和流媒体服务器，在编码服务器上采集信息并为流媒体服务器提供信息源，流媒体服务器安装 WMS 服务，然后创建广播发布点。本次任务主要包括以下知识与技能点：

● 安装编码器。
● 配置和使用编码器。
● 添加广播发布点。

相关知识与技能

1. Windows Media 编码服务器

Windows Media Encoder 是一款容易使用，功能强大的软件，提供用户自行录制影像的功能，可以从视频采集设备或桌面画面录制，也提供文件格式转换的功能。利用该软件提供网络现场播放的信息源，架设 Windows Media 编码服务器。

（1）安装 Windows Media 编码器

① 用户可以登录微软官方网站 http://www.microsoft.com 获取 Windows Media Encoder 编码器软件。

② 在将要架设的编码服务器上安装 Windows Media Encoder，为流媒体服务器提供实况广播信息源。双击 Windows Media Encoder 安装文件，根据向导便可完成安装。

（2）创建广播会话

编码器在开始编码前，需要为编码工作建立一个会话，所谓会话就是此次编码要执行的工作和设置其他相关的选项，这是执行编码工作前不可或缺的一步。下面，利用 Windows Media Encoder，创建一个广播会话，操作过程如下：

① 依次选择"开始"→"程序"→"Windows Media"→"Windows Media 编码器"命令，进入 Windows Media Encoder 编辑环境，选择"向导"选项卡下的"广播实况事件"。

② 单击"确定"按钮后，要求选择捕获视频和音频的设备，如图 7-17 所示。

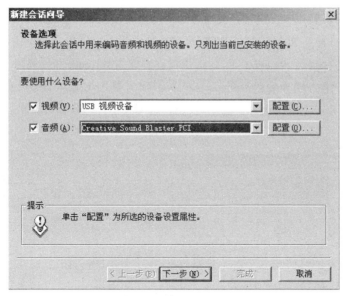

图 7-17 "设备选项"对话框

③ 单击"下一步"按钮，选择将编码后的媒体流如何传送到流媒体服务器，具体有推传递和拉传递两种方式。在这里选择"自编码器拉传递"单选按钮，如图 7-18 所示。

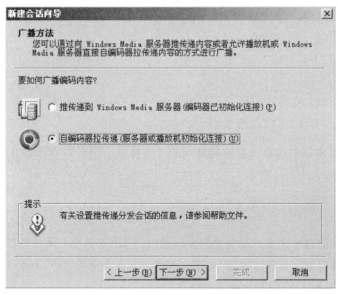

图 7-18 "广播方法"对话框

✐ 知识链接

　　推传递：即为编码器将主动与 Windows Media 服务器建立连接，并将编码后的媒体流传递给服务器。

　　拉传递：即为播放器或 Windows Media 服务器将连接到编码服务器的某个 HTTP 端口上接收内容，拉传递是默认的传送方式，默认端口是 8080。

④ 单击"下一步"按钮，设置需要通过哪个端口连接到编码服务器，默认是 8080，由于很多服务的默认端口都是 8080，所以 8080 可能会被占用，可以单击"查找可用端口"按钮，选择一个未被占用的端口，如 1066。同时，也可以看到在 Internet 和局域网中访问的 URL（如 http://172.16.28.111:1066 或 http://encoder.wjnet.com:1066，其中 172.16.28.111 是编码服务器的 IP 地址，encoder.wjnet.com 是编码服务器的域名，工作组模式中可以使用计算机名访问），如图 7–19 所示。

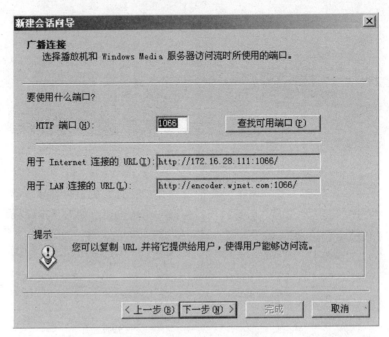

图 7–19 "广播连接"对话框

⑤ 单击"下一步"按钮，设置音频视频的压缩参数。不经过压缩的音频视频信息是很大的，既浪费内存又会占用大量带宽，这里选择默认即可，如图 7–20 所示。

💡 **小技巧**

如果编码后的流用于速度比较快的网络，请使用 CBR 编码，这样编码速度比使用 VBR 要快很多。通常情况下，如果想达到 VCD 的效果，至少要选择 244 Kbit/s 比特率；要想达到 DVD 的效果，至少要达到 1 017 Kbit/s 比特率。

---

⑥ 单击"下一步"按钮，设置是否将编码内容保存副本到文件。如果需要保存则选中"将广播的副本存档到文件"复选框，在下面文本框中输入保存的路径和文件名。

⑦ 单击"下一步"按钮，可以设置是否将包含欢迎、休息和再见内容的视频文件包括到广播会话中。

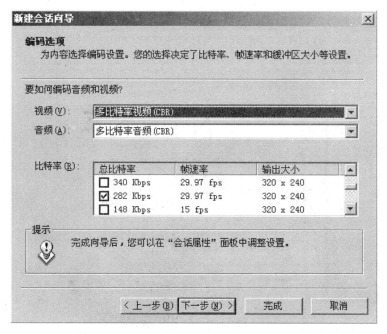

图 7-20 "新建会话向导"的"编码选项"对话框

⑧ 单击"下一步"按钮，设置显示信息，如标题、作者、描述等，如图 7-21 所示。

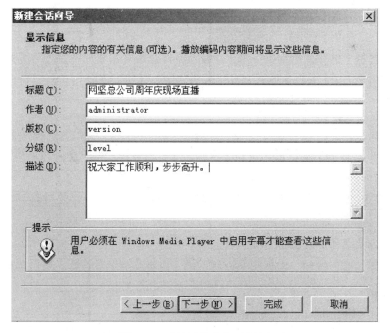

图 7-21 "显示信息"对话框

⑨ 单击"下一步"按钮，检查设置是否正确。检查无误后单击"完成"按钮。

⑩ 完成后可以在编辑环境中看到视频音频设备捕获的视音频信息，如图 7-22 所示。

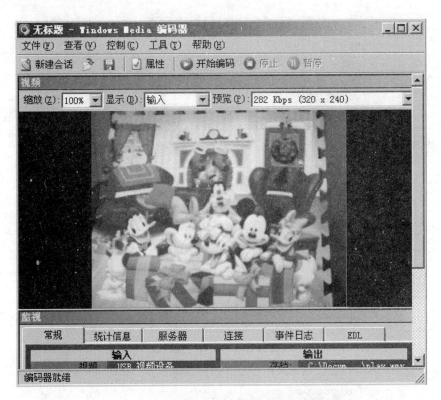

图 7-22 "Windows Media 编码器"编辑环境

⑪ 单击工具栏上的"开始编码"按钮，编码器将开始对捕获的信息进行编码和存储。此时编码器就绪，随时可以向流媒体服务器提供编码后的媒体流。直播结束时，可以单击"停止"按钮停止编码。

2．创建实况广播发布点

在 WMS 上可以通过添加广播发布点来架设实况广播流媒体服务器，操作过程如下：

（1）创建新的广播发布点

① 打开 WMS 控制台，在左边的控制台窗格中右击"发布点"，利用发布点向导添加广播发布点。

② 创建发布点名称，此处取 Anniversary。

③ 单击"下一步"按钮，出现图 7-9 所示的"内容类型"对话框，然后选择"编码器（实况流）"单选按钮。

④ 单击"下一步"按钮，这里只能创建"广播发布点"。

⑤ 单击"下一步"按钮，选择播放方式。这里选择"单播"单选按钮，如图 7-23 所示。

⑥ 单击"下一步"按钮，在"编码器 URL"文本框中输入安装好了 Windows Media 编码器的编码服务器的访问路径，格式为：http://编码服务器 IP 地址：端口号或 http://编码服务器域名：端口号，工作组模式中也可以用 http://编码服务器计算机名：端口号，如图 7-24 所示。

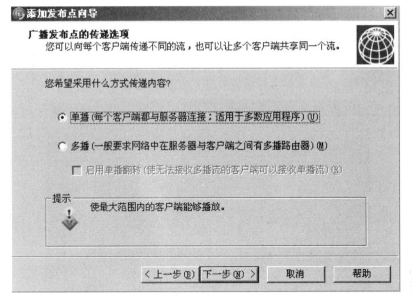

图 7-23 "广播发布点的传递选项"对话框

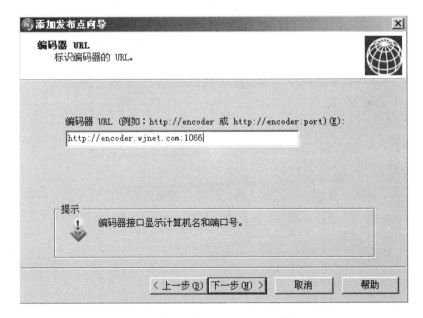

图 7-24 "编码器 URL"对话框

⑦ 单击"下一步"按钮，选择是否启用日志记录，再单击"下一步"按钮，查看发布点设置的参数，检查是否有错，若选择"向导结束使启动发布点"选项，可以在设置完成后，启动该广播发布点。

⑧ 单击"下一步"按钮，完成广播发布点的添加。

（2）客户端播放视频直播

在客户端可以利用 Windows Media Player 连接到流媒体服务器的广播发布点，操作过程如下：

① 在 Windows Media Player 菜单中选择"文件"→"打开 URL"命令，在文本框中输入发

布点连接地址，格式通常为 mms://流媒体服务器 IP 地址或域名/发布点名称，（如：mms://media.wjnet.com/Anniversary）。

② 单击"确定"按钮，Windows Media Player 将连接到发布点，并开始播放发布点中的流媒体内容。但用户不可以对媒体流进行播放控制，如图 7-25 所示。

图 7-25 "Windows Media Player"播放视频窗口

课堂练习

1. 练习场景

事先准备好一段流媒体格式的视频剪辑，作为广播的内容。在服务器上新建一个广播发布点，将该视频剪辑通过广播方式发布，在网络中另外一台计算机中测试发布效果。

2. 练习目标

● 掌握添加广播发布点的方法。
● 进一步了解 WMS 的功能。
● 掌握访问广播发布点的方法。

3. 练习的具体要求与步骤

① 准备一段视频剪辑；
② 在流媒体服务器上创建新的广播发布点；
③ 客户端访问发布点，播放视频剪辑。

拓展与提高

1. 制作流媒体文件

目前网络上比较流行的视频文件格式主要包括*.mpeg、*.rm 以及 DVD 格式等，这些视频文件在 WMS 中式是不支持的，需要通过下载转换软件进行格式转换，Windows Media 编码器也可以将音频/视频文件转换成 Windows Media 格式文件，常用的格式转换软件还有超级解霸、Helix Producer 等。

2. 在流媒体中插播广告

当用户连接到 Windows Media Services 服务器，开始播放视频文件和视频文件的内容播放结束时，可以使用 Windows Media Services 提供的包装广告或插播式广告功能来提供广告。广告的内容由用户自己确定，形式既可以是一幅或几幅图片，也可以是一段视频或音频。具体操作可以参考帮助文档。

练 习 题

一、填空题

1. 目前比较流行的流媒体格式分别为_____、_____和_____。

2. 编码以后的媒体流可以用_____和_____两种方式将内容传输到运行 Windows Media Services 的服务器上进行广播。

3. 假设流媒体服务器 IP 地址为 202.192.28.45，域名为 stream.abc.com，对服务器上的点播发布点 test，则在使用 MMS 协议访问媒体流时，可以使用的 URL 为_____或_____。

4. RSTP 协议绑定的 TCP 端口号是_____，MMS 协议绑定的 TCP 和 UDP 端口号分别是_____、_____。

5. 在 Windows Media 编码器编码时设置不同的_____直接影响到编码质量。

6. 在设置多播发布点时，如果网络中的路由器未开启多播服务，则可以在创建发布点时通过_____使无法接收多播流的客户端可以接收单播流。

二、选择题

1. 媒体流数据不具备的特点是（　　　　）。

　　A．连续性　　　　　　　　　　　　B．实时性

　　C．时序性　　　　　　　　　　　　D．无序性

2. 下列不是标准的 Windows Media 文件格式的是（　　　　）。

　　A．asf　　　　　　　　　　　　　　B．wma

　　C．rm　　　　　　　　　　　　　　D．wmv

3. Windows 流媒体服务主要采用协议（　　　　）访问。

　　A．MMS　　　　　　　　　　　　　B．FTP

　　C．RTSP　　　　　　　　　　　　　D．SMTP

4. 在客户端使用（　　　　）播放器来播放 Windows 流媒体服务器上的媒体流文件。

　　A．Windows Media Player　　　　　　B．Realplayer

　　C．CD Row　　　　　　　　　　　　D．QuickTime Player

5. 以多播流方式传递内容时只能采用（　　　）类型的发布点。

A. 单播发布点

B. 广播发布点

C. 单播发布点或广播发布点

D. 既不是单播发布点也不是广播发布点

6. Windows Media Encoder 编码器建立会话时，如果采用"拉传递"，默认的端口号是（　　　）。

A. 80 B. 1023

C. 1066 D. 8080

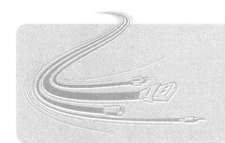

项目 **8**

配置代理服务和 NAT 技术

学习情境

　　网坚公司的某分公司已向 ISP 申请专线连入 Internet。众所周知，连入 Internet 的客户必须有一个公网 IP 地址，由于公司内公网 IP 地址数目有限，只能分配到网络中的一些重要服务器上。但由于业务需要，公司员工需要借助 Internet 办公，如何使企业的其他计算机连入 Internet？

　　通常对于中小型企业来说，局域网用户连入 Internet 的方式主要包括以下几种：通过路由器实现、使用 Windows 的 Internet 连接共享（ICS）、借助 NAT 技术、使用代理服务器（Proxy Server）等。

　　公司网络管理员提出了两种不同的方案，一是通过 NAT 技术，二是通过代理服务器技术，并部署了图 8-1 所示的网络拓扑图。

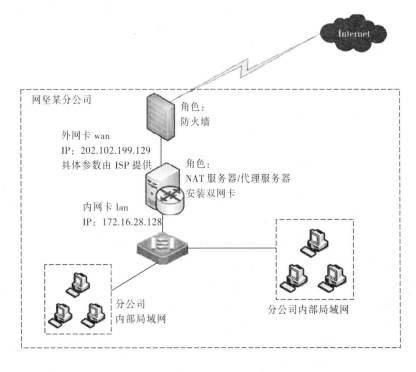

图 8-1　部署 NAT 服务/代理服务网络拓扑图

本项目中，将介绍在基于 Windows 环境中，如何通过架设 NAT 服务器或代理服务器，使该分公司内部局域网在 IP 地址缺乏的情况下成功连入 Internet。本项目主要包括以下任务：

- 企业网络接入 Internet 的方案。
- 架设 NAT 服务器。
- 架设代理服务器。

任务 1　企业网络接入 Internet 的方案

任务描述

局域网接入 Internet 有多种方式，不同的方式所适用的网络规模、技术特点、投资成本、安全性能各有不同。在需求分析之后，需要选择一种合适的接入方式接入 Internet。本任务中主要介绍一些常用的局域网接入 Internet 的方式，通过本次任务的学习主要掌握：

- 了解常用接入 Internet 的方式。
- 掌握 ICS 的设置。
- 掌握 NAT 技术功能和工作过程。
- 掌握代理技术功能和工作原理。

任务分析

企业通常都会有自己的局域网，而企业从 ISP 所获得公网 IP 地址只有 1 个或少数几个，不能满足网络中众多计算机的需求，也不可能花太多成本给每台计算机分配一个公网 IP 地址，因此，涌现出各种节省 IP 地址开销的技术，比较典型的就是 NAT 技术和代理服务。

本次任务主要包括以下知识与技能点：

- Windows ICS 的设置方法。
- NAT 技术的工作过程和类型。
- 代理技术的工作机制。

相关知识与技能

1．使用路由器接入 Internet

路由器主要工作在 OSI 参考模型的网路层，它以分组作为数据交换的基本单位。路由器位于一个网络的边缘，负责网络的远程互联和局域网到广域网（如 Internet）的接入。采用这种方式，需要单独购置路由设备，增加一定的成本。

对于家庭式小规模网络，可以选择 4 个 10/100Mbps 端口宽带路由器作为集线设备和 Internet 共享设备，即可以实现计算机之间的互连，又有效地解决了 Internet 的接入。

而对于企业网络，可以选择企业级的路由器，如 Cisco、华为等公司的企业级路由器。

2．使用 ICS 接入 Internet

所谓 Internet 连接共享（ICS），是指通过一个 Internet 连接，实现网络内所有计算机对 Internet 的访问。Windows Server 2003、Windows XP 等都支持 ICS 的功能。

以 Windows Server 2003 为例，可以通过下列步骤启用 ICS：选择"开始"→"控制面板"
→"网络连接"命令，右击连接 Internet 的连接（如本地连接），选择"属性"命令，选择"高
级"选项卡，选中"允许其他网络用户通过此计算机的 Internet 连接来连接"复选框，如图 8-2
所示。

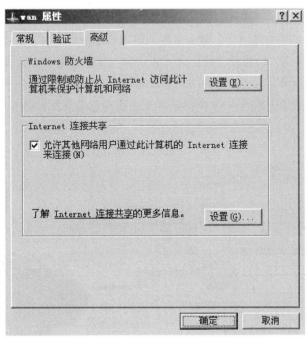

图 8-2　网络连接"wan 属性"对话框

单击"确定"按钮启用 ICS。启用后，系统将本台计算机的内网网卡 IP 地址改为私有地址
192.168.0.1。

ICS 客户端的 IP 地址只要设置成自动获取即可，此时它们会自动获得 IP 地址（网段为
192.168.0.0）、默认网关、DNS 服务器等网络参数，也可以通过手工设置。

使用 ICS 方式，可使服务配置简单、设备费用低廉，但客户端依赖于 ICS 计算机才能访问
Internet，而且在 Windows 98/2000 系统中，并没有内置网络防火墙，内部网络安全性差。

 注意
- ICS 只支持一个内部局域网通过它来连接 Internet。
- DHCP 分配器只能指派 192.168.0.0 网段。
- 无法停用 DHCP 分配器，若局域网中已有 DHCP 服务器，要小心设置。
- 只支持一个公网 IP 地址，无法实现"地址映射"。

3. 使用 NAT 技术接入 Internet

（1）网络地址转换（NAT）概述

在项目 1 中，介绍了 A、B、C 三类网络中的私有地址，而私有地址只能在内部网络中使用，
不能被路由器转发。因此，如果内网主机使用私有地址与 Internet 进行通信，则必须有一种机
制实现地址的转换。NAT 是一种把私有地址翻译成公网 IP 地址的技术。

NAT 可以将多个内部地址映射成少数几个甚至一个合法的公网 IP 地址，让内部网络中使用私有 IP 地址的计算机通过"伪 IP"访问 Internet 等外部资源，从而更好地解决 IPv4 地址空间即将枯竭的问题。同时，由于 NAT 对内部 IP 地址进行了隐藏，因此 NAT 也给网络带来了一定的安全性。

（2）NAT 的工作原理

NAT 功能通常被集成到路由器、防火墙等关键网络硬件设备中，也可以在安装有 Windows Server 2003 系统的服务器上，借助"路由和远程访问"服务实现。NAT 将网络分成内部网络和外部网络两部分，一般情况下，内部网络是单位局域网，外部网络是 Internet。如图 8-3 所示，位于内部网络和外部网络边界的 NAT 路由器在发送数据包之前负责把内部私有 IP 地址翻译成合法的公网 IP 地址。

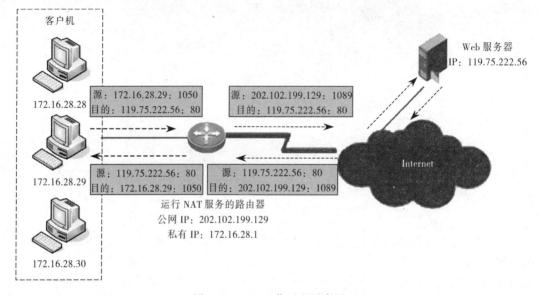

图 8-3　NAT 工作过程示意图

假设客户端 172.16.28.29 想要通过 NAT 访问 Internet 上的 Web 服务器 119.75.222.56，通信过程如下：

① 客户端发送数据包给运行 NAT 的服务器 172.16.28.1，数据包中源 IP 地址为 172.16.28.29，目的 IP 地址为 119.75.222.56，源端口为 TCP 端口 1050，目的端口为 TCP 端口 80；

② NAT 服务器将数据包中的源 IP 地址和源端口号分别改为 202.102.199.129 和 TCP 端口 1089，并将该映射关系保存在 NAT 服务器的地址转换表中，然后将修改后的数据包发送给外部的 Web 服务器；

③ Web 服务器收到这个数据包后，发送一个回应数据包给 NAT 服务器，数据包中的源 IP 地址为 119.75.222.56，目的 IP 地址为 202.102.199.129，源端口号为 TCP 端口 80，目的端口号为 TCP 端口 1089；

④ NAT 服务器收到回应包后，按照地址转换表中保存的信息，将数据包中的目的地址和目的端口信息修改回来，并发送给客户端。

（3）NAT 的三种类型

NAT 中对地址的转换有三种类型：静态 NAT（Static NAT）、动态 NAT（Dynamic NAT）和端口 NAT（PAT）。

① 静态 NAT：这是一种比较简单的 NAT，它将内部地址和外部地址进行一对一的转换。一般情况下，内部网络中的服务器（如 Web 服务器、E-mail 服务器等）采用这种方式，但静态 NAT 不能解决 IP 地址短缺这一问题。

② 动态 NAT：动态 NAT 定义了 NAT 地址池（pool）以及一系列需要作映射的内部私有地址。采用动态分配的方法映射到内部网络，所有的内网主机可以使用地址池中的任何一个可用的地址进行 NAT 转换。

③ PAT：PAT（Port Address Translation）允许把内部私有地址映射到同一个公网地址上，但是这些地址会被转换在该公网地址的不同端口上，这样就可以保证会话的唯一性。

4. 使用代理服务器接入 Internet

（1）代理服务器的工作原理

通常，用户在使用 Internet 中的某些服务（如 WWW、FTP、E-mail 等）时，客户端会与目的服务器直接取得联系，然后由目的服务器把信息传送回来。而代理位于客户与目的服务器之间，当某个客户通过代理访问目的服务器时，发送的请求不是直接送到目的服务器，而是发给代理，然后由代理以自己的身份转发这个请求；同样，对于被请求的数据，也是由服务器先发给代理，由代理再转发给客户。通常把具有代理功能的软件称为代理服务器（Proxy Server）。

在图 8-4 中描述了代理服务器的工作原理。假设用户为计算机 A，通过代理服务器 B，从目的服务器 C 上获得数据。实现过程如下：

① A 使用代理客户端与代理服务器 B 建立连接，并告诉 B 所要求的服务类型；

② B 收到 A 的请求后，选择服务类型并以自己的身份与目的服务器 C 建立连接；

③ B 从 C 上下载 A 所请求的数据并存储在 Cache 中；

④ B 将此数据发送给 A，完成代理任务。

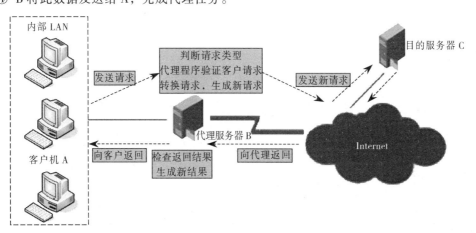

图 8-4　代理服务器工作过程示意图

（2）代理服务器的功能

代理服务器作为基本应用服务器中的一种，主要功能有：

① 节省 IP 地址开销。代理技术可以有效地利用 IP 地址资源，所有用户对外只用一个公网 IP 地址（代理服务器连接外网网卡 IP 地址）。

② 节约带宽、提高访问速度。运行代理服务器的计算机通常会在硬盘中开辟一个较大的缓存空间，存储曾被访问的数据，如果某个客户请求某个曾经被访问过的目的站点的相同数据时，就直接从缓存中读取所需数据，从而节约了网络带宽，提高了访问速度。

③ 具有一定安全性。因为所有内网主机通过代理服务器访问外网，只映射为一个 IP 地址，所以对外网主机不能直接访问到内网主机，看不到内网主机的 IP，也一定程度上给内网保证了一定的安全性。

④ 另外，有的代理服务器还具有用户验证和记账功能，没有登记的用户无权通过代理服务器访问 Internet，并可以对用户的访问时间、地点和信息流量进行统计等。

课堂练习

1. 练习场景

利用实验室中的两台计算机，一台计算机担当服务器，连接到 Internet，另一台计算机使用服务器的 ICS 服务连接到 Internet。

2. 练习目标

- 掌握 Windows 实现 ICS 共享的方法。
- 掌握 ICS 在客户端的设置。
- 理解 ICS 的工作过程。

3. 练习的具体要求与步骤

① 搭建 ICS 实验环境，服务器准备两块网卡，并连接 Internet。

② 在服务器上启动 ICS。

③ 配置客户端测试 ICS 的功能。

拓展与提高

1. 反向代理

代理服务器通常提供的是正向代理服务，与正向代理相对应的，还有反向代理服务。反向代理服务为外网用户访问内网提供代理服务，通常只用来发布内网 Web 服务器。当外网用户访问内网的 Web 服务器时，其实访问的是反向代理服务器，然后由反向代理服务器访问到 Web 服务器，以降低实际的 Web 服务器负载。

2. 使用 4 种方式接入 Internet 的区别

对于不同的接入方式，各有不同的特点，针对不同的网络、用户需求，可以选择不同的接入方式。4 种接入方式的区别如表 8-1 所示。

表 8-1　各种接入方式的区别

接入方式	节省 IP 开销	安全	成本	难易程度	网络规模
路由器（企业级）	可以	不安全	高	难	大
代理	可以	安全	一般	一般	中
NAT	可以	安全	一般	一般	中
ICS	可以	一定安全性	低	容易	小

任务 2　架设 NAT 服务器

任务描述

节省 IP 地址开销，网络地址转换（NAT）是一种行之有效的方法。对于第一种方案，关键是在 Windows Server 2003 系统上如何架设 NAT 服务器。通过本次任务的学习主要掌握：

- 了解架设 NAT 服务器基本要求。
- 掌握 NAT 服务器的架设方法。
- 掌握管理 NAT 服务器的技巧。

任务分析

网络地址转换是一种被广泛使用的接入 Internet 的技术，它可以将私有地址转化为公网 IP 地址，被广泛应用于各种类型的网络中。NAT 不仅完美地解决了 IP 地址不足的问题，而且还能够有效地避免来自网络外部的攻击，隐藏并保护网络内部结构。

本任务主要介绍在 Windows Server 2003 系统中，如何架设和管理 NAT 服务器，NAT 服务器需要满足以下要求：

- 服务器必须安装使用能够提供路由和远程访问服务的 Windows 版本，如 Windows Server 2003 企业版（Enterprise）、标准版（Standard）等。
- NAT 服务器至少具有两块网卡，一块接入 Internet，分配公网 IP 地址，另一块接入内部局域网，分配私有 IP 地址。
- 系统服务 "Windows Firewall/Internet Connection Sharing (ICS)" 必须被禁用。
- 架设 NAT 服务器需要具有系统管理员的权力。

架设 NAT 服务器，首先要启用 "路由和远程访问" 服务，然后在 "路由和远程访问" 服务下配置 NAT 服务器，配置成功后再管理和完善 NAT 服务器。本次任务主要包括以下知识与技能点：

- 架设 NAT 服务器。
- 配置网络接口。
- 设置 DHCP 分配器和 DNS 代理。
- 端口映射和地址映射。

相关知识与技能

1. 架设 NAT 服务器的准备

在 Windows Server 2003 系统上架设的 NAT 服务器，需要安装两块网卡，一块网卡连接到 Internet，网络参数由 ISP 提供，另一块网卡连接局域网。通常，为区别起见，可以将两块网卡分别命名为"WAN"、"LAN"等类似的比较容易识别的名称。

另外，Windows Server 2003 系统中，NAT 被集成在"路由和远程访问服务"组件中，该组件默认会被安装，但并没有启动，在启动该服务之前，系统中的服务"Windows Firewall/Internet Connection Sharing (ICS)"必须被禁用。

2. 架设和管理 NAT 服务器

（1）架设 NAT 服务器

在 Windows Server 2003 系统中，利用"路由和远程访问"服务架设 NAT 服务器。操作过程如下：

① 选择"开始"→"管理工具"→"路由和远程访问"命令，打开"路由和远程访问"配置窗口，右击服务器计算机名，选择"配置并启用路由和远程访问"命令。

② 在出现的"路由和远程访问服务器安装向导"对话框中，单击"下一步"按钮。

③ 在出现的对话框中选择"网络地址转换 NAT"单选按钮。

④ 单击"下一步"按钮，选择用来连接 Internet 的网络接口，并且系统默认会启动基本防火墙，如图 8-5 所示。

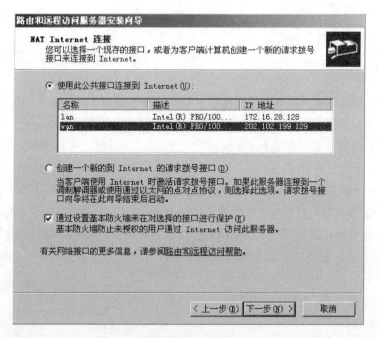

图 8-5 "NAT Internet 连接"对话框

⑤ 单击"下一步"按钮，如果系统检测不到网络中的 DHCP 或 DNS 服务器，会出现图 8-6 的对话框，可以按图中选择让这台 NAT 服务器来提供 DHCP 与 DNS 服务，如果暂时不需要配

置，可以选择"我将稍后设置名称和地址服务"单选按钮。

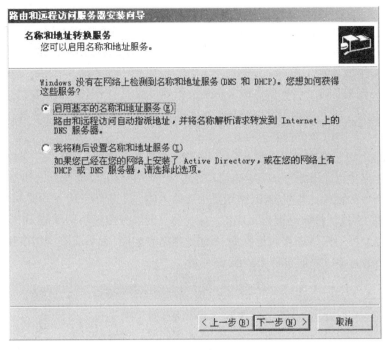

图 8-6 "名称和地址转换服务"对话框

⑥ 单击"下一步"按钮，可以看到在启用 NAT 服务器后，给内网主机分配的 IP 地址的网络号，网络号是依据连接局域网网卡的 IP 地址来确定的，如图 8-7 所示。

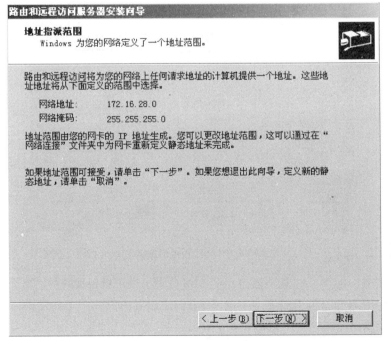

图 8-7 "地址指派的范围"对话框

⑦ 单击"下一步"按钮，出现"完成路由和远程访问服务器的安装向导"对话框，单击"完成"按钮，完成 NAT 服务器的架设。

⑧ 客户端上，在网络连接的 TCP/IP 属性中选择"自动获取"选项，不需做其他设置，既可以实现 Internet 的访问。

（2）管理 NAT 服务器

① DHCP 分配器：NAT 服务器中的 DHCP 分配器可以充当 DHCP 服务器的功能，为内网主机动态分配 IP 地址、子网掩码等网络参数。如果在局域网中存在 DHCP 服务器，在启用的 NAT 的过程中就不会激活 DHCP 分配器。

可以在"路由和远程访问"控制台中右击"NAT/基本防火墙"，选择"属性"命令，在出现的对话框中选择"地址指派"选项卡来启动或改变 DHCP 分配器的设置，如图 8-8 所示。

如果局域网中的某些计算机的 IP 地址是手工输入的，且它们的 IP 地址是在此网段上的话，可以设置将这些 IP 地址排除。但是，DHCP 分配器只能够分配一个网段的 IP 地址，该网段的网络号和连接局域网的网络连接所设置的 IP 地址网络号相同，如果有多个网络接口连接到内部局域网，必须要通过 DHCP 服务器来分配 IP 地址。

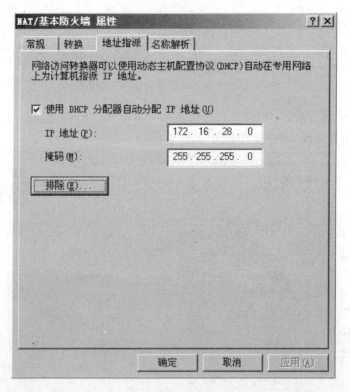

图 8-8 "NAT/基本防火墙 属性"对话框的"地址指派"选项卡

② DNS 代理：如果 NAT 服务器启用了 DNS 代理，便可以帮助内网计算机发送 DNS 解析请求，具体解析的操作是由 NAT 服务器的网络接口上设置的 DNS 服务器完成。

在图 8-8 所示对话框中的"名称解析"选项卡下，选中"使用域名系统（DNS）的客户端"复选框，可以启用 DNS 代理，如图 8-9 所示。

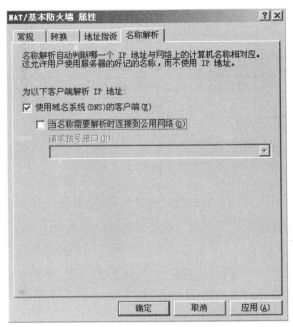

图 8-9　选择"名称解析"选项卡

③ 网络接口和基本防火墙：对服务器上网络接口的设置内容主要有接口类型、是否启用基本防火墙、数据包筛选。用户可以在"路由和远程访问"控制台左边窗格中选择"NAT/基本防火墙"选项，双击右边窗格中需要修改的网络接口，打开图 8-10 所示的对话框，来修改接口类型。接口类型有 3 种，如表 8-2 所示。

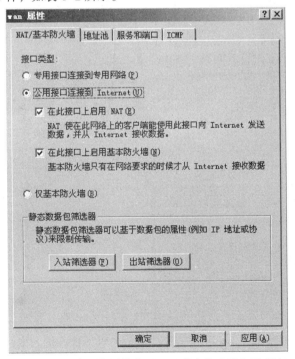

图 8-10　网络连接属性的"NAT/基本防火墙"选项卡

表 8-2　网络接口的类型

类　　型	描　　　　述
专用接口连接到专用网络	用来连接到内部局域网的网络接口
公用接口连接到 Internet	用来连接到 Internet 的网络接口，在此上还可启用基本防火墙
仅基本防火墙	只提供基本防火墙功能，不提供 NAT 功能

 注意

只有连接到外网的接口才可以启用基本防火墙。

　　基本防火墙还可以对入站和出站的数据包进行过滤，具体操作可以通过图 8-10 中的"入站筛选器"和"出站筛选器"进行设置。过滤规则可以根据源 IP 地址、目标 IP 地址、端口号来限定。图 8-11 在内网卡的"出站筛选器"中设置的是无论从任何网络传送来的终端服务数据包（终端服务使用 RDP 传输，端口号为 TCP 3389），只要目的地是 172.16.28.0，一律被内网卡拒绝送出。因此对于网络 172.16.28.0 中的主机，远程用户无法通过"远程桌面"连接。

　　④ 端口映射：NAT 使内网用户可以正常连接到 Internet，但是由于 NAT 屏蔽了内部局域网的网络结构，外网用户正常情况下无法访问局域网内的主机。而 NAT 的端口映射功能可以实现外网用户对内网主机的访问，这一功能主要用在对外网用户开放内网主机提供的服务，如 Web 服务、FTP 服务等。

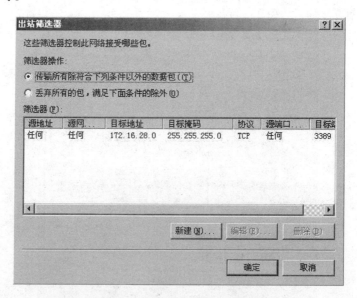

图 8-11　"出站筛选器"对话框

　　例如，若要对外开放内网主机上的 Web 站点，可以在"服务和端口"选项卡下选中"Web 服务器（HTTP）"复选框，会自动跳出图 8-12 所示的对话框，输入内网 Web 服务器的私有 IP 地址。

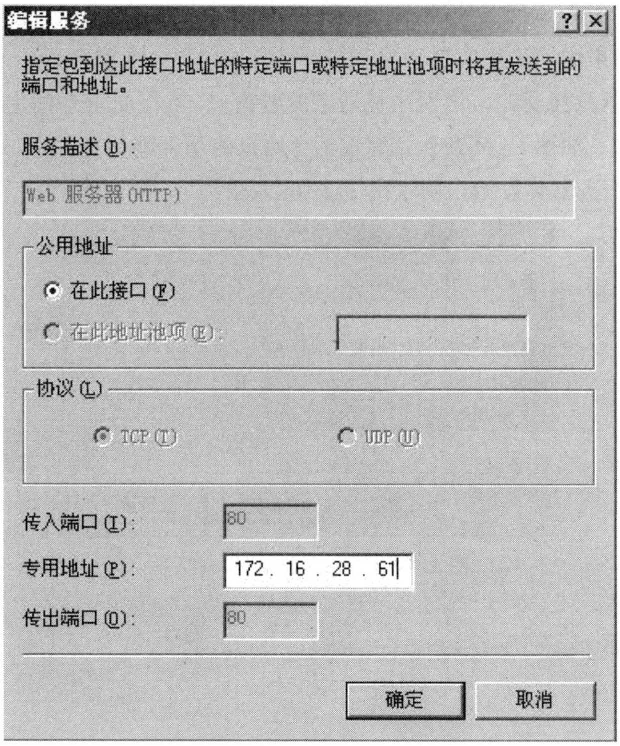

图 8-12 "编辑服务"对话框

⑤ 地址映射：端口映射只是开放了 NAT 服务器的某些端口，而对于有些特殊的应用服务，只开放某些端口是不够的，这时可以使用"地址映射"的功能来解决这个问题。经过地址映射的某个公网 IP 地址会被映射到内部某个特定的私有 IP 地址，所有从外部发给此公网 IP 地址的数据包，不论端口是多少，都会被 NAT 服务器转发给该内网主机。

假设现在需要将公网 IP 202.102.19.10 映射成私有 IP 172.16.28.122，用户可以在 NAT 服务器中按下列步骤设置。

- 在图 8-10 的对话框中选择"地址池"选项卡，单击"添加"按钮，在出现的对话框中输入从 ISP 处申请的公网 IP 地址范围，如图 8-13 所示。

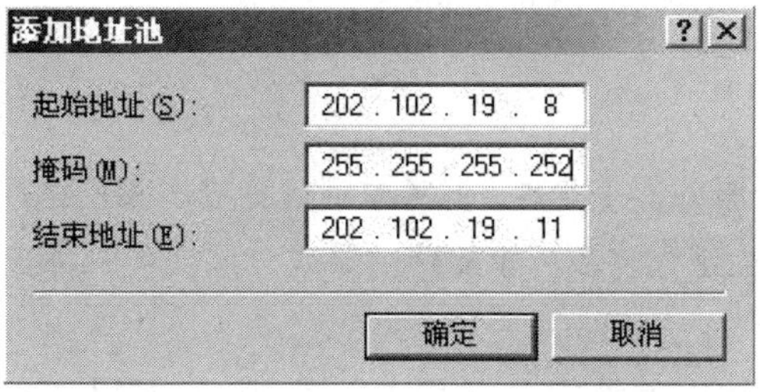

图 8-13 "添加地址池"对话框

- 单击"确定"按钮返回"地址池"选项卡,单击"保留"按钮,在出现的对话框中单击 "添加"按钮来添加地址映射条目,如果没有选中"允许将会话传入到此地址"复选框, 则 NAT 服务器只接受响应内网主机请求的数据包,不接受由外网主机主动来与内网主机 通信的数据包,如图 8-14 所示。完成后,所有的从外网传送给 202.102.19.10 的数据包, 都会被 NAT 服务器转发给内网主机 172.16.28.122。

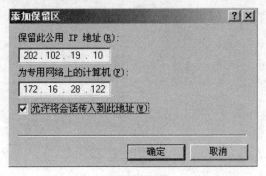

图 8-14 "添加保留区"对话框

📖 课堂练习

1. 练习场景

在网络中选择能够访问 Internet 的计算机,将其架设成 NAT 服务器,为其他计算机提供访问 Internet 的服务。

2. 练习目标

- 掌握 NAT 服务器架设的具体步骤。
- 进一步熟悉 NAT 技术的功能。
- 掌握管理维护 NAT 服务器的方法。

3. 练习的具体要求与步骤

① 服务器安装两块网卡,并连接 Internet。

② 合理规划 IP 地址。

③ 在服务器上启用 NAT 服务。

④ 配置客户端并测试是否可以访问 Internet。

📓 拓展与提高

虽然 NAT 可以借助于服务器来实现,但考虑到运算成本和网络性能,很多时候都是在路由器上来实现的。目前市场上绝大多数厂家的路由器或三层交换机都支持 NAT 技术,如 Cisco、华为、锐捷等公司产品。

本任务中介绍的是固定 IP 地址的 NAT 服务设置,对于非固定 IP 地址访问 Internet 的服务器(如 ADSL 拨号),NAT 设置步骤与固定 IP 设置步骤基本相同,但是必须另外建立一个 PPPoE 的请求拨号接口,读者可以自行研究。

任务 3　架设代理服务器

任务描述

网坚公司网络管理员提出的第二种方案是使用代理服务器（Proxy Server）技术，使内网主机通过代理服务器连上 Internet，同时对内网主机进行监督和管理。本任务主要讲述在 Windows 平台下的常用的代理服务器软件 CCProxy 的安装、配置和管理。通过本任务的学习主要掌握：

- 掌握 CCProxy 的配置和使用。
- 掌握客户端代理上网的设置。
- 了解 CCProxy 的基本功能。
- 了解其他的代理服务器。

任务分析

代理服务器作为连接 Internet 和局域网的桥梁，在实际应用中发挥着极其重要的作用。它还包括安全性、缓存、内容过滤、访问控制管理等功能，代理服务器能够帮助实现共享上网、用户管理、控制流量等网络管理应用。

本任务利用代理服务器软件 CCProxy 架设代理服务器，代理服务器需要满足以下要求：

- 代理服务器工作在 Windows 系统平台下，并安装代理服务器软件 CCProxy。
- 代理服务器至少具有两块网卡，一块接入 Internet，分配公网 IP 地址，另一块接入内部局域网，分配私有 IP 地址。

架设代理服务器，首先在服务器上安装 CCProxy，然后根据实际需要对服务器端作适当的配置，最后设置客户端的浏览器选项，完成局域网的 Internet 接入。本次任务主要包括以下知识与技能点：

- 服务器端 CCProxy 的功能管理。
- 客户端代理上网的设置。

相关知识与技能

1. 安装代理服务器 CCProxy

（1）CCProxy 概述

CCProxy 软件于 2000 年 6 月问世，是国内最流行的下载量最大的的国产代理服务器软件之一，目前最新版本为 7.0，主要用于局域网内共享宽带上网，ADSL 共享上网、专线代理共享、ISDN 代理共享、卫星代理共享、蓝牙代理共享和二级代理等共享代理上网。

（2）安装 CCProxy

用户可以在官方网站 http://www.ccproxy.com/ 下载获取代理服务器 CCProxy，文件名为 Ccproxysetup7.0.exe，并在具有双网卡可访问 Internet 的计算机安装 CCProxy。

2. 设置服务器端

（1）设置服务器网络接口

作为服务器，需要具备访问 Internet 的能力，又要为内网用户提供访问 Internet 的服务，保证服务器与内外网的连通性。在图 8-15 中，外网卡的 IP 地址为 202.102.199.129，内网卡的 IP 地址为 172.16.28.128。

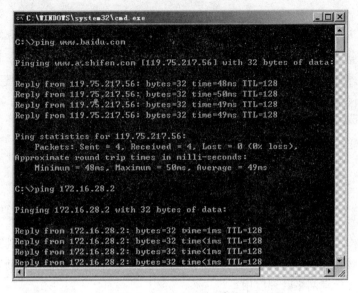

图 8-15   用命令查看服务器与内外网的连通性

（2）架设和管理代理服务器

① 启动和停止代理服务：用户运行 CCProxy 代理软件后，默认情况下，代理服务是开启的，以后用户可以单击工具栏上的和按钮开启和停止代理服务。

② 设置代理服务类型和端口：单击工具栏上的"设置"按钮，可以对代理的服务类型和相对应的端口进行设置，如图 8-16 所示。已被选择的复选框是 CCProxy 默认可以代理的服务、协议和默认端口。

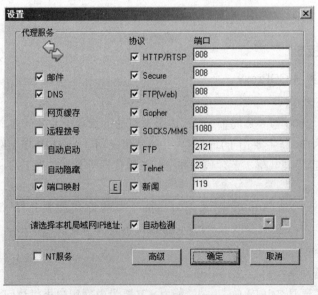

图 8-16   "设置"对话框

单击"高级"按钮，可以设置更多的参数，供用户在某些特殊的场合选用，如实现拨号连接，启用二级代理，日志设置等，如图 8-17 所示。

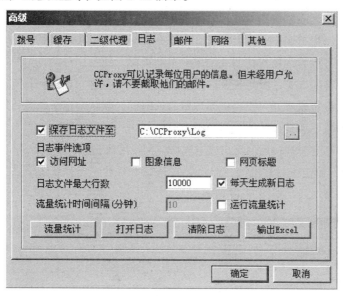

图 8-17　设置高级参数

③ 账号管理：单击工具栏上的"账号👤"按钮，可以设置代理对象、网站过滤、代理时间、查看流量统计等，如图 8-18 所示。

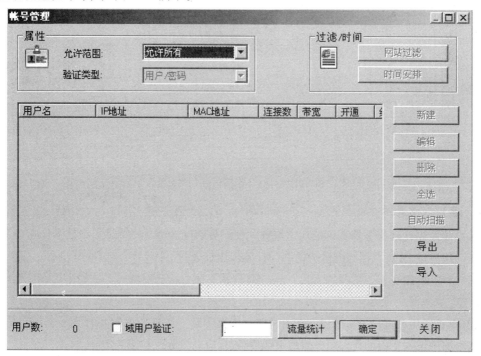

图 8-18　"账号管理"对话框

- 代理对象：默认情况下，可以代理内部网络的所有主机，在实际应用中，可以选择适当的代理对象。在图 8-18 中，"允许范围"下拉列表框中选择"允许部分"选项，在"验证类型"下拉列表框中选择代理对象满足的条件。验证类型包括 IP 地址、MAC 地址、用户名/密码、用户名/密码+IP 地址、用户名/密码+MAC 地址、IP 地址+MAC 地址这几种。
- 网站过滤：可以管理用户访问 Internet 上的资源，如可以过滤特定的网站，设置时也可以使用通配符的方式过滤某些网站等。
- 时间安排：设置服务器可以提供代理服务的时间，默认情况下，是任何时间都可以。用户可以根据需要去设置。
- 流量统计：可查看被代理的用户或主机访问网络的流量信息。

④ 日志管理：单击工具栏上的"监控 ☐"按钮，打开"用户连接信息"对话框可以查看日志信息，监控网络用户，如图 8-19 所示。

图 8-19 "用户连接信息"对话框

3. 客户端设置

客户端使用代理服务器提供的代理服务，使具有访问 Internet 的能力，这需要对浏览器进行设置。这里以 IE 浏览器为例进行说明，具体操作过程如下：

① 启动 IE 浏览器，选择"工具"→"IE 选项"命令，在出现的对话框中选择"连接"选项卡。

② 单击"局域网设置"按钮，在出现的对话框中选中"为 LAN 使用代理服务器"复选框，并在文本框中填入正确的代理服务器的 IP 地址和相应端口号，如图 8-20 所示。

③ 单击"高级"按钮，可设置对不同的服务用不同的代理服务器或端口，如图 8-21 所示。

④ 设置完成后，客户端可以通过 HTTP 正常访问 Internet。

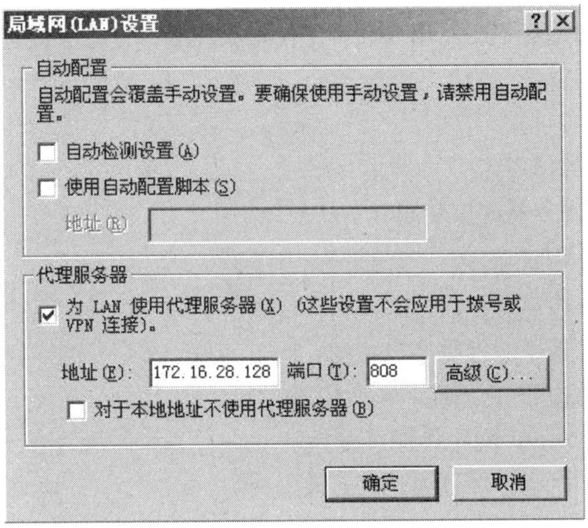

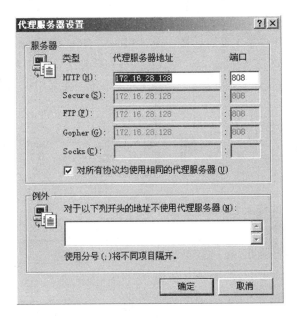

图 8-20 "局域网（LAN）设置"对话框

图 8-21 "代理服务器设置"对话框

🔍 **注意**

如果访问 Internet 上的 FTP 站点，客户端还需要分别执行下列操作。打开"IE 选项"中的"高级"选项卡，在下面的列表中取消选中"使用被动 FTP（为防火墙和 DSL 调制解调器兼容性）"复选框。

课堂练习

1. 练习场景

普通家庭中通常只会通过一个 ADSL 账号上网，而家庭用户可以有多台主机（如笔记本式计算机、台式机)。在本练习中，使用 CCProxy 代理服务器，完成多台主机共享同一 ADSL 账号访问 Internet。

2．练习目标

- 掌握代理服务器的使用。
- 进一步理解代理服务器的工作原理和功能。
- 使用 CCProxy 代理上网。

3．练习的具体要求与步骤

① 考虑需要在该场景中增加哪些设备。

② 合理规划网络结构和 IP 地址。

③ 下载并安装 CCProxy，配置代理。

④ 对客户端浏览器设置，保证客户端正常上网。

拓展与提高——常用的代理服务器

代理服务的实现十分简单，只须在局域网的一台服务器上运行相应的服务器端软件就可以了。目前代理服务器软件产品主要有：Microsoft Proxy、Microsoft ISA、WinProxy、WinGate、winRoute、SyGate、CCProxy、SuperProxy 等，这些代理软件配置方法大同小异，都可以为基于 Windows 网络的用户提供代理服务；而在 UNIX/Linux 系统主要采用 Squid 和 Netscape Proxy 等服务器软件作为代理。

练 习 题

一、填空题

1．企业局域网常用的接入 Internet 方式有＿＿＿＿＿＿，＿＿＿＿＿＿，＿＿＿＿＿＿和＿＿＿＿＿＿。

2．NAT 技术的三种类型分别是＿＿＿＿＿＿，＿＿＿＿＿＿和＿＿＿＿＿＿。

3．启用"路由和远程服务"，系统必须禁用的服务是＿＿＿＿＿＿＿＿＿＿＿＿＿＿。

4．ICS 设置中对局域网可分配的网段为＿＿＿＿＿＿。

5．代理服务，NAT 和 ICS 都必须计算机拥有＿＿＿＿＿＿。

6．CCproxy 代理服务器的主要功能包括＿＿＿＿＿＿，＿＿＿＿＿＿，＿＿＿＿＿＿，＿＿＿＿＿＿和＿＿＿＿＿＿等。

7．网坚公司想在 NAT 服务器上通过在内网卡上设置出站过滤，使外网用户无法访问内网的 FTP 服务器 172.16.28.3，可采用下列步骤实现：

（1）在内网卡的"出站筛选器"对话框中选择的筛选器操作是＿＿＿＿＿＿＿＿＿＿；

（2）设置筛选项的源地址、协议类型、目的端口号分别是＿＿＿＿＿＿，＿＿＿＿＿＿和＿＿＿＿＿＿。

二、选择题

1．NAT 不具备的功能是（　　）。

    A．端口映射　　　　　　　　　　　　B．地址映射

    C．基本防火墙　　　　　　　　　　　D．RIP 路由

2. 下面叙述正确的是（　　　）。

    A．NAT 的 DHCP 分配器可以分配任何网段的 IP 地址

    B．NAT 的 DHCP 分配器可以分配与内网接口同网段的 IP 地址

    C．NAT 的 DHCP 分配器就是一个 DHCP 服务器

    D．NAT 的 DHCP 分配器可跨网段分配 IP 地址

3. 下面关于 DNS 代理的叙述，正确的是（　　　）。

    A．NAT 服务器启用 DNS 代理后可以为客户端直接解析

    B．NAT 服务器启用 DNS 代理后不可以为客户端解析

    C．NAT 服务器启用 DNS 代理后将客户端的解析请求发给自己的 DNS 服务器，帮用户解析

    D．以上说法均不正确

4. 假设 NAT 服务器上外网接口的 IP 地址为 11.11.11.11，内部主机 192.168.1.1 经过 NAT 发送数据包至 Internet，访问外部 Web 服务器 22.22.22.22。则地址转换关系是（　　　）。

    A．192.168.1.1→22.22.22.22   B．11.11.11.11→192.168.1.1

    C．22.22.22.22→192.168.1.1   D．192.168.1.1→11.11.11.11

5. 代理服务器 CCProxy 默认的 HTTP 上的端口号是（　　　）。

    A．80   B．8080

    C．808   D．8088

6. 如果想发布使用私有地址的内网 Web 服务器上的信息，该使用的功能是（　　　）。

    A．地址映射   B．端口映射

    C．出站过滤   D．入站过滤

项目 **9**

使用证书服务保护网络通信

 学习情境

网坚公司的总公司与各子公司之间、各子公司的部门之间经常需要进行信息交互，为了防止信息在传输过程中被窃取和篡改，需要通信双方建立互信机制，对网络间互访和信息传输必须获得授权和通过身份认证，以保证只有合法用户才可以访问这些信息，而未经授权的用户不能访问这些信息。

本案例讲述的是信息加密、身份验证和证书服务问题。PKI（Public Key Infrastructure）即"公钥基础设施"，是一种遵循既定标准的密钥管理平台，它能够为所有网络应用提供加密、数字签名等服务。此外，PKI 还提供必需的密钥和证书管理体系。CA 证书能够验证、识别用户身份，并对用户证书进行签名，以确保证书持有者的身份和公钥的拥有权。

本案例将基于 Windows Server 2003 在网坚公司的企业网络中部署证书服务，为公司内部网络用户、子公司网络用户及企业合作伙伴提供证书服务。本项目主要包括以下任务：
- 安装与配置证书服务。
- 管理证书服务。

任务 1　安装与配置证书服务

任务描述

Windows Server 2003 通过 PKI 安全管理机制保护用户的信息，对用户身份进行验证。企业域内用户与计算机之间相互通信，关键信息在域内网络间的传送都需要得到保护，以保证只有合法用户才可以访问这些信息，而未经授权的用户不能访问这些信息，通过使用企业 CA 实现数据加密和用户身份的标识，保证用户的信息在网络传输过程中的可靠性和一致性。通过本次任务的学习主要掌握：
- 安装证书服务并架设企业根 CA。
- 域用户向企业 CA 申请认证。

任务分析

公司用户访问网络通常使用账户与密码作为保证安全的手段，但是公用密码方式极容易受到网络黑客与非法入侵手段的攻击和破解，Windows Server 2003 通过 PKI 安全管理机制保护用户的信息，对用户身份进行验证。

安装证书服务需要满足以下要求：
- 服务器必须安装使用能够提供证书服务的 Windows 版本，如 Windows Server 2003 企业版（Enterprise）、标准版（Standard）等。
- 服务器的 IP 地址应是静态的，即 IP 地址、子网掩码、默认网关等 TCP/IP 属性均需手工设置。
- 安装证书服务需要具有系统管理员的权限。

本次任务主要包括以下知识与技能点：
- 证书服务和数字签名。
- 公开密钥加密与验证。
- CA 架构、CA 信任与 CA 种类。
- 安装证书服务并架设企业根 CA。
- 域用户向企业根 CA 申请及安装证书。

相关知识与技能

1. PKI（Public Key Infrastructure）基础知识

PKI（Public Key Infrastructure）即"公钥基础设施"，是一种遵循既定标准的密钥管理平台，它能够为所有网络应用提供加密、数字签名等服务，还提供必需的密钥和证书管理体系。简单来说，PKI 就是利用公钥技术建立的提供安全服务的基础设施。PKI 技术是信息安全技术的核心，PKI 的基础技术包括加密、数字签名、数据完整性机制、数字信封、双重数字签名等。

完整的 PKI 系统必须具有权威证书认证机构（Certification Authority，CA）、数字证书库、密钥备份及恢复系统、证书作废系统、应用接口（API）等基本构成部分，构建 PKI 也将围绕着这五大系统来着手构建。

PKI 提供以下功能，确保用户能够在网络上安全传送信息：
- 加密发送的信息。
- 验证信息。

信息的接收方收到信息后，能够验证信息是否确实由发送方发送，同时还可以确认信息在发送的过程中是否被篡改，也即确认信息的完整性。

PKI 根据公开密钥密码学来提供信息加密和身份验证，用户需要有一组密钥来支持 PKI 功能的实现：
- 公开密钥（Public Key）：用户可以将自己的公开密钥发送给其他用户。
- 私有密钥（Private Key）：密钥为该用户私有，且存储在用户的计算机内，只有用户自己能够访问。

用户使用公开密钥和私有密钥来执行信息加密与身份验证，用户除了必须拥有公开密钥和私有密钥外，还必须申请证书（Certification）或数字识别码（Digital ID）。当用户申请证书时，输入的信息如姓名、地址、电子邮件账户等信息被发送到 CSP（Cryptographic Service Provider）程序，该程序安装在用户的计算机或用户计算机可访问的设备中，CSP 自动生成一对密钥，即公开密钥和私有密钥。CSP 将私有密钥存储到用户计算机的注册表中，将证书申请信息与公开密钥发送给证书认证机构，认证机构检查申请信息，确定无误后，利用认证机构自己的私有密钥对要发放的证书进行签名。用户收到证书后，将证书安装在自己的计算机中。

在 PKI 架构下，CA 是可信任的机构，它向用户颁发有效的证书。CA 机构相当于公证人，CA 负责验证证书接受人的身份是否属实，用户可以根据实际应用需求选择 CA 机构。CA 主要有两类：商业 CA 公司和 Windows 自带的 CA 程序（称为 Microsoft 证书服务 MCS）。

Windows Server 2003、Windows XP、Windows 2000 等计算机系统默认已经信任由一些知名的 CA 所发放的证书。在 IE 浏览器的窗口中，选择"工具"→"Internet 选项"命令，选择"内容"选项卡，单击"证书"按钮，选择"受信任的根证书颁发机构"选项卡，从中可以查看受信任的根证书颁发机构，如图 9-1 所示。

图 9-1 "证书"对话框

如果企业、业务合作伙伴、客户之间希望能够通过 Internet 安全进行信息交互，可以向图 9-1 中所示的知名 CA 申请证书，也可利用 Windows Server 2003 所提供的"证书服务"来自行架设 CA，利用此 CA 向客户、合作伙伴、企业员工发放证书，并设置他们所使用的计算机信任该 CA 发放的证书。

微软的 PKI 支持结构化的 CA，在该架构下 CA 分为以下两个级别：

- 根 CA：它位于 PKI 架构中的最上层，一般情况下，根 CA 被用来给从属 CA 发放证书，并不直接给单独用户发放证书。
- 从属 CA：从属 CA 适合用来发放如保护电子邮件安全、提供网站 SSL 安全传输、登录 Windows Server 2003 域智能卡等证书，也可向下一层的从属 CA 发放证书。如果 Windows Server 2003、Windows XP、Windows 2000 等计算机信任了根 CA，则自动信任根 CA 之下的所有从属 CA，除非从属 CA 的证书已过期或信任关系被删除。

通过安装"证书服务"，可以让 Windows Server 2003 扮演 CA 的角色，可以将其设为

- 企业根 CA 或企业从属 CA：企业根 CA 是证书结构的最上层 CA，需要 Active Directory 支持才能架设企业根 CA，并且用 Active Directory 来提供安全保护，自动签署自身的 CA 证书。从安全考虑，并不建议让企业根 CA 直接提供证书给用户或计算机，而是授权企业从属 CA 为用户和计算机颁发证书。

企业从属 CA 必须从其他上层企业级 CA 取得证书，而且需要有 Active Directory 的支持。

- 独立根 CA 或独立从属 CA：独立根 CA 是证书结构的最上层 CA，不需要 Active Directory 支持，在有无 Active Directory 的情况下，都可以架设独立根 CA。由于是自动签署自身的 CA 证书，因此建议不要让独立根 CA 直接提供证书给用户或计算机，而是授权独立从属 CA 为用户和计算机颁发证书。独立从属 CA 必须从其他上层独立 CA 取得 CA 证书，并不需要 Active Directory 支持，独立从属 CA 可以为用户和计算机提供证书。

2．安装与配置证书服务

Windows Server 2003 系统内置了证书服务组件，安装证书服务组件可以构建公司自己的 CA 中心，构建适合公司自己的安全基础设施 PKI 应用。Windows Server 2003 默认状态下没有安装证书服务，需要另外单独安装。在本案例中，选择 IP 地址为 172.16.28.10、子网掩码为 255.255.255.0 的计算机作为服务器，在其上安装证书服务组件，建立企业根 CA，操作过程如下：

① 选择"开始"→"控制面板"→"添加或删除程序"命令，打开"添加或删除程序"窗口，单击"添加/删除 Windows 组件"按钮，打开图 9-2 所示对话框。

图 9-2 "Windows 组件向导"对话框

② 选中"证书服务"复选框，单击"下一步"按钮，打开图 9-3 所示对话框，该对话框提示安装证书服务后，计算机名和域成员身份不能改。

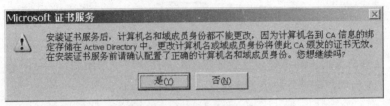

图 9-3　证书服务消息框

③ 单击"是"按钮，弹出图 9-4 所示对话框，选择"企业根 CA"及"用自定义设置生成密钥对和 CA 证书"单选按钮，单击"下一步"按钮。

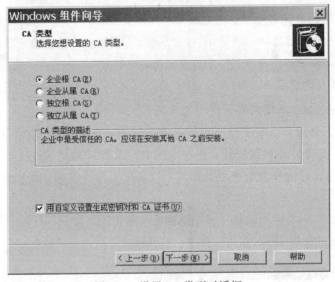

图 9-4　设置 CA 类型对话框

④ 在出现的图 9-5 所示对话框中进行密钥算法的选择。Microsoft 证书服务的默认 CSP 为"Microsoft Strong Cryptographic Provider"，默认散列算法为"SHA-1"，密钥长度为 2 048，选中"使用现有密钥"列表框中所列密钥（WJNET），单击"下一步"按钮。

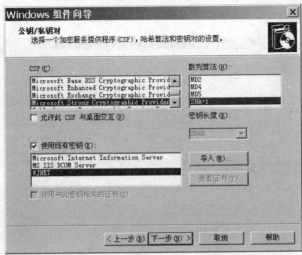

图 9-5　"公钥/私钥对"对话框

⑤ 设置该 CA 在 Active Directory 内公用的名称，设置 CA 默认的有效期限为 5 年，如图 9-6 所示。

图 9-6 "CA 识别信息"对话框

⑥ 单击"下一步"按钮打开图 9-7 所示对话框。企业 CA 的设置信息会自动被存储在 Active Directory 数据库中，如果选中"将配置信息存储在共享文件夹中"复选框，则会另外将其存储到指定的共享文件夹中。

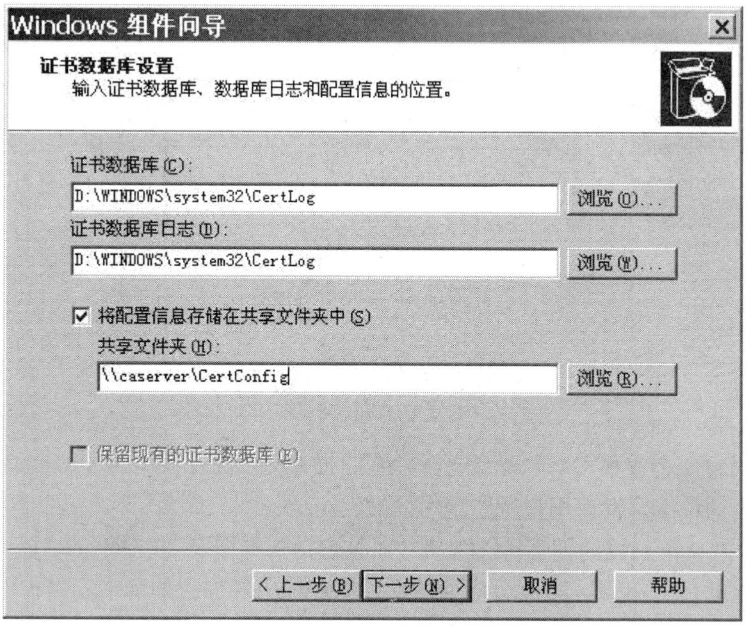

Windows 组件向导

证书数据库设置
输入证书数据库、数据库日志和配置信息的位置。

证书数据库(C):
D:\WINDOWS\system32\CertLog   浏览(O)...

证书数据库日志(D):
D:\WINDOWS\system32\CertLog   浏览(W)...

☑ 将配置信息存储在共享文件夹中(S)
共享文件夹(H):
\\caserver\CertConfig   浏览(R)...

☐ 保留现有的证书数据库(E)

〈上一步(B) 下一步(N)〉 取消   帮助

图 9-7 "证书数据库设置"对话框

⑦ 单击"下一步"按钮进行组件的安装，安装过程中可能弹出图 9-8 所示消息框，单击"是"按钮。

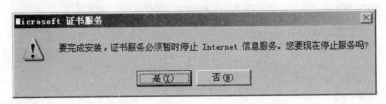

图 9-8　Microsoft 证书服务消息框

⑧ 继续安装，可能弹出图 9-9 所示对话框，单击"是"按钮来启动 Active Server Page（ASP），以便让用户可以利用 Web 浏览器来向此 CA 申请证书。

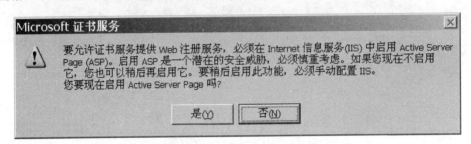

图 9-9　启用 ASP 对话框

⑨ 继续进行安装，单击对话框中的"完成"按钮，完成安装向导。

完成安装"证书服务"后，选择"开始"→"管理工具"→"证书颁发机构"命令来管理 CA，如图 9-10 所示。

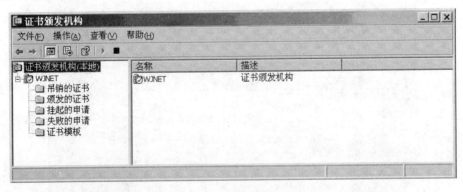

图 9-10　"证书颁发机构"窗口

当域内的用户向企业根 CA 申请证书时，企业根 CA 会通过 Active Directory 来得知用户的相关信息，并自动核准、发放用户所要求的证书。

企业根 CA 默认可发放的证书种类很多，而且它是根据图 9-11 所示的"证书模板"来发放证书的，图中右侧的"用户"模板内提供了可以用来将文件加密的证书、保护电子邮件安全证书、验证客户端身份的证书。

图 9-11　证书模板窗口

Windows Server 2003 通过组的原则，让域内的所有用户和计算机自动信任由企业根 CA 所发送的证书。

3．域用户申请并安装证书

域用户可以使用"证书申请向导"和"Web 浏览器"两种方式向企业根 CA 申请证书。假设域用户向企业根 CA 申请用来保护电子邮件的证书，企业根 CA 会通过 Active Directory 自动查询该用户电子邮件账户，以便针对电子邮件账户发放电子邮件保护证书。

（1）域用户通过"证书申请向导"申请和安装

证书域用户可以利用"证书申请向导"为自己申请电子邮件保护证书，操作过程如下：

① 打开 MMC 控制台，选择"文件"→"添加/删除管理单元"命令，打开"添加/删除管理单元"对话框，如图 9-12 所示。

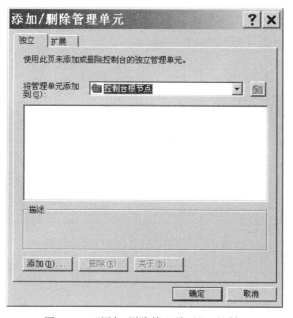

图 9-12　"添加/删除管理单元"对话框

② 单击"添加"按钮，打开"添加独立管理单元"对话框，如图9-13所示，在可用的独立管理单元列表中选择"证书"选项。

图9-13 "添加独立管理单元"对话框

③ 单击"添加"按钮，在出现的证书管理单元对话框中选择"我的用户账户"单选按钮，如图9-14所示。

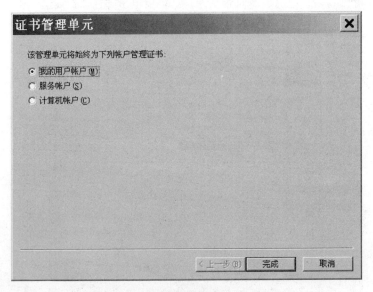

图9-14 "证书管理单元"对话框

④ 单击"完成"按钮，并依次单击"关闭"和"确定"按钮，返回控制台，如图 9-15所示。

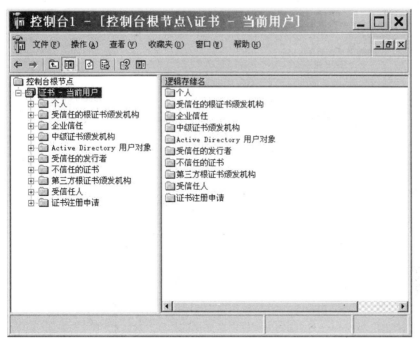

图 9-15　证书控制台窗口

⑤ 右击图 9-15 中"个人"列表项，选择"所有任务"→"申请新证书"命令，在打开的对话框中选择"用户"列表项，如图 9-16 所示。

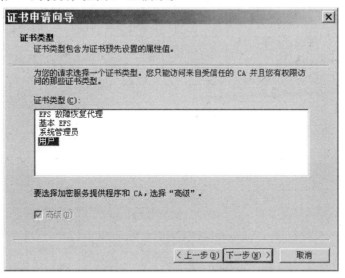

图 9-16　"证书类型"对话框

⑥ 单击"下一步"按钮，在出现的"加密服务提供程序"对话框中，选择加密服务提供程序和密钥长度，如图 9-17 所示。

⑦ 单击"下一步"按钮，在出现的"证书颁发机构"对话框中，设置证书颁发机构 CA，如图 9-18 所示。

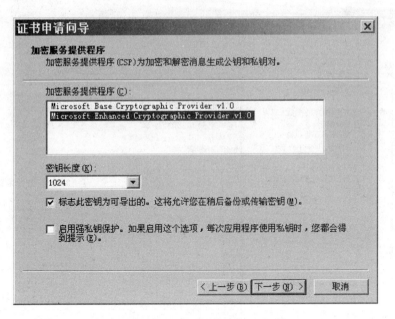

图 9-17 "加密服务提供程序"对话框

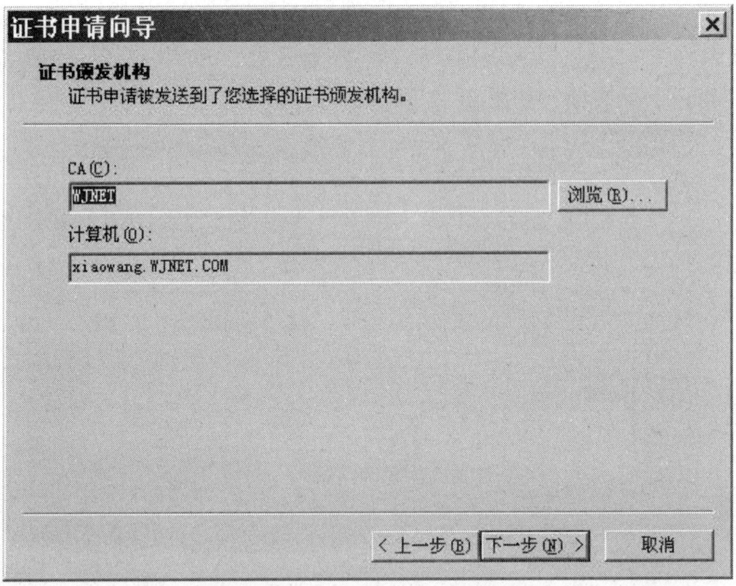

图 9-18 "证书颁发机构"对话框

⑧ 单击"下一步"按钮，为证书起一个好记的名称，设置适当的相应描述，如图 9-19 所示。

⑨ 单击"下一步"按钮，再单击"完成"按钮，关闭证书申请向导，完成证书申请。出现证书申请成功对话框，单击"安装证书"，证书将安装到本地计算机上，如图 9-20 所示。

（2）域用户通过"Web 浏览器"申请和安装证书

域用户也可以通过浏览器申请和安装证书，操作过程如下：

① 启动 IE 浏览器，在地址栏中输入企业根 CA 服务器地址；本例证书服务器地址为 http://172.16.28.10/certsrv/，打开图 9-21 所示窗口。

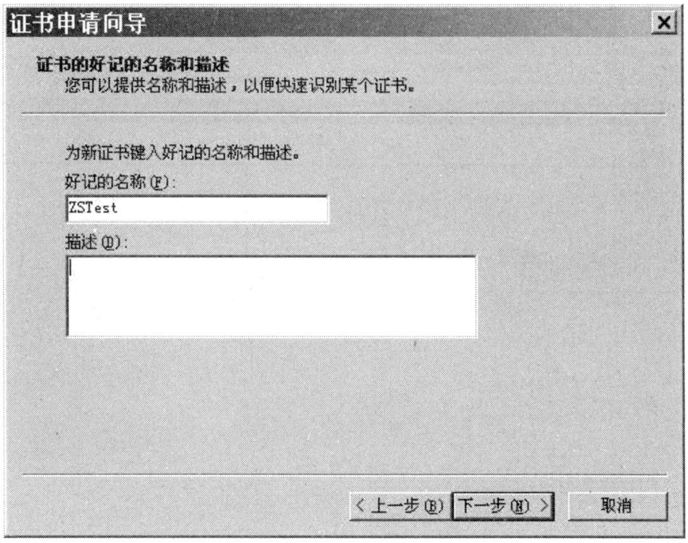

图 9-19　证书名称对话框

图 9-20　证书申请成功消息框

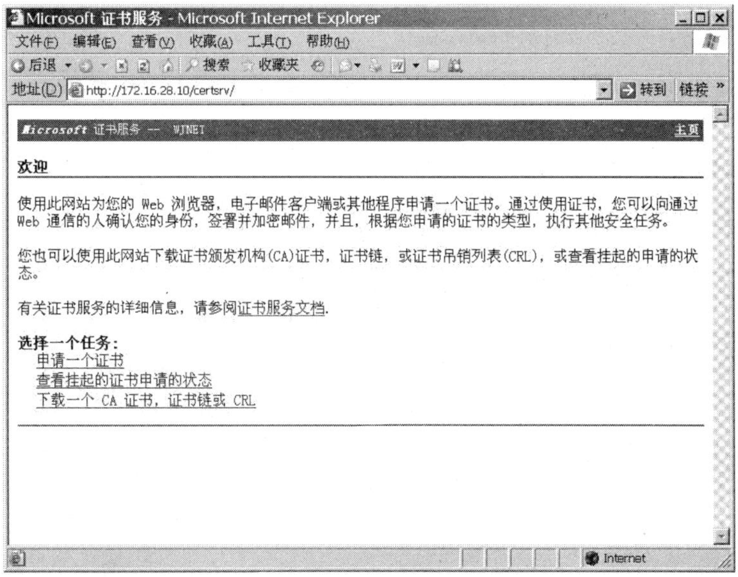

图 9-21　申请证书窗口

② 单击"申请一个证书"超链接，打开图 9-22 所示窗口。

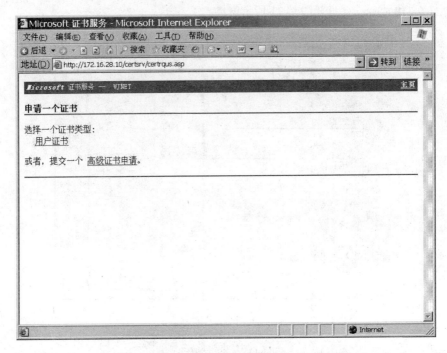

图 9-22　用户证书窗口

③ 单击"用户证书"超链接，在图 9-23 所示用户信息识别窗口中，单击"提交"按钮。然后在出现的"潜在的脚本冲突"消息框中单击"是"按钮。

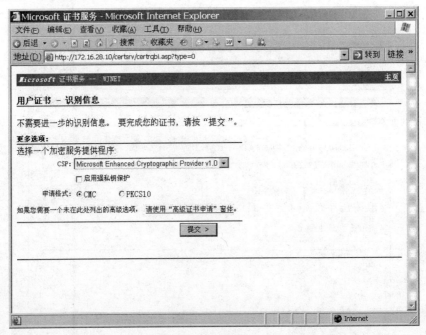

图 9-23　识别信息页面

④ 等待服务器响应并颁发证书，当出现如图 9-24 所示窗口，单击"安装此证书"超链接安装证书。

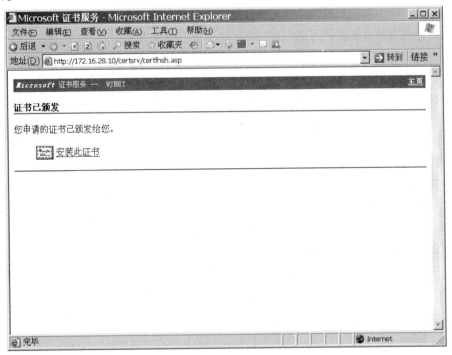

图 9-24 安装证书窗口

【课堂练习】

1．练习场景

网坚公司网络系统管理员已为公司架设了企业根 CA 服务器，服务器的 IP 地址配置为 172.16.28.10/24，网坚公司合肥分公司销售部新员工小王向根 CA 申请并安装证书。

2．练习目标

● 掌握证书申请方法。

● 掌握证书安装方法。

● 掌握查看证书的方法。

3．练习的具体要求与步骤

① 通过证书申请向导或浏览器向总公司企业根 CA 申请证书。

② 安装证书。

③ 查看已安装的证书。

【拓展与提高】

1．安装独立根 CA

独立根 CA 不需要 Active Directory 支持，扮演独立根 CA 角色的计算机可以是独立服务器、成员服务器或域控制器。无论是否为域内的用户、计算机都可向独立根 CA 申请证书。

如果独立根 CA 安装在域控制器或成员服务器内，而且利用具备访问 Active Directory 权限的系统管理员身份来安装独立根 CA，则会自动通过 Active Directory 来让域内所有的用户与计算机自动信任由独立根 CA 所发放的证书；如果独立根 CA 安装在独立服务器或域控制器、成员服务器内，但不是由具备访问 Active Directory 权限的域系统管理员来安装的，则需要另外执行信任此独立根 CA 的操作。

独立根 CA 的安装与企业根 CA 的安装过程基本相同，首先安装 IIS 服务，然后安装 CA 证书服务，在图 9-4 所示的 CA 类型组件向导对话框中选择"独立根 CA"选项。

证书安装完成后，选择"开始"→"程序"→"管理工具"→"服务"命令，打开系统服务窗口，查看证书服务（Certificate Services）是否已经启用。

2．客户端向独立根 CA 申请证书

无论是否为域用户，向独立根 CA 申请证书都需要利用 Web 浏览器，无法通过"证书申请向导"进行。

3．颁发证书

使用系统管理员账户登录到独立根 CA 计算机上，选择"管理工具"中的"证书颁发机构"选项，选择"待定申请"列表项，在窗口的右侧右击用户申请的证书，然后在弹出的快捷菜单中选择"所有任务"→"颁发"命令，被颁发的证书将会被存放到"颁发的证书"文件夹中，如图 9-25 所示。

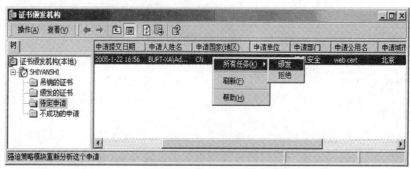

图 9-25　证书颁发机构待定申请证书窗口

4．下载与安装证书

系统管理员发放证书后，客户端用户可以在其计算机上利用 Web 浏览器连接到独立根 CA，检查其所申请的证书是否被核准，在证书服务页面，选择"查看挂起的证书"选项，单击"下一步"按钮，在"请选择您要检查的证书申请"列表框中，选择要安装的证书，单击"下一步"按钮，再单击"安装此证书"超链接安装证书。

任务 2　管理证书服务

任务描述

网坚公司员工因业务关系时常发生人员调动与更替，在某些情况下，用户操作不当或误操作可能造成证书信任关系损毁，因此，必须加强对证书进行管理和控制，确保证书安全和有效。

通过本次任务的学习主要掌握：

● 掌握管理证书服务的方法。

● 掌握管理和控制证书的方法。

任务分析

公司因业务和发展需求，时常发生员工调动与更新，新员工需要进行证书申请，对调离员工所持的证书可能需要吊销。在某些情况下，用户操作不当或误操作可能造成证书信任关系损毁，必须对证书进行必要地备份和恢复。通过 Windows Server 2003 管理工具可以对证书进行管理和控制，确保证书安全和有效。

本次任务主要包括以下知识与技能点：

● 证书服务启动与停止。

● 证书备份与还原。

● 证书导入与导出。

● 证书吊销与发布。

相关知识与技能

1. 管理证书服务

证书服务安装完成后，可以使用 Windows Server 2003 管理工具中的"证书颁发机构"对证书服务进行管理。

单击"开始"→"程序"→"管理工具"→"证书颁发机构"命令，打开"证书颁发机构"窗口，如图 9-26 所示，显示计算机上已经安装好的证书服务。右击要停止的证书服务，在弹出快捷菜单中选择"所有任务"→"停止服务"命令，即可停止证书服务。

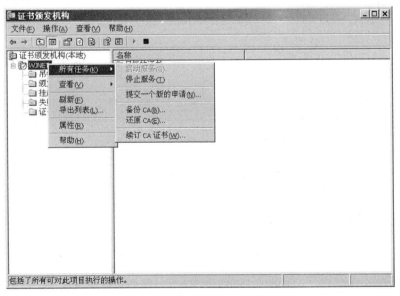

图 9-26　启动与停止证书服务

如果要启动证书服务，可以右击要启动的证书服务，然后在弹出的快捷菜单中选择"所有任务"→"启动服务"命令，即可启动证书服务。

在证书颁发机构管理窗口中，证书服务器管理的"吊销的证书"、"颁发的证书"、"挂起的申请"、"失败的申请"这 4 个选项用来存储和处理用户获得的证书及证书申请。在"吊销的证书"文件夹中，存放被吊销的证书列表；当用户申请证书后，在"挂起的申请"文件夹内出现用户证书申请文件；"颁发的证书"文件夹中存放通过审核已颁发的证书列表；没有成功的用户证书申请存放在"失败的申请"文件夹中。

2．备份与还原 CA 证书

证书及相关的设置需要定期备份，以免丢失 CA 证书而不能进行颁发和接受客户证书申请。

（1）备份 CA 证书

备份 CA 证书操作过程如下：

① 打开"证书颁发机构"管理器控制台窗口，右击要备份的 CA 证书，在弹出的快捷菜单中选择"所有任务"→"备份"命令，打开备份向导对话框，单击"下一步"按钮，在"要备份的项目"对话框中，选择要备份的项目和备份存放的位置，如图 9-27 所示。

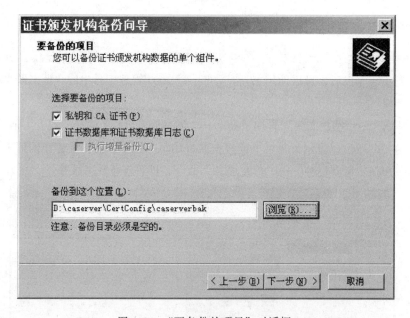

图 9-27 "要备份的项目"对话框

② 单击"下一步"按钮，出现"选择密码"对话框，输入和确认密码，如图 9-28 所示。

③ 单击"下一步"按钮，出现完成证书备份向导对话框，单击"完成"按钮，完成 CA 证书备份。

（2）还原证书

如果证书颁发机构 CA 出现问题，可以通过上面备份的文件还原证书。在还原 CA 之前，需要停止证书服务。操作过程如下：

① 打开"证书颁发机构"管理器控制台窗口，右击要还原的 CA 证书，在弹出的快捷菜单中选择"所有任务"→"还原"命令，打开还原向导对话框，单击"下一步"按钮，显示图 9-29 所示对话框，从中选择还原项目及所在位置。

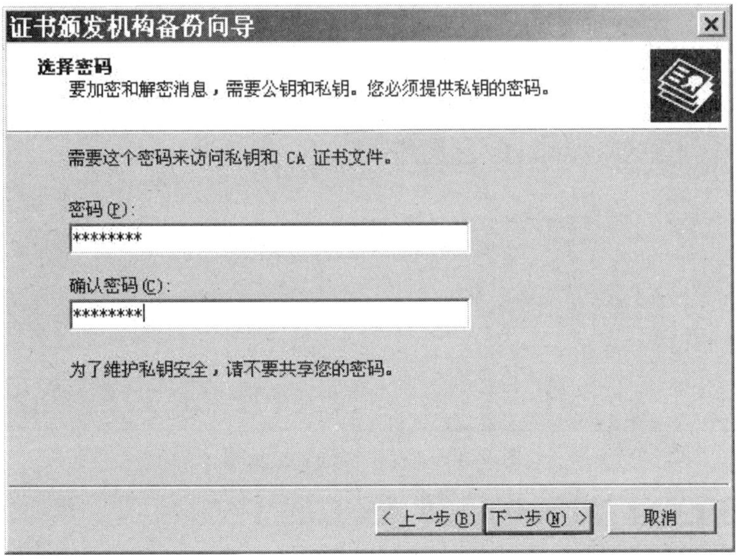

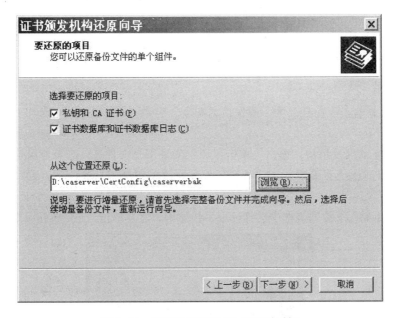

图 9-28 "选择密码"对话框

图 9-29 "要还原的项目"设置对话框

② 单击"下一步"按钮，出现图 9-30 所示提供密码对话框，输入访问还原文件的密码。
③ 单击"下一步"按钮，显示证书还原完成窗口。单击"完成"按钮，开始 CA 证书还原，还原结束后，出现图 9-31 所示消息框，单击"是"按钮，重新启动证书服务。

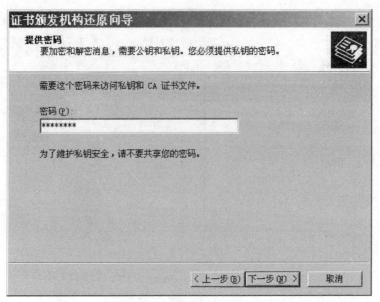

图 9-30 "提供密码"对话框

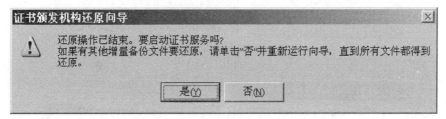

图 9-31 启动证书服务消息框

3．吊销证书

当企业或公司有员工离任，为了确保信息安全，应及时吊销所颁发的证书。吊销证书操作过程如下：

① 打开"证书颁发机构"窗口，单击"颁发的证书"文件夹，在右侧窗口中右击要吊销的证书，在弹出的快捷菜单中选择"所有任务"→"吊销证书"命令，打开"证书吊销"对话框。

② 在"理由码"下拉列表框中选择证书吊销原因，然后单击"是"按钮，如图 9-32 所示。

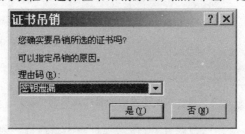

图 9-32 "证书吊销"对话框

③ 在证书颁发机构管理控制台窗口中，单击"吊销的证书"文件夹，在右侧窗口中可以查看被吊销的证书。

4. 导入和导出证书

当用户更换计算机或用户系统因故障重新安装操作系统时，用户需要将其所申请的证书导出并备份，然后将备份的证书导入到新的系统或新的计算机内。下面以 Windows XP Professional 系统用户为例，说明证书导入和导出的操作过程。

（1）导入证书

导入证书操作过程如下：

① 打开 MMC 控制台窗口，添加证书管理单元，然后在 MMC 控制台窗口中，右击"证书（本地计算机）"下的"个人"文件夹，在弹出的快捷菜单中选择"所有任务"→"导入"命令。

② 出现证书导入向导对话框后单击"下一步"按钮。在证书文件导入对话框中，输入要导入的证书文件，也可单击"浏览"按钮查找证书文件，如图 9-33 所示。

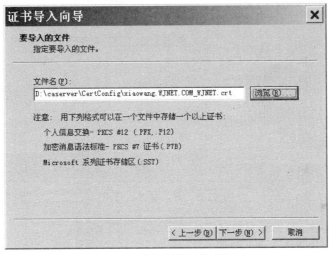

图 9-33　导入证书文件对话框

③ 单击"下一步"按钮，出现证书存储区设置对话框，设置证书存储区位置，如图 9-34 所示。

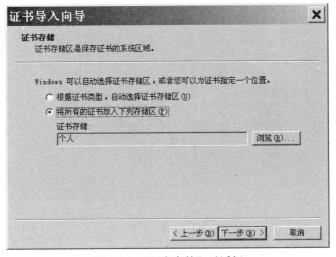

图 9-34　"证书存储"对话框

④ 单击"下一步"按钮，出现证书导入向导完成对话框，单击"完成"按钮，出现证书导入成功信息消息框，单击"确定"按钮，证书导入完成。返回控制台窗口，选择个人文件夹下证书子文件夹，在右侧窗口可以看到刚刚导入的证书，如图 9-35 所示。

（2）导出证书

当用户更换计算机或用户系统因故障重新安装操作系统，用户需要将其所申请的证书导出。操作过程如下：

① 打开 MMC 控制台窗口，添加证书管理单元，然后在 MMC 控制台窗口中，选择"证书（本地计算机）"下"个人"文件夹下的"证书"子文件夹，在右侧窗口中右击要导出的证书，在弹出的快捷菜单中选择"所有任务"→"导出"命令。

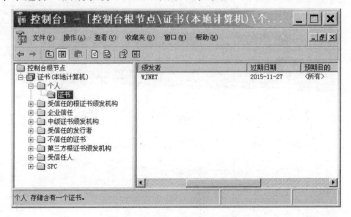

图 9-35　导入的个人证书

② 在出现的证书导出向导对话框中，单击"下一步"按钮。在"导出文件格式"设置对话框中，设置证书导出文件格式，如图 9-36 所示。

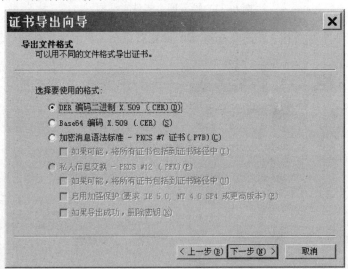

图 9-36　证书导出文件格式设置对话框

③ 单击"下一步"按钮，出现图 9-37 所示对话框，指定导出证书的文件名称与保存位置。

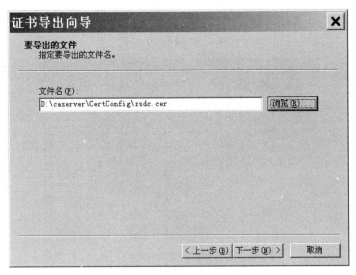

图 9-37　指定导出证书文件名对话框

④ 单击"下一步"按钮，出现证书导出完成对话框，单击"完成"按钮，出现证书导出成功提示消息框，单击"确定"按钮完成证书导出。

【课堂练习】

1. 练习场景

网坚公司合肥分公司系统管理员小张因工作疏忽致使本公司销售部员工小李证书泄密，为了安全起见需吊销员工小李的证书。小李重新申请证书后，为了保险起见将个人申请的证书进行备份，以便将来更换计算机或用户系统因故障重新安装系统时还原 CA 证书，公司的网络管理员已经配置好证书服务。

2. 练习目标

- 吊销 CA 证书。
- 导入 CA 证书。
- 导出 CA 证书。

3. 练习的具体要求与步骤

① 以系统管理员身份吊销已泄密的证书。
② 以系统管理员身份导出个人证书。
③ 以系统管理员身份导入个人证书。

 【拓展与提高】

1. 创建证书吊销列表

如果网络中其他用户需要知道哪些证书已经被吊销了，那么可以创建 CA 吊销证书列表并发布出去，然后让用户下载证书吊销列表就可以了。创建证书吊销列表的操作过程如下：

打开"证书颁发机构"控制台窗口，右击"吊销的证书"文件夹，在弹出的快捷菜单中选择"属性"命令，在"吊销的证书属性"对话框中，选择"CRL 发布参数"选项卡，在这里可设置 CRL 发布间隔、是否发布增量 CRL 及其发布间隔，如图 9-38 所示，选择"查看 CRL"选项卡可以查看 CA 生成的 CRL 和增量 CRL，如图 9-39 所示。

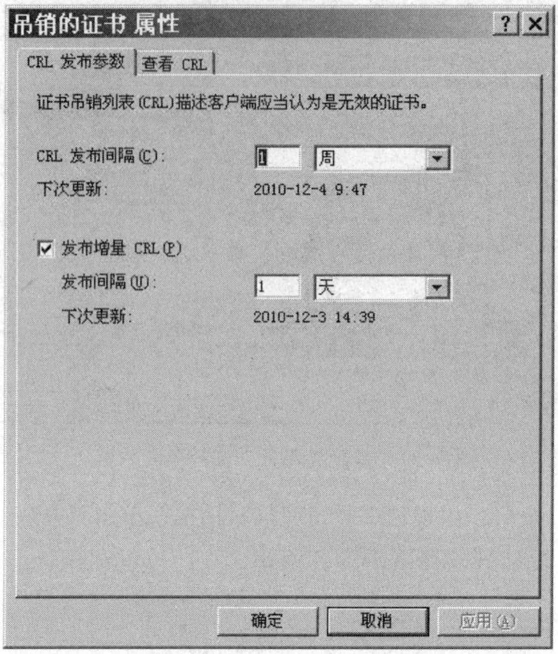

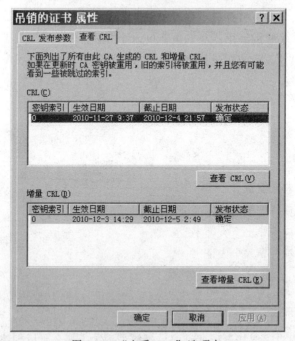

图 9-38 "CRL 发布参数"选项卡

图 9-39 "查看 CRL"选项卡

2. 发布证书吊销列表

发布证书吊销列表的操作过程如下：

① 在"证书颁发机构"控制台窗口中，右击"吊销的证书"文件夹，在弹出的快捷菜单中选择"所有任务"→"发布"命令，在"发布 CRL"对话框中，选择"新的 CRL"单选按钮，然后单击"确定"按钮，如图 9-40 所示。

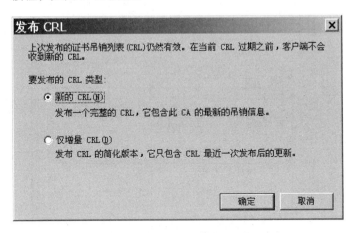

图 9-40 "发布 CRL"对话框

② 右击"吊销的证书"文件夹，在弹出的快捷菜单中选择"属性"命令，打开吊销的证书属性对话框，单击"查看 CRL"按钮，出现"吊销证书列表"对话框。选择"常规"选项卡，如图 9-41 所示，在该选项卡中，可以看到一些基本的信息；选择"吊销列表"选项卡，如图 9-42 所示，可以查看被吊销的证书列表。

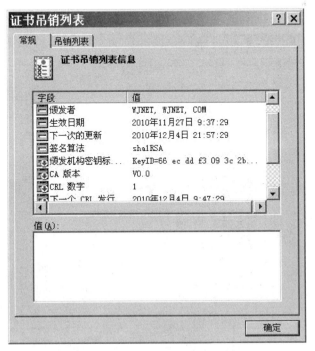

图 9-41 "常规"选项卡

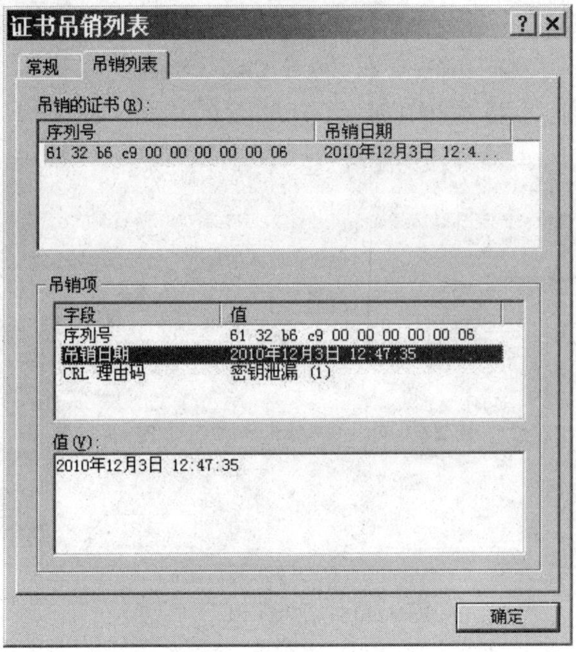

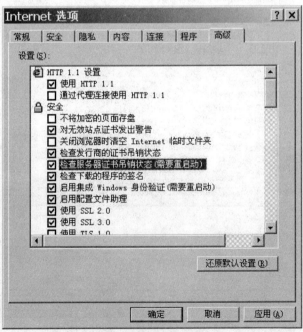

图 9-42 "吊销列表"选项卡

3. 下载 CRL

　　网络中的计算机用户可以自动或手动下载 CRL。在 IE 浏览器窗口中，选择"工具"→"Internet 选项"命令，打开"Internet 选项"对话框，选择"高级"选项卡，在该选项卡中设置自动下载 CRL，如图 9-43 所示。

图 9-43 "高级"选项卡

网络中的其他计算机用户也可通过手工下载 CRL，通过浏览器下载 CRL 的操作过程如下：

① 启动 IE 浏览器，在地址栏中输入企业根 CA 服务器地址，本案例中证书服务器地址为 http://172.16.28.10/certsrv/，打开证书申请窗口，单击"下载 CA 证书、证书链或 CRL"超链接，打开图 9-44 所示窗口。

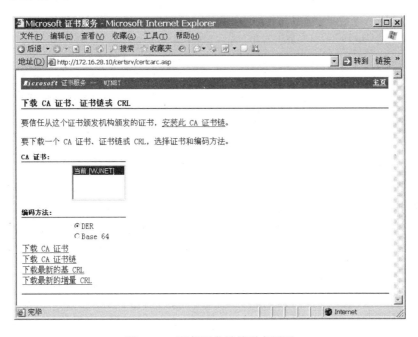

图 9-44　下载证书吊销列表页面

② 单击"下载最新的基 CRL"超链接下载 CRL，打开保存文件对话框，设置保存证书吊销列表文件保存位置并单击"保存"按钮。

③ 选择下载的 CRL 文件，右击进行安装。

> **小技巧**
>
> 当 CA 将 CRL 发布出来后，CRL 文件是被存放在 CA 的%systemroot%\system32\Certsrv\CertEnroll 共享文件夹内，文件夹的共享名为 CertEnroll，用户也可直接连接到此共享文件夹，然后下载 CRL 文件。

练 习 题

一、填空题

1. 完整的PKI系统由_____、_____、_____、_____、_____等基本部分组成。

2. CA 机构主要有两类，它们分别是_____和_____。

3. PKI是利用_____建立的提供安全服务的基础设施。

4. Windows 有两种认证协议，分别是_____和_____协议。

5. 密码体制可分为_____和_____两种类型。

6. 加密技术中加密算法有_____、_____和_____三种。

二、选择题

1. 下面最适于定义公钥技术中的数字证书和授权的是（　　　　）。

　　A. Certificate Practice System(CPS)

　　B. Public Key Exchange(PKE)

　　C. Certificate Practice Statement(CPS)

　　D. Public Key Infrastructure(PKI)

2. 公司 A 和公司 B 是合作伙伴，B 公司的员工需要得到访问 A 公司内部资源的权限，经过研究决定通过一台 VPN 服务器实现，B 公司中可授权访问的人员将被赋予一个特殊域中的用户账户，B 公司本来存在 PKI，员工也已拥有证书。为了赋予这些用户访问 A 公司的权限，用户的证书映射到用户账户，需要做的是（　　　　）。

　　A. 在 VPN 服务器的信任根 CA 证书存储区安装 A 公司根 CA 的副本

　　B. 在 VPN 服务器的信任根 CA 证书存储区安装 B 公司根 CA 的副本

　　C. 在 A 公司域控制器的信任根 CA 证书存储区安装 A 公司根 CA 的副本

　　D. 在域的信任根 CA 证书存储区安装 A 公司根 CA 的副本

3. 组织中包括一个单独的 Windows 2000 域，现在需要实现集合 Active Directory 的证书服务，应该实现（　　　　）。

　　A. Enterprise CA

　　B. Enterprise Subordinate CA

　　C. Standalone CA

　　D. Standalone Subordinate CA

4. 实现 Enterprise CA 必须完成的是（　　　　）。

　　A. 所有的用户都必须拥有 Active Directory 账户

　　B. 没有 Active Directory 要求

　　C. 所有的计算机都必须有 Active Directory 账户

　　D. 所有的用户和计算机都必须有 Active Directory 账户

5. Windows 2000 域默认的身份验证协议是（　　　　）。

　　A. HTML　　　　　　　　　　　　　B. Kerberos V5

　　C. TCP/IP　　　　　　　　　　　　D. AppleTalk

6. 不属于 PKI CA（认证中心）功能的是（　　　　）。

　　A. 接受并验证最终用户数字证书的申请

　　B. 向申请者颁发或拒绝颁发数字证书

　　C. 产生和发布证书废止列表（CRL），验证证书状态

　　D. 业务受理点 LRA 的全面管理

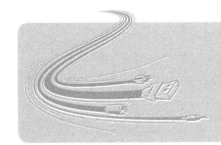

项目 ⑩
使用 SSL/TLS 安全连接网站

由于信息成本的限制，网坚分公司工作人员只能通过 Internet 网访问公司总部提供的 Web 服务。甚至一些财务数据、重要文件都是没有任何加密或验证地通过 Internet 进行传输。

而目前由于计算机网络的技术规范和相关法律的不完善，导致很多不法分子利用计算机网络进行安全攻击。特别是随着 Internet 的发展，黑客对 Web 的攻击不断增多。作为公司网络管理员，深知如果不进行相应的改进，对于网坚公司的信息安全将存在巨大的威胁。

综合考虑影响网坚公司 Web 安全性的因素主要有以下几个方面：

① 未经授权的存取动作。由于操作系统等方面的漏洞，使未经授权的用户可以获得 Web 服务器上的秘密文件和数据，甚至可以对 Web 服务器上的数据进行修改、删除，这是 Web 站点的一个严重的安全问题。

② 窃取系统的信息。非法用户侵入系统内部，获取系统的一些重要信息，如用户名、用户口令、加密密钥等，利用窃取的这些信息，达到进一步攻击系统的目的。

③ 非法使用。非法使用是指用户对未经授权的程序、命令进行非法使用，使他们能够修改或破坏系统。

作为网络管理员，需要对企业的 Web 服务进行更安全的设置。在操作系统平台上必须要对数据通信的两端进行安全连接才能解决 Web 服务安全性问题。

本项目主要包括以下任务：

- 了解 SSL/TLS 协议。
- 架构 Web 安全通信。

任务 1 了解 SSL/TLS 协议

任务描述

Web 服务在交互过程中，怎样保证端到端的安全通信？在计算机网络中，有什么原理或协议支持端到端的安全通信？在交互过程中，如何证明对方是合法的、通信数据是安全的呢？

通过本次任务的学习主要掌握：

- 理解 Web 服务端到端安全通信原理。

- 理解 SSL 协议的基本概念。
- 理解 TLS 协议的基本概念。
- 理解 SSL/TLS 的工作过程。
- 理解 HTTPS 的基本原理。

任务分析

网络管理员要控制端到端的通信必须要调用传输层协议，而 SSL（Secure Sockets Layer）安全套接层协议，以及继任者 TLS（Transport Layer Security）传输层安全协议是为网络通信提供安全及数据完整性的一种安全协议，用户利用 TLS 与 SSL 在传输层可以对网络连接进行加密。SSL 安全协议提供的安全通信具有数据保密性、数据完整性和身份认证等特性。在应用层中我们需要 HTTPS 协议来保证 SSL 的通道建立。同时要保证对方身份合法，需要引入第三方评价，双方持有由第三方颁发的用户合法"身份证"（电子证书）进行通信。以上原理和技术是我们进行 Web 安全设置的出发点。

本次任务主要包括以下知识与技能点：
- SSL 的基本概念。
- TLS 的基本概念。
- SSL/TLS 的工作过程。
- HTTPS 的基本原理。

254 ■相关知识与技能

1. SSL/TLS 协议概述

随着基于 Windows Server 2003 操作系统平台下 Web 服务的安全性和易用性大大增强，中小企业发布网站均采用 Internet Information Server（简称 IIS）来发布和管理网站。然而在默认情况下，Web 服务器仍然使用 HTTP 协议以明文形式传输数据，没有采取任何加密措施，用户的重要数据很容易被窃取。要确保 Web 数据通信的安全，就必须使用 SSL 来增强 Web 服务器的通信安全。

（1）什么是 SSL 协议

SSL（安全套接层）协议是由 Netscape（网景）公司为保证 Web 通信安全而提出的一种网络安全通信协议。SSL 协议采用了对称加密技术和公钥加密技术，并使用了数字证书技术，实现了 Web 客户端和服务器端之间数据通信的保密性、完整性和用户认证。

SSL 协议指定了一种在应用程序协议（如 HTTP、FTP 和 Telnet 等）和 TCP/IP 之间提供数据安全性分层的机制，它为 TCP/IP 连接提供数据加密、服务器认证、以及可选的客户端认证，确保了在 SSL 链路上数据的完整性和保密性。

SSL 安全协议提供的安全通信有以下的 3 个特征：

① 数据保密性：在客户端和服务器端进行数据交换之前，交换 SSL 的初始握手信息，在 SSL 握手过程中采用了各种加密技术对其进行加密，以保证其机密性和数据完整性，并且用数字证书进行鉴别。这样就可以防止非法用户进行破译。在初始化握手协议对加密密钥进行协商之后，传输的信息都是经过加密的数据。加密算法为对称加密算法，如 DES、IDEA、RC4 等。

② 数据完整性：通过 MD5、SHA 等 Hash 函数来产生消息摘要，所传输的数据都包含数字签名，以保证数据的完整性和连接的可靠性。

③ 用户身份认证：SSL 可分别认证客户端和服务器的合法性，使之能够确信数据将被发送到正确的客户端和服务器上。通信双方的身份通过公钥加密算法（如 RSA、DSS 等）实施数字签名来验证，以防假冒。

（2）什么是 TLS 协议

TLS（传输层安全）协议也是用于在两个通信应用程序之间提供保密性和数据完整性。TLS协议包括两个协议组：TLS 记录协议（TLS Record）和 TLS 握手协议（TLS Handshake）。

TLS 的最大优势就在于：TLS 是独立于应用协议。高层协议可以透明地分布在 TLS 协议上面。然而，TLS 标准并没有规定应用程序如何在 TLS 上增加安全性，它把如何启动 TLS 握手协议以及如何解释交换的认证证书的决定权留给协议的设计者和实施者来判断。

具体地说，在 SSLv2 改进的基础上，微软发布了 PCT（保密通信技术）；而 IETF 从 SSLv3的基础上完成了 TLS（传输层安全）对 SSLv3 的一种调和方案。所以在学习 Web 的安全性时，一般会将 SSL 和 TLS 绑定在一起学习。

（3）SSL 协议工作过程

SSL 的工作过程如图 10-1 所示，共有 4 个步骤，分别如下：

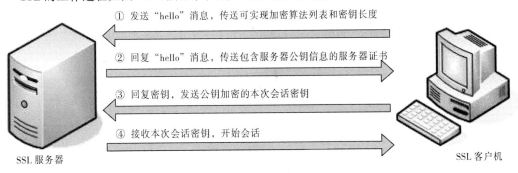

① 发送"hello"消息，传送可实现加密算法列表和密钥长度

② 回复"hello"消息，传送包含服务器公钥信息的服务器证书

③ 回复密钥，发送公钥加密的本次会话密钥

④ 接收本次会话密钥，开始会话

SSL 服务器　　　　　　　　　　　　　　　　　　SSL 客户机

图 10-1　SSL 工作过程

① SSL 客户端向 SSL 服务器发起对话，协商传送加密算法；

② SSL 服务器给 SSL 客户端发送服务器数字证书；

③ SSL 客户端给 SSL 服务器传送本次对话的密钥；

④ SSL 服务器获取密钥，开始通信。

2. HTTPS 协议概述

HTTPS 是指安全超文本传送协议，它是一个基于 HTTP 开发的安全通道，用于在客户端和服务器之间使用 SSL 进行信息交换。通俗地说，它是 HTTP 的安全版，即 HTTP 协议下加入 SSL层，所以说 HTTPS 的安全基础是 SSL 协议。

HTTPS 是由美国 Netscape 公司开发并内置于其浏览器中，用于对数据进行压缩和解压操作，并返回网络上传送回的结果。作为 HTTP 应用层的子层，HTTPS 使用端口号为 443。SSL 使用40 位关键字作为 RC4 流加密算法，适用于商业信息的加密。HTTPS 和 SSL 支持使用 x.509 数字认证，如果需要的话用户可以确认发送者是谁。

HTTPS 协议和 HTTP 协议的主要区别如表 10-1 所示。.

表 10-1　两种协议的主要区别

比较项目	HTTP	HTTPS
使用证书	不需要证书	需要到 CA 申请证书，需要交费
信息内容	信息是明文传输	具有安全性的 SSL. 加密传输协议
端口号	80	443
连接方式	连接很简单，是无状态的，不安全	是由 SSL+HTTP 协议构建的可进行加密传输、身份认证的网络协议，比 HTTP 协议安全

任务 2　架构 Web 安全通信

任务描述

根据网络规划，网坚公司的 Web 服务器主机名为 Webserver，内网 IP 地址为 172.16.28.2/255.255.255.0，端口号为 80，证书授权服务器主机名为 CA，内网 IP 地址为 172.16.28.4/255.255.255.0，公司其他客户端根据拓扑图进行设置，基本拓扑如图 10-2 所示。

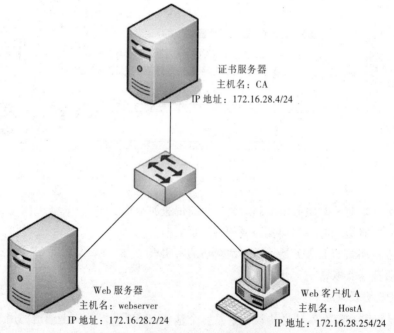

证书服务器
主机名：CA
IP 地址：172.16.28.4/24

Web 服务器
主机名：webserver
IP 地址：172.16.28.2/24

Web 客户机 A
主机名：HostA
IP 地址：172.16.28.254/24

图 10-2　架构 Web 安全通信网络拓扑图

服务器通过向证书颁发机构（CA）申请并安装服务器证书，并要求客户端通过 SSL 安全通道连接，从而可以保证双方通信的保密性、完整性和服务器的用户身份认证。同时，可以通过在客户端上申请并安装客户端证书，实现客户端的用户身份认证。

通过本次任务的学习主要掌握：
● 掌握创建和管理证书颁发机构的技能。

- 掌握在 Web 服务器上申请并安装证书。
- 掌握在 Web 客户端上申请并安装证书。
- 掌握在 Web 服务器上建立 SSL 通道。

 任务分析

首先要掌握配置与管理证书服务器的技能，明确电子证书包含的信息，能通过证书管理器对各种证书进行管理；其次针对 Web 服务，要掌握 Web 服务器和 Web 客户端如何申请各自的证书；最后掌握通过 IIS 设置站点支持 SSL 安全通道属性。

架设 SSL 安全网站，需要具备以下几个条件：

① 需要从可信的证书颁发机构获取 Web 服务器证书。

② 在 Web 服务器上安装和配置服务器证书。

③ 在 Web 服务器上启用 SSL 功能。

本次任务主要包括以下知识与技能点：

- 电子证书。
- 证书颁发机构。
- 申请 Web 服务器证书。
- 申请 Web 客户端证书。
- 建立 SSL 通道。

相关知识与技能

1. 创建证书颁发机构

在 Web 安全通信过程中，如何保证通信双方的身份正确，而非其他人伪造？这就需要一个双方都共同信任的第三方"担保人"机构——证书颁发机构（CA）。由证书颁发机构颁发的证书包含了对方的身份信息、公钥等其他信息。通过证书可以保证主体公用密钥和由 CA 发布的证书之间确切相关。

数字证书的权威性取决于证书颁发机构的权威性，如 Web 服务器为了保证自己提供的服务是真实有效且安全的，可以向证书颁发机构申请此 Web 网站的证书，用于客户端用户进行安全检查。反之，Web 客户端也可以通过申请证书的方式向 Web 服务器证明自己是合法用户。

无论是服务器端还是客户端，只要想实现 SSL 安全通信，都需要向证书颁发机构申请数字证书，因此在建立 SSL 安全通信之前，必须先配置证书颁发机构。

根据网坚公司企业网络拓扑图，在 IP 地址为 172.16.28.4 的服务器上安装"证书服务"组件。具体操作过程如下：

① 安装"证书服务" Windows 组件前，首先检查证书服务器是否安装了 IIS。因为申请者是需要通过 Web 才能访问证书颁发机构的。如果没有安装 IIS，即使安装了证书服务，系统也将提醒服务不可用。

 注意

在安装了证书服务后，计算机名和域成员身份都不能改变，因为计算机名到 CA 信息的绑定存储在 Active Directory 中。更改计算机名和域成员身份将使此 CA 颁发的证书无效。

② 打开"控制面板"窗口，双击"添加/删除 Windows 组件"图标，在 Windows 组件向导对话框中，选择安装"证书服务"选项。

③ 单击"下一步"按钮，在 CA 类型对话框中，选择"独立根 CA"单选按钮，如图 10-3 所示。

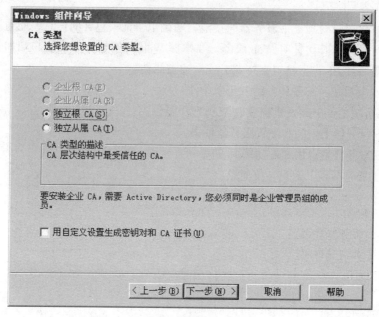

图 10-3　选择 CA 类型

④ 单击"下一步"按钮，在 CA 识别信息对话框中，为安装的 CA 起一个公用名称，这里输入"WJCA"，"可分辨名称后缀"可以不填，"有效期限"保持默认 5 年即可，如图 10-4 所示。

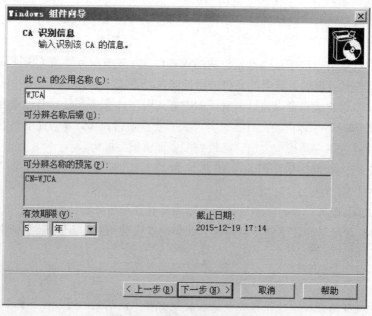

图 10-4　填写 CA 识别信息

⑤ 单击"下一步"按钮，在证书数据库设置对话框中保持默认设置即可，因为只有保证默认目录，系统才会根据证书类型自动分类和调用，如图 10-5 所示。

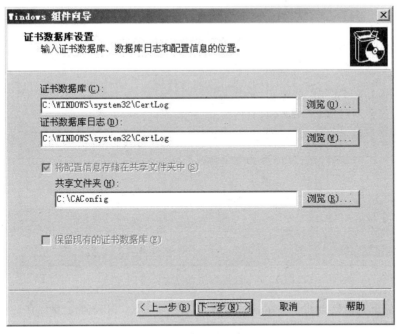

图 10-5　设置证书数据库路径

⑥ 配置好所需的参数后，系统会安装证书服务组件，当然需要在安装的过程中插入 Windows Server 2003 的安装盘。

2．在 Web 服务器上创建服务器证书请求

为了在服务器上申请并安装服务器证书，必须先根据自身 Web 服务信息创建服务器证书请求文件，具体操作过程如下：

① 在 Web 站点的"目录安全性"选项卡中，单击"安全通信"选项区域的"证书服务器"按钮，打开 Web 服务器证书向导。

② 单击"下一步"按钮，显示图 10-6 所示的服务器证书对话框，选择"新建证书"单选按钮来新建一个服务器证书。

③ 单击"下一步"按钮，显示名称和安全性设置对话框，用于设置新证书的名称和密钥长度。在此输入名称：网坚公司网站，密码位长为 1 024。

④ 单击"下一步"按钮，显示单位信息对话框，用来设置该证书所包含单位的相关信息，以便和其他单位的证书区分开。在此处，单位名输入为："网坚公司"，部门为"信息中心"。

⑤ 单击"下一步"按钮，显示公用名称对话框，该公用名称要根据服务器而定，如果在 Internet 上，应使用准确有效的 DNS 域名，如果在企业内网中，应使用内网域名或 NetBIOS 名。如果随意输入名称，会导致客户端在访问 Web 服务时认定名称和访问地址不一致而拒绝访问。在此处，公用名称输入为：Webserver。

⑥ 单击"下一步"按钮，显示地理信息对话框，证书颁发机构都会要求提供一些地理信息。在此处，省/自治区输入为："安徽"，市县为"合肥"。

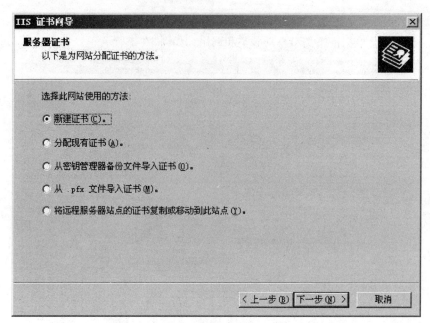

图 10-6　选择为站点分配证书的方法

⑦ 单击"下一步"按钮，显示证书请求文件名对话框，用来指定要保存的证书请求文件的文件名和路径，这里保存到 C:\certreq.txt 文件中。

⑧ 单击"下一步"按钮，显示图 10-7 所示的"请求文件摘要"对话框，其中显示了前面设置的信息。

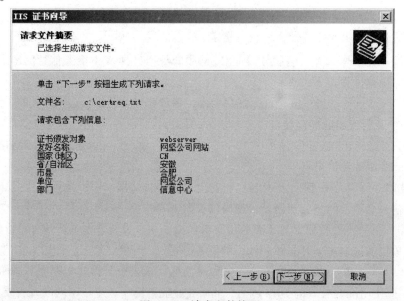

图 10-7　请求文件摘要

⑨ 单击"下一步"按钮，显示"完成 Web 服务器证书向导"对话框，单击"完成"按钮完成证书安装。至此，Web 服务器创建了一个证书请求，并保存在文件 C:\certreq.txt 中，如图 10-8 所示。

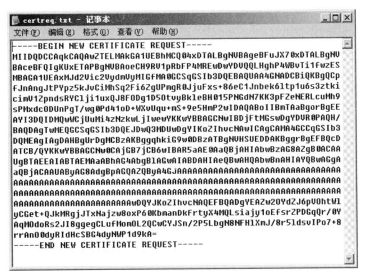

图 10-8　证书请求文件的内容

3. 申请并安装服务器证书请求

有了证书请求文件后，服务器就可以通过证书颁发机构 Certsrv 的 Web 组件，申请服务器证书。服务器在提交证书申请后，证书颁发机构经过审核再进行证书的颁发。颁发后的服务器证书从证书颁发机构下载并在服务器上安装。具体操作过程如下：

① 在 Web 服务器上打开 IE 浏览器，首先要确保 IE 浏览器安全设置中的"活动脚本"已经启用，如图 10-9 所示，否则操作结果将无法传递到证书颁发机构。

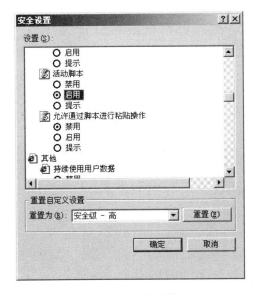

图 10-9　IE 安全设置

② 在 IE 浏览器的地址栏中输入"http://172.16.28.4/certsrv"，其中"172.16.28.4"是证书颁发服务器的 IP 地址。如果证书服务安装正确，就会出现 Microsoft 证书服务窗口，如图 10-10所示。

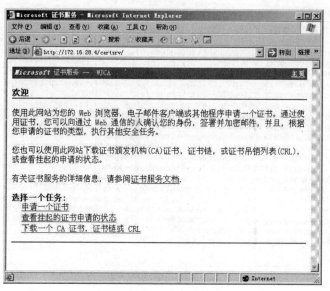

图 10-10　证书服务窗口

③ 单击其中的"申请一个证书"的超链接，并在接下来的两个申请证书类型界面中依次选择"高级证书申请"和使用 base64 编码的 CMC 或 PKCS#10 文件提交一个证书申请，或使用 base64 编码的 PKCS#7 文件续订证书申请，将出现图 10-11 所示的提交证书申请窗口。在该窗口中，将前面保存的服务器证书请求文件 C:\certreq.txt 的内容全部复制到"保存的申请"文本框中，并单击"提交"按钮提交证书申请。

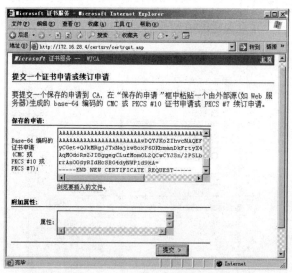

图 10-11　提交证书申请窗口

④ 当出现图 10-12 所示的证书挂起窗口时，说明证书申请已经被证书颁发机构收到，等待管理员颁发证书。

⑤ 打开证书服务器的"证书颁发机构"对话框，可以在"挂起的申请"列表中看到刚才提交的服务器证书申请。如果审核成功，则在该证书上右击，再在弹出的快捷菜单中选择"所有任务"和"颁发"命令以颁发此证书。

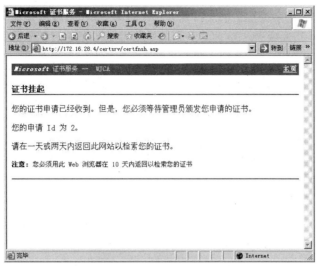

图 10-12　证书挂起窗口

⑥ 回到 Web 服务器上，在 IE 浏览器的地址栏中输入"http://172.16.28.4/certsrv"，打开证书申请欢迎页面，按次序单击"查看挂起的证书请求的状态"和"保存的申请证书"超链接，打开图 10-13 所示的"证书已颁发"窗口时，选择"DER 编码"单选按钮下载此证书。

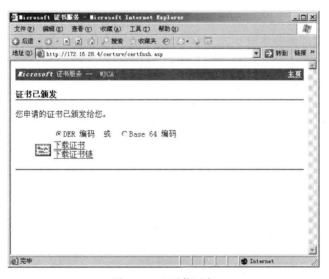

图 10-13　下载证书

✎ **知识链接**

（1）DER 编码：是一种基于独立平台的编码方式，是使用卓越编码规则（DER）X.509 为证书与其他用于传输文件的编码共同定义了的一种方法。也就是说，这种编码方法适合使用任何一种操作系统的计算机。

（2）Base64 编码：这也是一种 X.509 格式，该 X.509 的变体采取了一种为配合 S/MINE（一种在 Internet 上安全发送电子邮件附件的标准方法）使用而设计的编码方法。整个文件作为 ASCII 字符编码，可以保证其不受损坏地通过不同的邮件网关。

⑦ 为 Web 服务器安装配置证书。打开服务器的 Internet 信息服务（IIS）管理器，在 Web 站点的"目录安全性"选项卡，单击"安全通信"选项区域里的"服务器证书"按钮，启动 Web 服务器证书向导，并选择"处理挂起的请求并安装证书"单选按钮，如图 10-14 所示。

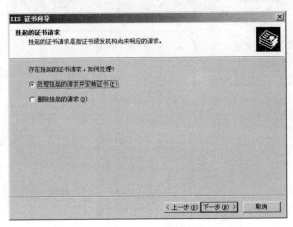

图 10-14　"挂起的证书请求"对话框

⑧ 单击"下一步"按钮，在"处理挂起的请求"对话框中指定证书文件的名称和路径，并在"SSL 端口"对话框中为网站指定 SSL 端口（默认为 443）。

4．为 Web 站点设置 SSL 安全通道

在服务器上安装了服务器证书后，就可以通过设置使客户端通过 SSL 安全通道和服务器建立连接。操作过程如下：

① 打开服务器的 Internet 信息服务（IIS）管理器，在 Web 站点的"目录安全性"选项卡中，单击"安全通信"选项区域里的"编辑"按钮，打开"安全通信"对话框，如图 10-15 所示。

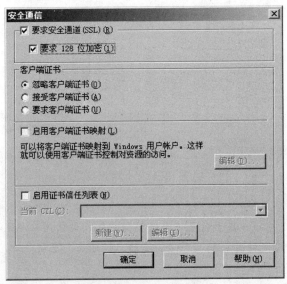

图 10-15　设置安全通信

② 选中"要求安全通道（SSL）"和"要求 128 位加密"复选框，然后单击"确定"按钮，返回网站属性对话框的"目录安全性"选项卡后，再次单击"确定"按钮，完成为 Web 站点设

置 SSL 安全通道操作。

③ 在客户端 IE 浏览器地址栏上输入"http://172.16.28.2"，系统将提示客户需通过安全通道查看网站，如图 10-16 所示。

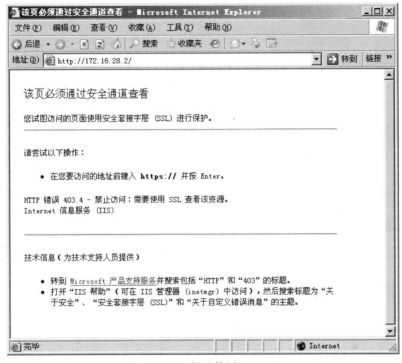

图 10-16 提示使用 HTTPS

④ 在客户端 IE 浏览器地址栏上输入"https://172.16.28.2"后，客户端的浏览器上会弹出图 10-17 所示安全警报对话框。

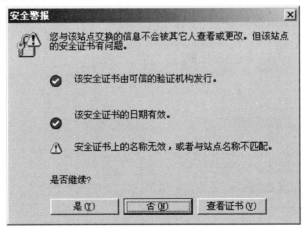

图 10-17 安全警报

在该对话框中，可以看到证书上的名称与站点名称不匹配，这是由于所输入的访问地址是172.16.28.2，而 Web 服务器在申请证书时，使用的名称为 Webserver。客户端可以通过"查看证书"按钮，查看证书信息的合法性。如果肯定了这些警告所提示的内容，则可以单击"否"

按钮，终止安全通道的连接。如果想忽略这些警告，可以单击"是"按钮。系统将通过 SSL 连接服务器，如图 10-18 所示，表示服务器和客户端建立了 SSL 连接。

图 10-18 使用 HTTPS 建立连接

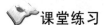课堂练习

1. 练习场景

由于新飞职业技术学院需要通过 Web 发布财务查询管理系统，为确保财务管理的安全通信，小王需要对 Web 服务器配置 SSL 通道。保证客户端与服务器之间安全通信。

2. 练习目标

- 熟练掌握创建证书颁发机构的技能。
- 熟练掌握在 Web 服务器上申请并安装证书。
- 熟练掌握在 Web 服务器上建立 SSL 通道。

3. 练习的具体要求与步骤

① 创建一个证书颁发机构（CA）。
② 服务器和客户端分别申请各自证书。
③ 在 Web 站点安全属性里安装证书并配置和管理 SSL 通道。

练 习 题

一、填空题

1. Web 站点默认的 TCP 端口号是_____，进行远程管理的 Administration 网站默认的端口号是_____，SSL 端口号是_____。

2. SSL 安全协议工作在 OSI 体系结构的_____层。

3. 在申请 Web 服务器证书时，系统将生成一个包含该证书请求，"公用名称"一般应输入_____。

4. Web 服务器申请证书需要根据自身信息生成一个请求文档，默认名称为_____，路径为_____。

5. 服务器或客户端向证书颁发机构申请证书时，需要在 IE 浏览器的地址栏输入：http://证书颁发机构 IP/_____，才能访问证书颁发机构站点。

6. DER 编码的证书扩展名一般为 _____。

二、选择题

1. 下列不是 SSL 安全协议提供的功能是（　　　）。

    A. 数据保密   B. 数据完整

    C. 访问控制   D. 用户身份认证

2. （　　　）是网络通信中标志通信各方身份信息的一系列数据，提供一种在 Internet 上验证身份的方式。

    A. 数字认证   B. 数字证书

    C. 电子证书   D. 电子认证

3. 数字证书类型包括（　　　）。

    A. 浏览器证书   B. 服务器证书

    C. 邮件证书   D. CA 证书

4. Web 服务所受到的网络威胁主要来自（　　　）。

    A. 操作系统存在的安全漏洞

    B. Web 服务器的安全漏洞

    C. 服务器和客户端脚本的安全漏洞

    D. 浏览器和服务器的通信存在漏洞

5. DER 编码的证书扩展名一般为（　　　）。

    A. .cer   B. .txt

    C. .crd   D. .srv

267

6. 一台 Web 服务器主机头名为 www.abc.com，IP 地址为 172.16.18.2，在建立 SSL 通道时为确保客户浏览器不出现"安全警报"对话框，Web 服务器应在申请服务器证书时（　　　）。

    A. 在"公用名称"对话框中输入"www.abc.com"

    B. 在"公用名称"对话框中输入"172.16.18.2"

    C. 在"单位信息"对话框中输入"www.abc.com"

    D. 在"单位信息"对话框中输入"172.16.18.2"

参 考 文 献

[1] SmarTraining 工作室．Windows Server 2003 网络架构[M].北京：机械工业出版社，2007.

[2] 微软公司．网络基本架构的实现和管理[M]．北京：高等教育出版社，2006.

[3] 戴有炜．Windows Server 2003 网络专业指南[M]．北京：清华大学出版社，2004.

[4] 张伍荣．Windows Server 2003 服务器架设与管理[M]．北京：清华大学出版社，2008.

[5] 田丰．Windows Server 2003 体系结构规划、设计、实施与管理[M]．北京：冶金工业出版社，2009.

[6] 王隆杰．Windows Server 2003 网络管理实训教程[M]．北京：清华大学出版社，2006.

[7] 高升，邵玉梅．Windows Server 2003 系统管理[M]．北京：清华大学出版社，2007.

[8] 石淑华．计算机网络安全技术[M]．北京：人民邮电出版社，2008.

笔记栏

笔 记 栏